普通高等院校机电工程类系列教材

# 液压控制系统（上册）

## Hydraulic Control Systems （Volume I）

常同立　编著

清华大学出版社
北京

## 内 容 简 介

本书为《液压控制系统(上册)》,内容包括绪论、动力学系统及反馈控制、液压伺服控制系统原理与结构、液压伺服控制元件、液压动力元件、机液伺服控制系统、电液伺服控制阀、电液伺服控制系统动态设计和液压伺服控制系统设计等九部分。

本书以帮助读者建立实用的液压控制专业基础和培养设计思想作为成书目标,采用了具有较强实用性和工程实践性为特色的撰写方式。

本书主要特色:依据认知规律设计本书的内容总体结构,内容阐述直白且直观;注重专业基础知识掌握与能力培养,突出强调工程实践性;选材包括了当今相关行业领域的科技发展新成果,注重新方法和新手段的应用。

本书可作为高等院校机械工程、机电工程、控制工程类专业高年级本科生和研究生的教材;同时它也是一本专业工程技术书,可为相关行业领域广大工程技术人员服务。

**图书在版编目(CIP)数据**

液压控制系统. 上册/常同立编著. —北京:清华大学出版社,2022.5(2024.1重印)
普通高等院校机电工程类系列教材
ISBN 978-7-302-60651-2

Ⅰ. ①液… Ⅱ. ①常… Ⅲ. ①液压控制－控制系统－高等学校－教材 Ⅳ. ①TH137

中国版本图书馆 CIP 数据核字(2022)第 068128 号

责任编辑:冯　昕　苗庆波
封面设计:傅瑞学
责任校对:赵丽敏
责任印制:宋　林

出版发行:清华大学出版社
　　　　网　　　址:https://www.tup.com.cn,https://www.wqxuetang.com
　　　　地　　　址:北京清华大学学研大厦 A 座　　　邮　　编:100084
　　　　社 总 机:010-83470000　　　邮　　购:010-62786544
　　　　投稿与读者服务:010-62776969,c-service@tup.tsinghua.edu.cn
　　　　质量反馈:010-62772015,zhiliang@tup.tsinghua.edu.cn
印 装 者:三河市铭诚印务有限公司
经　　销:全国新华书店
开　　本:185mm×260mm　　　印　张:19.5　　　字　　数:474 千字
版　　次:2022 年 5 月第 1 版　　　印　　次:2024 年 1 月第 2 次印刷
定　　价:59.80 元

产品编号:084353-01

# 前　言

　　写一本容易理解的书；写一本实用性强的书。以帮助读者建立实用的专业基础和培养设计思想作为成书目标，本书采用了具有较强实用性和工程实践性的撰写方式，内容难度适中，详略得当，不追求理论阐述深度和公式推导严密、详尽。

　　全书分为上下两册，上册（本书）以液压伺服控制内容为主，下册主要内容为电液比例控制、液压装备顺序控制、液压控制的非线性、液压控制系统建模仿真等。上下两册知识平顺衔接，浑然一体，各种液压控制技术共性衔接，个性区分，覆盖了液压控制方式的全部谱系。全书以动力学和反馈控制为知识基础，在动力学模型上开展液压伺服控制理论，建立对系统动态与系统控制的认识与理念，并将其延伸拓展应用于液压比例控制，使读者更容易理解液压比例控制的特征与特色。进一步将液压控制类型从连续量控制拓展至开关量控制，即为液压装备顺序控制。阐述了液压控制中的非线性和建模仿真方法，它们是液压控制的共性问题与通用方法。全书取材于工程实际，反映工业技术发展过程与现状，面向当前工业技术的社会需求和应用，讲述全谱系液压控制技术的原理、特性、分析及设计。

　　本书第3章液压伺服控制系统原理与结构开篇讲述液压伺服控制，承接上册第1章中关于液压伺服控制技术的综述，帮助读者建立对液压伺服控制系统整体认知。然后引领读者深入系统内部的元件层面，认知液压伺服控制阀。在第5章液压动力元件中将液压伺服控制阀与液压执行元件集成一体，作为控制系统的动力单元。机液伺服控制系统是在液压动力元件上建立的最简单的液压伺服控制系统。电液伺服阀中可以包含机液伺服控制系统，电液伺服阀可以接收电子信号控制，电液伺服控制系统可以兼容电气控制优点。采用电液伺服控制阀建立电液伺服控制系统。第8章和第9章分别阐述了电液伺服控制系统设计的两个主要问题——系统动态设计和稳态系统设计。

　　本书由燕山大学孔祥东教授和哈尔滨工业大学韩俊伟教授主审。限于作者的水平与能力，书中难免有错误与不妥之处。诚实地说，这本书稿与作者的理想也尚有距离，本着共享素材和方便教学工作的目的，将书稿付印，欢迎读者、同仁、学友、师长多多批评指正。

　　参考文献在书中多数非直接引用，多用作启示和指导，其多体现在书中的思想方法等方面，属于道同。为了方便读者延伸阅读，本书将按章列出参考文献。匆忙之中，想必定会有曾对作者有重要影响的文献资料遗漏了，这里一并对文献作者的贡献表示感谢！

常同立

2022 年 4 月

# 目　录

# 第 1 章 绪 论

液压控制系统是以(静)液压控制与换能元件为主要控制元件构建的控制系统。液压控制与换能元件通常指液压控制阀、控制用液压泵等。

20 世纪 60 年代 Merritt H E 将所著有关液压伺服控制内容的书籍取名为《液压控制系统》。事实上,在国内的相关教材里,通常将液压控制系统理解为一种闭环自动控制系统。

随着直驱阀、比例阀等液压控制元件技术的进步,以及可编程逻辑控制器(programmable logic controller,PLC)和运动控制器等电气控制技术的发展,工业自动化技术中一方面以液压开关阀(on/off valve)与 PLC 构成的液压顺序控制系统在工业自动化系统应用中占有更大的比重,另一方面增添了液压比例控制技术等新成员。液压比例技术诞生之初,与液压伺服技术区别明显,高频响高性能液压控制阀技术的进步逐渐填补了液压比例技术与液压伺服技术之间的空白。事实上,液压反馈控制系统成为液压控制系统的狭义概念。

在现代化装备中,液压伺服系统往往是(逻辑)顺序控制系统下面的一个子系统,装备中几乎必然存在以液压开关阀为控制元件的液压顺序控制系统,装备顺序控制系统下面的每一个逻辑选项或子系统都是一个基本的控制系统。因此,工业界的液压控制系统称呼具有更加广泛的范畴,将采用液压阀、液压泵作为控制元件构建的控制系统统称为液压控制系统,是为广义的液压控制系统概念。

顺应工业化社会发展的现状和需求,从大系统和复杂系统视角看待液压控制系统问题,本书采用这一广义概念。本书以液压反馈控制系统为主体,向液压比例控制系统和液压顺序控制系统(含液压开关控制系统)延伸,将更多以液压控制元件为核心构建的控制系统纳入液压控制系统范畴,展现包括液压反馈控制系统在内的多种液压控制技术在机械装备上同时存在的现实状态,推动理论与实际工程技术的统一。

动力学仍然是广义液压控制系统的基础。进一步提升液压顺序控制系统性能时往往需要探讨每个子液压控制系统的动态特性,各种液压控制系统在工业自动化系统中应用也需要以动力学为基础进行集成与整合。

液压控制技术是自动控制技术的一个重要分支。液压控制系统特点鲜明,优势明显,发挥着不可替代的作用。液压控制经常与电气控制等其他控制方式形成既相互独立又相互融合的态势。

液压控制技术是典型的机电液一体化技术,是多学科交叉融合发展的范例。例如,液压伺服控制系统以动力学系统为对象,以负反馈系统设计为手段,集成机械系统、电气系统和液压系统构建机电液一体化的动态系统。

目前,液压控制技术在装备制造业、汽车工业、航天航空、兵器工业、冶金工业、船舶工业、医疗工程等多领域获得应用。

本章将阐述如下问题:开环液压控制与闭环液压控制系统,液压控制系统的分类及特点,液压控制技术的发展历程与趋势,液压控制技术的应用。

# 1.1　开环液压控制与闭环液压控制

与机电控制系统一样,液压控制也可以分为开环液压控制与闭环液压控制。下面以机床运动平台控制为例探讨开环控制系统与闭环控制系统。

机床运动平台是常见的控制对象。机床运动平台是机床的工作台体,它安装在床身的滑动导轨上。不同类型机床对运动平台的性能要求不同,例如平面磨床的运动平台(工作台)仅要求实现平稳的水平往复运动,不需要精密控制其位移量。数控加工中心或数控铣床的运动平台(工作台)做精密进给运动,则需要精确控制平台的运动位移量,否则影响工件加工质量。

为了便于清晰探讨实际液压开环控制与液压闭环控制的异同,以机床运动平台为被控对象,分别用电磁换向阀、电磁比例方向阀和电液伺服阀作为主要控制元件,建立机床运动平台的三种常见液压控制系统。

## 1.1.1　用电磁换向阀构建的液压控制系统

普通平面磨床水平往复工作台可以采用如图 1-1 所示的液压控制方案。因不需要精确控制运动位移,它采用电磁换向阀构建液压控制系统。三位四通电磁换向阀作控制元件,采用行程开关或接近开关等作为指令元件,由继电器等构成逻辑运算网络,可以实现控制信号逻辑运算与功率放大,从而产生足够控制电流驱动电磁换向阀的电磁铁。

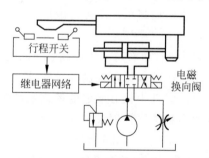

图 1-1　采用电磁换向阀的控制
系统原理图

电磁换向阀的阀芯有三个工作位置:左位、中位和右位,可以控制油路的通断与切换。对每一个阀口油路来说只有两种状态,即完全打开和完全关闭,所以电磁换向阀归类于电磁液压开关阀。

电磁换向阀只能进行打开与关断油路操作,实现运动平台启停;通过改变油路连接实现平台运动换向。无法对电磁换向阀的开度进行调节,从而实现对运动平台速度进行调速控制。

为了调节运动平台的运动速度,液压控制系统中安装一个节流阀,实现回油节流调速。通过调节阀口开度,调节节流阀压差,间接调节经过溢流阀溢流回油箱的流量,从而改变流入和流出液压缸的液流流量,调节平台的运动速度。

运动平台用节流阀调节速度,只能单独调节节流阀,并且不能采用电气控制方式实现平台速度渐变控制。平台启停、换向速度变化突然,平台振动冲击大。

采用电磁换向阀的控制系统原理方块图如图 1-2 所示。控制信号由行程开关发出,信号是逻辑控制量(0 或 1),经过继电器网络进行逻辑运算产生电磁换向阀各个电磁铁的控制信号,控制相应电磁铁供电与否,控制相应阀芯运动,实现阀芯左、中、右三个工作位置变化,输出液压控制流量,驱动液压缸,推动机床运动平台运动。

在由电磁换向阀构成的液压控制系统中,继电器等只能发出简单的控制指令。控制信号是单向流动的,只有流向被控对象的前向信号通道。这种控制系统是开环控制系统。控

图 1-2　采用电磁换向阀的控制系统原理方块图

制指令发出至被控对象响应的时间取决于信号传递途径的每一元件的响应时间。由于控制指令信号简单,没有控制系统输出跟踪指令信号问题。某一元件若受到干扰,产生误动作,系统不能自动修正与补偿。

在这个例子中,行程开关的作用容易误解为反馈传感器的功能,实际上行程开关只是发出动作触发指令,如正向运动或反向运动。在指令发出后,离开检测位置点,行程开关是不起作用的,不能像位置传感器一样实时给出系统运动过程的位置信息,系统也不依据位置信息实时调整运动状态。这个系统回路是开环的,不是闭环的。

若装备的液压驱动与控制系统只有一个液压缸,采用逻辑顺序控制器(如 PLC)可以实现沿位置点序列或沿时间点序列的液压缸动作顺序控制,如图 1-1 和图 1-2 所示。

若装备的液压驱动与控制系统存在多个液压缸,采用逻辑顺序控制器(如 PLC)还可实现液压缸动作间的顺序协调,甚至更加复杂的控制,如图 1-3 所示。

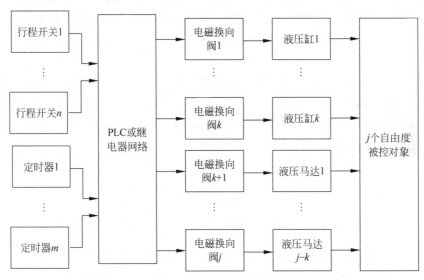

图 1-3　采用电磁换向阀控制多执行器系统原理方块图

顺序控制(sequential control)是顺序地执行一系列操作的控制系统。PLC 控制就是一种典型的顺序控制系统。例如,液压源经常采用 PLC 控制。启动液压源时顺序地依次执行启动电动机(泵)、系统升压、开启设备工作使能,关闭液压源时顺序地依次执行关闭设备工作使能、系统压力回零、停止电动机泵。液压源控制系统还包括故障检测和安全保护的逻辑运算与控制。

液压顺序控制系统每个执行动作结束后,安排等待时间使机构动态平稳至稳态,即忽略液压系统的动态过程(瞬态过程)。实际上,设备控制系统的控制率是执行器动作间的布尔代数逻辑,顺序控制的各个子系统都可看作静态系统。

### 1.1.2　用电磁比例方向阀构建的液压控制系统

电磁比例方向阀是性能较好、价格稍高的新型电磁液压阀。性能要求较高的运动平台控制,如数控平面磨床,也不需要精确控制工作台位移,可以采用电磁比例方向阀作为控制元件,构成如图 1-4 所示的低冲击、低振动的液压控制系统。

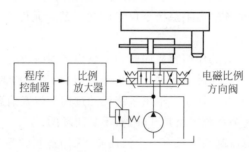

图 1-4　采用电磁比例方向阀的控制系统原理图

电磁比例方向阀采用电信号控制阀芯进行渐变移动,从而控制阀口开度渐变变化,调节比例液压阀的压降和流量等,并在一定程度上实现流量与控制信号间呈现比例变化。

程序控制器产生控制运动平台的电信号,并可以采用渐变的电信号控制和调节平台运动速度,从而改变平台在行进间的速度和运动方向。运动平台启停、换向平稳,几乎无明显冲击。

采用电磁比例方向阀的液压控制系统原理如图 1-5 所示。控制信号由程序控制器发出,信号是模拟控制量(连续电信号),经过比例放大器进行信号功率放大,控制相应比例电磁阀的对应比例电磁铁,推动其阀芯产生连续可调的位移,产生连续变化的液压控制流量驱动液压缸,推动机床运动平台移动。

图 1-5　采用电磁比例方向阀的控制系统原理方块图

在由电磁比例方向阀构建的液压控制系统中,尽管可以采用程度控制器发出渐变连续控制指令信号,但是控制信号是单向流动的,只有流向被控对象的前向信号通道。这种控制系统是开环控制系统。指令系统可以发出连续渐变信号,系统输出可以跟踪指令信号,但跟踪精度低,响应速度慢,响应速度取决于传递信号元件响应时间,不能自动补偿干扰引起的误差。

### 1.1.3　用电液伺服阀构建的液压控制系统

数控加工中心的工作台运动是加工过程的进给运动,需要很高的精度和响应速度。可以采用电液伺服控制系统,它采用电液伺服阀作为控制元件。

电液伺服阀是高性能液压控制元件,具有很高的控制精度、很快的响应速度,不足的是电液伺服阀价格很高。

电液伺服阀常用于电液闭环控制系统。只是在闭环控制系统调试过程中,可以临时用开环控制方式驱动被控对象。

用电液伺服阀做控制元件建立的机床运动平台液压控制系统如图 1-6 所示。机床安装位移传感器,用于检测运动平台位置,发出位置电压信号,并经过放大后输入电子控制装置。

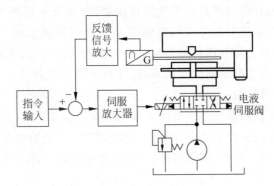

图 1-6 采用电液伺服阀的控制系统原理

控制装置将当前机床平台的位置电压信号与控制指令电压信号进行比较,产生偏差电压信号,偏差信号是连续模拟电压量,它可以精确和实时反映机床平台位置与控制指令(要求平台应处于的位置)的差别。

偏差信号经过比例放大器进行信号功率放大,控制电液伺服阀的力矩马达,高精度、高动态控制阀芯位移,产生需要的液压流量和压力驱动液压缸运动,并推动机床运动平台运动。平台运动被位移传感器检测,并送入电子控制装置。由此构成控制信号封闭循环回路,控制系统也称为闭环控制。

上述控制过程可以用方块图形象描述,如图 1-7 所示,系统是闭环控制结构。闭环液压控制系统中不仅存在控制器对被控对象的前向控制作用,还存在被控对象对控制器的反馈作用。闭环控制系统具有控制精度高、动态响应快、自动补偿外界干扰产生误差的特点。

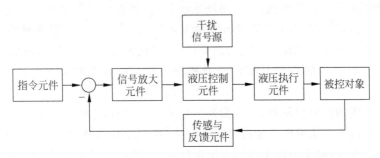

图 1-7 采用电液伺服阀的液压控制系统原理方块图

### 1.1.4 开环液压控制与闭环液压控制的比较

开环液压控制和闭环液压控制是液压控制的两类基本控制方式,它们各具特点。

**1. 开环液压控制**

采用普通液压阀和比例液压阀的开环控制系统与液压传动系统有很大的技术重合,它们几乎采用相同类型的液压元件和液压回路。

开环液压控制系统性能主要由所用液压元件的性能实现。开环系统精度取决于系统各个组成元件的精度，系统的响应特性直接与各个组成元件的响应特性有关。

液压开环控制系统无法对外部干扰和内部参数变化引起的系统输出变化进行抑制或补偿。

从系统设计方面看，开环液压控制系统结构简单，开环液压控制系统一定是稳定的，因此系统分析、系统设计及系统安装等均相对容易，而且还可以借鉴液压传动系统的分析与设计经验。开环液压控制系统与液压传动系统具有较多的共性，区别主要是侧重点有所不同。

开环液压系统经常用于控制精度要求不高，外部环境干扰较小，内部参数变化不大，并且允许系统响应速度较慢的情况。

综上所述，开环液压控制系统是一类简单的无反馈控制方式，只存在控制器对被控对象的单方向控制作用，不存在被控对象对控制器的反向作用，不能自动补偿干扰引起的误差。

鉴于开环控制系统精度较低、响应较慢，一般不采用工作条件要求高、相对价格高、性能相对好的伺服阀构建开环控制系统。

**2. 闭环液压控制**

闭环液压控制系统经常采用电液伺服阀或直驱阀（direct drive valve，DDV）作控制元件。

电液伺服阀和直驱阀是高性能液压控制元件，它们内部含有闭环反馈控制系统，因而这两类阀具有很高的控制精度、很快的响应速度。

通常，闭环液压控制系统也称液压反馈控制系统，它依据反馈作用原理工作。

反馈控制的基本思想是以偏差来消除或抑制偏差，反馈控制系统是利用偏差进行工作的。通过比较元件将反馈元件检测到的被控对象信息与系统指令元件的控制指令进行比较形成偏差信号。这个偏差信号经过能量放大，从而能够驱动大功率液压控制阀，控制液压执行元件，驱动与控制被控对象。

闭环液压控制系统结构形成闭环回路。闭环控制系统存在稳定性问题，控制精度与动态响应速度均需细致设计与调试，所以闭环系统分析、系统设计及系统调试等均较为繁琐。但是采用闭环控制（反馈控制）方式，用精度相对不高、抗干扰能力相对不强的液压元件有可能构建控制精度高和抗干扰能力强的控制系统，或者在现有液压元件性能的条件下，有可能利用闭环控制获取更好的控制系统性能及控制效果。反馈控制有开环控制无法实现的优点。

反馈控制系统的前向控制通道（从偏差信号至被控对象）就是一个开环控制系统。开环液压控制是液压行业应用最广泛的液压控制方式，特别是在液压比例技术方面。闭环液压控制应用也非常普遍，除了应用于控制系统设计外，闭环控制也是许多液压传动元件（溢流阀、减压阀、顺序阀、调速阀、变量泵变量机构等）的工作机理，闭环控制系统设计嵌在液压元件设计之中。

# 1.2 连续量控制与开关量控制

液压机械装备中存在许许多多的物理量，这些物理量可以用变量（variable）表示，液压领域的变量可以分为连续（变）量（continuous variable）与开关（变）量（on/off variable）。连续量也称模拟（变）量（analog variable），常见的连续量有压力、流量、位移、速度、加速度、力等。开关量操作或状态可以用布尔量(boolean variable)或数字(变)量(digital variable)的位表示,常见的开关量有电动机启停、阀门开闭、压力加压与卸压、方向正反、行程开关到位与否等。

### 1.2.1　液压连续量控制与开关量控制

液压控制阀也可以分为两类:连续量控制阀和开关量控制阀。连续量控制阀俗称连续阀,常见的连续量控制阀有伺服阀和比例阀等。开关量控制阀俗称开关阀,常见的开关量控制阀有电磁换向阀和电磁溢流阀等。

接下来,通过两组例子说明连续量和开关量液压控制阀的区别。例如,电磁换向阀是开关量控制阀,它利用电磁铁实现阀的油路切换,改变阀口的连通关系,阀口有两种状态:导通或断开。可控制液压执行器的运动方向改变,不能控制液压执行器速度改变。电液伺服阀是连续量控制阀,它利用负反馈控制原理不仅可以实现阀口的油路切换,改变阀口的联通关系,而且可以连续控制阀口的开度,实现完全导通与完全断开之间的阀口开度连续渐变。它可以控制液压执行器的运动方向改变,也可以控制液压执行器运动速度的改变,速度变化是连续的。例如,电磁溢流阀采用电磁铁控制溢流阀的工作状态是加压或是卸压,控制量是开关量,要么加压要么卸压,不能用电信号改变压力大小。电磁比例溢流阀采用比例电磁铁替代溢流阀的调压弹簧实现压力控制,它可以采用电信号控制溢流阀设定压力从卸载到满载连续变化,是模拟量控制。

下面还是以机床运动平台控制为例探讨连续量控制系统与开关量控制系统。

图 1-1 机床运动平台采用电磁换向阀控制,是开关量控制系统。行程开关采集机床运动平台到位与否信息,通过继电器网络的逻辑控制产生上电与断电两种电信号,控制电磁换向阀可以实现运动方向切换,但是不能渐变地改变阀开度大小,也就是不能通过电信号渐变地改变平台运动速度。

图 1-4 机床运动平台采用电磁比例方向阀控制,是连续量控制系统,比例放大器可以发出模拟量电信号,通过电磁比例方向阀连续改变液压油的流量,实现运动平台的运动速度和方向的改变。

图 1-6 机床运动平台采用电液伺服阀控制,是连续量控制系统。平台运动控制系统构成闭环控制系统,系统运动平台高精度复现运动控制指令表达的连续量。

### 1.2.2　连续量或开关量控制的数学基础及控制器

连续量控制的数学基础是微分方程,它可以有方块图、传递函数、状态方程、伯德图等描述方式。以微分方程为数学模型的控制系统是模拟控制系统(analog control system)。模拟量控制系统采用模拟电路或者运算放大器构建处理模拟电子信号的控制器。

现代机器装备多采用微处理器(microprocessor)作为控制系统的控制器,这类控制系统称为计算机控制系统(computer control system)。受控机电系统的物理过程是连续的,通常是动力学过程,它的数学模型是微分方程。而控制器内部微处理器运行的是数字信号,两者之间采用 A/D 和 D/A 转换器连接起来。A/D 和 D/A 转换器的主要原理是采样器和保持器,这类控制系统也称为采样数据控制系统。采样数据控制系统中,计算机控制器运算的控制规律是差分方程,控制信号是离散信号。处理离散信号的控制系统是离散控制系统。

开关量控制的数学基础是逻辑代数,也称布尔代数。开关量用布尔量 0 或 1 表示。开关量控制实现的是操作序列或事件发生次序的顺序控制(sequence control)。早期顺序控制的控制器是继电器网络,也称为继电器控制。现代的顺序控制多采用 PLC 作为控制器。

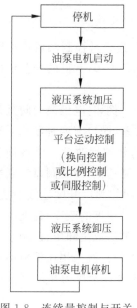

图 1-8　连续量控制与开关量控制的关系

### 1.2.3　机器装备上连续量控制与开关量控制的关系

对于一台机器装备而言,连续量和开关量都可能存在。对于自动化装备,开关量一定是有的,因为装备的启动与停止就是开关量控制。

图 1-1、图 1-4 和图 1-6 所示的机床运动平台都是采用液压控制方式。简单看,三个液压系统都含有液压泵、液压泵的驱动电动机、调节液压系统压力的溢流阀。除了三种装备的运动平台控制方式不同,它们的运行都包括液压泵电动机启动、液压溢流阀加压、运动平台控制使能、溢流阀卸压、液压泵电动机停机的操作过程。

平台运动控制是装备运行过程的一个子过程,它可以采用开关量控制(开关阀控制)、也可以采用连续量控制(比例控制或伺服控制)。在装备运行至运动平台控制条件具备时,进入平台控制阶段。图 1-8 描述了这个简单例子中开关量控制与连续量控制的关系。

## 1.3　液压控制系统分类

液压控制系统的工作液黏度等许多重要参数都是温度的变量,而温度会随工作时间和负载情况变化而发生改变,因此严格说液压控制系统是时变系统。为了分析方便,工程上通常将液压控制系统看作定常系统。

液压控制系统是自动控制系统之一,液压控制系统常常有多种分类方法。

1) 按照控制系统环路构成分类

按照控制系统环路构成是否包含反馈回路,液压控制系统可以分为闭环控制系统、半闭环控制系统和开环控制系统。

闭环控制系统的控制系统结构中包含反馈通道,形成闭合环形信号回路,俗称闭环控制。

半闭环控制系统的控制系统结构中包含闭环控制回路,也包含开环回路。常见的一种半闭环控制系统结构是将反馈传感器位置向前移,从被控对象(负载)前移至执行元件,执行元件之前构成闭环控制,执行元件与被控对象之间是开环控制。

开环控制系统的控制系统结构中不包含反馈通道,不形成闭合环形信号回路,控制信号都是从指令元件流向执行元件。

2) 液压闭环控制系统按照控制系统完成的任务分类

按照控制系统完成的任务类型,液压闭环控制系统可以分为随动控制系统、程序控制系统和调节控制系统。

随动控制系统输入控制指令信号是变化量,是可以无规律的变化量。通常要求系统输出量能够以一定精度跟踪控制指令信号变化,也称随动系统。

程序控制系统输入控制指令信号是变化量,是有规律的变化量,可以预先通过程序描述变化过程。通常要求系统输出量能够以一定精度跟踪控制指令信号变化,控制系统设计可以利用预先已知的输入信号变化规律。

调节控制系统的控制量为一个定值。通常,在外部干扰和内部参数变动条件下,要求系统输出以一定精度保持在希望数值上,也称恒值系统。

本书采用闭环控制系统或反馈控制系统的概念,它们涵盖随动系统、恒值系统、调节系统。广义的伺服控制系统等同于闭环控制系统或反馈控制系统。狭义的伺服控制系统等同于随动控制系统。

3) 按照控制系统各组成元件的线性情况分类

按照控制系统是否包含非线性组成元件,液压控制系统可以分为线性系统和非线性系统。

实际液压元件存在明显的非线性,实际液压控制系统是典型的非线性系统。

经过线性化处理的液压控制系统或液压元件模型是线性系统。

通常,非线性系统分析和设计都较困难,因此对液压控制系统进行分析与设计常用线性化模型。

4) 按照控制系统各组成元件中控制信号的连续情况分类

按照控制系统中控制信号是否均为连续信号,液压控制系统可以分为连续系统、离散系统和顺序控制系统。

仅由机械机构和液压元件构成的液压控制系统是连续系统,采用电子模拟控制器构成的电液伺服系统也是连续系统。

计算机控制电液伺服系统是采样数据控制系统,微处理器作为数字控制器是离散系统。

顺序控制系统处理布尔量,是开关量控制系统。

5) 按照被控物理量分类

按照被控物理量不同,液压闭环控制系统可以分为位置控制系统、速度控制系统、力控制系统和其他物理量控制系统。

被控对象是机械平动运动时,位置控制系统的被控物理量是位置或位移,速度控制系统的被控物理量是速度,力控制系统的被控物理量是力。

被控对象是机械转动运动时,位置控制系统的被控物理量是角位置或角位移,速度控制系统的被控物理量是角速度,力控制系统的被控物理量是力矩。

6) 按照液压控制元件或控制方式分类

按照液压控制元件类型或控制方式不同,液压反馈控制系统可以分为阀控系统(节流控制方式)和泵控系统(容积控制方式)。进一步按照液压执行元件分类,阀控系统可分为阀控液压缸系统和阀控液压马达系统;泵控系统可分为泵控液压缸系统和泵控液压马达系统。

无特别说明,本书中液压马达均指液压伺服马达;液压缸均指液压伺服缸。

7) 按照信号传递介质分类

按照控制信号传递介质不同,液压控制系统可分为机械液压控制系统、电气液压控制系统等。

机械液压控制系统（简称机液控制系统）中控制信号传递介质是机械机构和液压工作液，没有电气元器件参与控制。

电气液压控制系统（简称电液控制系统）中控制信号传递介质包含电气元器件，电气信号参与液压控制。

8）按照液压控制元件分类

按照液压控制元件不同，工程行业有一种通俗分类，将液压控制系统分为开关阀控制系统、伺服控制系统和比例控制系统等。

开关阀控制系统的液压控制元件是开关阀，这类控制系统与液压传动系统有很大的重合。

伺服控制系统是采用电液伺服阀构建的闭环液压控制系统。

比例控制系统是采用电液比例阀构建的液压控制系统。比例控制系统有开环控制方式和闭环控制方式两种。

# 1.4　液压控制的特点

与其他控制方式相比，液压控制具有鲜明的特点。

## 1.4.1　液压控制的优点

液压控制主要优点概括如下。

1）体积小和质量轻

液压元件具有很大的功率-重量比和力矩-惯量比（或力-质量比），因此液压系统的功率传递密度大。在同样控制功率或同样控制负载情况下，采用液压控制技术可以构建结构更紧凑、体积更小、质量更轻和动态响应更快的液压控制系统。

2）刚度大、精度高、响应快

液压工作液体积模量大、泄漏小，液压控制系统具有很大静态刚度。液压伺服系统可以提供更大的动态刚度。液压控制系统的刚度大，则负载力干扰产生的液压执行机构位移误差较小，系统控制精度较高，响应控制指令的速度较快。

3）驱动力大，适合重载直接驱动

液压控制系统采用静液压驱动方式，具有液压传动系统驱动力大的优点。在同样体积情况下，液压系统可以发出更大力（或力矩）。在同样负载条件下，液压控制更适合直接驱动。

4）调速范围宽，速度控制方式多样

静液压驱动方式易于实现无级变速，调速范围宽。例如液压仿真转台的阀控马达转速范围可以实现 $0.0004 \sim 300°/s$ 连续变速。速度控制有阀控方式、变转速泵控、变排量泵控等多种方式适应不同被控对象需求。

5）自润滑、自冷却和长寿命

液压工作液具有良好润滑特性和冷却作用。液压元件工作时元件磨损小，液压工作液能够带走工作过程中产生的热量，液压控制系统具有更长的工作寿命。

6）易于实现安全保护

液压回路中易于设置压力保护安全阀或其他过载保护机构。液压系统能可靠地进行频繁的带负载启动和制动，以及进行正反向直线或回转运动。

### 1.4.2　液压控制的缺点

液压控制的主要缺点概括如下。

1）抗工作液污染能力差

超过 80% 的液压系统故障与工作液污染有关。与液压传动系统相比，伺服液压控制系统对工作液污染更为敏感。高压液压泵马达和精密的液压控制元件（如电液伺服阀）抗污染能力差，对工作液的污染较为敏感。

与电液伺服阀比较，比例控制阀和直驱阀的抗污染能力较强，与普通电磁换向阀相当，且性能较好，甚至接近电液伺服阀。

2）对温度变化敏感

工作液温度变化大时，其黏度等指标变化很大，工作液黏度变化对控制系统的性能影响很大。温度过高或过低，密封元件密封性能降低，甚至失效。液压系统需要进行热平衡设计。

需注意到：液压系统的冷却方面也有良好设计范例，如飞机的液压系统冷却与燃油供给系统的协调设计。

3）存在泄漏隐患

当液压元件的密封设计、制造和使用维护不当时，容易引发泄漏故障，外泄漏还会造成环境污染。

也应该注意到：密封技术发展迅速，密封技术进步大大减少了工作液泄漏隐患。

4）制造难，成本高

液压反馈系统中包含许多超精密配合的零件部件，如伺服阀等，因此液压控制存在制造精度要求高和制造成本高的问题。同时也应注意到：制造难、精度高的液压元件通常由专业生产企业制造，液压反馈系统构建可以直接选购精密液压控制元件，而不是自行设计制造全部液压元件，从而降低了液压反馈系统的制造难度。

还应注意到：一些低成本、制造工艺性好的、高性能的液压控制元件不断被开发出来，如直驱阀的结构相对简单，制造成本较低，且性能接近电液伺服阀。

5）不适于远距离传输且需液压能源

液压工作液具有黏性，因此远距离传输损失大，不适合长距离传输。液压系统需要配套的液压能源站，液压能源使用不如电能便捷。

应该注意到：直驱泵控系统不需要集中的液压能源站，连接各个液压作动器系统的只有电缆。

## 1.5　液压控制发展历程及趋势

液压控制技术是一门新兴的科学技术，它是液压技术的一个重要分支，也是自动控制技术的一个重要分支。

目前,液压控制技术已成为一项重要的机电液一体化技术,它融合了控制理论、液压技术、电子技术、计算机技术、仿真技术、机械技术等,不同领域的设计理论与技术在液压控制技术中汇集、衔接、交融、综合成一项技术。

## 1.5.1　发展历程

从液压控制技术的发展历程中可以看到液压技术的发展影像,也可看到控制技术等的发展痕迹,更重要的是液压控制技术发展过程自然地体现了多学科多领域技术融合的过程。下面列举液压控制技术发展过程中的一些重要历史事件,它们可以描绘出液压控制技术的发展历程。

公元前 240 年;在古埃及出现了人类历史上第一个液压反馈系统——水钟。

换个角度看,公元前 200 多年阿基米德(Archimedes)关于浮力的论述实际上是液体压强(压力)的理论研究成果。

1650 年,帕斯卡提出了帕斯卡原理。它描绘了静态液体中的压力传播规律。

1686 年,牛顿揭示了黏性液体的内摩擦定律。

18 世纪,流体力学的连续性方程被建立起来。

1795 年,英国出现了世界上第一台水压机,液压传动开始进入工程领域。

1873 年,伺服马达(servo motor)一词出现,它指用曲柄连杆反馈轮船舵机运动自动关闭舵机操纵助力蒸汽装置的反馈控制机构。

1877 年,Edward John Routh 提出了线性定常系统稳定性判据。

1895 年,Adolf Hurwitz 发表了线性定常系统稳定性判据。

1906 年前,液压传动与控制技术应用于海军战舰炮塔的俯仰控制。

1914 年前,液压伺服控制技术出现在海军舰艇舵机的操控装置上。

1932 年,Harry Nyquist 发表了关于奈奎斯特判据的论文。

1934 年,伺服机构(servo mechanism)一词出现,Harold Locke Hanzen 给出了定义:"一个功率放大装置,其放大部件是根据系统输入与输出的差来驱动输出的。"

1939 年前,液压控制技术得到高速发展,射流管阀、喷嘴挡板阀等许多控制阀原理出现。出现一种具有永磁马达及接收机械及电信号两种输入的双输入阀,并在航空领域应用。

1940 年,滑阀特性和液压伺服控制理论研究出现。Hendrik Bode 发表了关于最小相位系统幅频特性和相频特性关系的伯德定理。

1945 年前,用螺线管驱动的单级开环控制阀建立的液压伺服系统出现。

1946 年,伺服阀的关键组件及技术相继出现,例如力矩马达、两级阀、带反馈的两级阀。压力 21MPa 飞机液压控制系统出现。

1948 年,Norbert Wiener 出版 *Cybernetics*《控制论》。

1950 年,单喷嘴两级伺服阀出现。

1953—1955 年,机械反馈式两级伺服阀、双喷嘴两级伺服阀、干式力矩马达相继出现。

1954 年,钱学森(Hsue-shen Tsien)出版 *Engineering Cybernetics*《工程控制论》。

1957 年,两级射流管伺服阀和三级电反馈伺服阀出现。

1960 年前后,伺服阀技术空前发展,大量伺服阀技术专利等文献出现,出现大量伺服阀生产厂家。当时的伺服阀已具有许多现代伺服阀的特征。

1960 年，Blackburn J. F. 等出版了 *Fluid Power Control*《流体动力控制》图书。

1962 年，Ernest E. Lewis，Hansjioerg Stern 出版 *Design of Hydraulic Control Systems*《液压控制系统设计》图书。

1963 年，面向工业应用的系列伺服阀产品出现。

1967 年，Herbert E. Merritt 出版 *Hydraulic Control Systems* 图书。瑞士 Beringer 公司出品了 KL 型比例复合阀，标志液压比例技术出现。

1970 年后，日本油研公司申请了压力比例阀和流量比例阀专利。

1973 年，工业标准接口伺服阀出现。射流管先导级及电反馈的平板型伺服阀研制成功。

1974 年，低成本、大流量的三级电反馈伺服阀出现。不带闭环的比例阀出现。

1975—1980 年液压比例阀走向成熟，频率响应提高到 5～15Hz，滞环缩小到 3%。

1976 年，Herbert E. Merritt 的《液压控制系统》*Hydraulic Control Systems* 中文译本出版。

1980 年前后，几部液压控制系统的中文教材和专著出版。

1980 年后，开始直驱阀（direct drive valve，DDV）研制。

1990 年后，直驱阀获得了重大进展。

1997 年，无阀直驱液压伺服技术出现。美国将 DDV 用于航空静液压驱动系统。飞机上出现 35MPa 液压控制系统。

1998 年，四级电液伺服阀出现。

2000 年，直驱容积控制（direct drive volume control，DDVC）获得实际应用。

2006 年，应用直驱容积控制技术的产品出现。例如采用 DDVC 技术的注射机、压力机和冶金设备等。

### 1.5.2　发展趋势

液压控制技术的发展方向可以概括为集成化、数字化、微型化、超大型化和超重型化。

插装等新型安装方式的液压元件获得广泛应用，多个多种功能的液压控制阀可安装到一个油路块上实现复杂功能，体现了集成化发展趋势。

电子技术特别是总线技术发展，促使液压技术向数字方向发展。在液压阀内部嵌入安装了电子控制电子电路，液压控制阀可以接收数字信号，并可通过计算机程序来改变液压控制阀的性能，实现数字化补偿等功能。

新材料和新技术的发展及在液压控制领域应用促使新型液压控制元件研制出来。特别是体积小、性能高的液压元件。液压元件小型化和微型化为液压控制技术在更广泛领域应用创造了条件，如机器人、医疗器械、运动机械。

2001 年液压伺服控制技术开始出现在 F1 赛车上，用于完成动力转向、挡位选择、油门控制等功能的系统，图 1-9 和图 1-10 为用于 F1 赛车的一些液压控制元件，可以看出图示的液压元件体积很小（与一支笔相比）。虽然体积很小，它们可以发出很大的驱动力和驱动控制功率。图 1-9 中左上角是一个电液伺服阀，图 1-10 中左侧是一个插装型的直驱阀。

随着人类活动空间的拓展，超大型机械装备不断被开发出来。在超大型和超重型装备领域，液压控制技术无疑能发挥其优势。

图 1-9　伺服阀、电磁铁、燃油调节器及液压缸

图 1-10　DDV 与动力转向阀

# 1.6　液压控制的应用

现代机电工业技术主要有两个发展趋势:一是向高动态响应速度、大功率、高精度的方向发展;另一发展趋势是向高功率密度系统发展,也即向微型化、小型化、轻量化发展。

液压控制系统能够发出超大的驱动力,且同时具备很高的刚度与控制精度,适宜作重载装备和装置的控制系统;液压控制系统占用空间小,驱动形式多样,可以在体积较小或重量较轻的情况下产生需要的驱动力或力矩,适合直接驱动,适合用作移动设备与装置的控制系统。

直白地说:液压控制系统优势与现代机电工业技术发展趋势与需求较为一致。

## 1.6.1　应用分析

不同领域、不同用途、不同类型、不同结构的机电装备或装置的功能和性能指标都是千差万别的,但也具有共同属性。它们的共同属性有两类:一类属性是规格、尺度大小,一般可用设备或装置的控制功率或系统功率描述;另一类属性是动态响应速度,一般可用系统相位滞后 90°频率描述,也称动态响应频率。

使用上述两个属性的尺度可以一致地对比评价各种不同机电设备或装置。通过对比分析可以看出:什么是电液伺服控制系统的特点与优势,哪些领域是电液伺服系统应用领域和潜在的应用领域。

这里,将各种设备或装置的系统功率用等效供油压力 21MPa 液压控制系统的控制功率描述,或用等效的液压控制系统的 7MPa 阀压降流量描述;系统动态特性可以用等效的液压控制系统的相位滞后 90°频率描述。分别用这两个尺度作纵坐标和横坐标绘制平面图,将各个机电系统作为一个点描述在图中。归类分析,可以得到如下结论:

液压传动系统、液压开关控制、液压伺服控制系统与机电控制系统的分布区域如图 1-11所示。从图中可以看出:液压伺服控制系统在动态响应频率方面远高于液压传动系统、液压开关控制;液压控制系统与机电控制系统应用领域具有互补性,液压伺服控制系统具有更高动态特性与更大的驱动能力。

机器人、机床、飞行仿真系统、工程机械、履带车辆及实验测试设备等的控制能力与其动

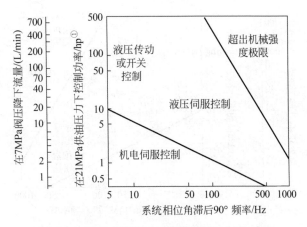

图 1-11 机电伺服控制、液压伺服控制分布图

态特性情况可以用图 1-12 描述。依据各个专业领域装备特点,采用合理的参数设计液压控制系统,液压控制在上述多个领域都可以胜任。

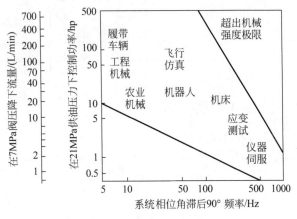

图 1-12 各种设备分布图

图 1-13 以航空航天领域应用为例描述了多种机载设备在系统动态特性、驱动控制能力、运动速度范围的情况。图中标出了多种类型设备的功率、运动速度与动态特性。同一台机器装备上,不同用途和功能的装置在系统动态特性、驱动控制能力、运动速度范围等方面都是不同的。

比例电磁铁的出现,带来液压阀芯的调节和驱动方式的变革,手工调节的普通液压阀衍生出电子信号调节的比例阀,开关量控制的电磁阀衍生出连续量控制的比例阀。比例阀技术发展,出现接近伺服阀性能的可以应用于闭环控制的伺服比例阀。液压比例控制包含开环比例控制和闭环比例控制。比例控制填补了液压开关控制和液压伺服控制之间的空白,如图 1-14 所示。

总之,液压控制特色明显,优势突出,它与机电控制等控制方式互为补充。

---

① 1hp=735.49W

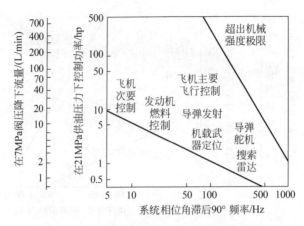

图 1-13　一台装备上不同装置或设备性能分布图

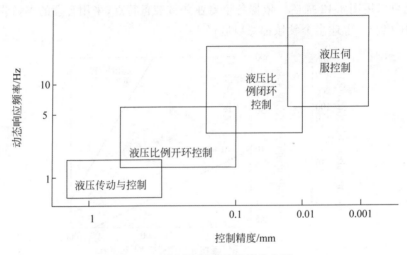

图 1-14　液压控制系统性能分布图

## 1.6.2　几个典型伺服液压控制应用案例

这里列举几个典型的伺服液压控制系统应用,它们反映了伺服液压控制系统的应用优势。

大功率材料试验加载(见图 1-15)等大多采用伺服液压控制。

四自由度飞行模拟系统如图 1-16 所示,它的四个自由度分别由四个电液伺服作动器驱动。每个作动器都构成一个电液伺服系统,如图 1-17 所示。

超大型实验装置如大功率地震模拟振动台,如图 1-18 所示。它的结构可以用图 1-19 示意,它具有 8 个液压伺服作动器。移动质量达到 350t。采用四级电液伺服阀控制,在 7MPa 压降下,伺服阀流量为 15000L/min。

航空应用是促使液压伺服控制技术发展的促进力之一,现代飞机上的各种飞行操纵动作多通过液压伺服作动器实现(见图 1-20)。

液压控制系统的高功率体积比和结构紧凑的特点对机器动物和机器人设计非常具有吸

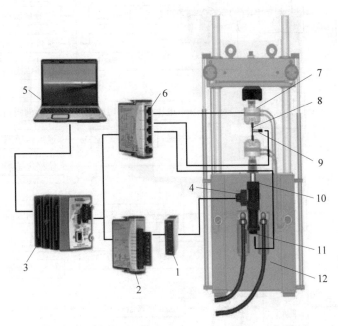

1—电压与电流转换器；2—模拟电子放大器；3—实时控制计算机；4—伺服阀；5—用户界面计算机；6—模拟信号输入模块；7—力传感器；8—试件；9—夹持式直径测量传感器；10—液压缸；11—位移传感器；12—机架。

图 1-15　材料实验机液压控制系统

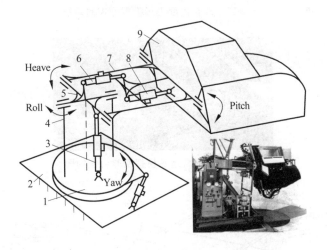

1—旋转基座；2—固定基座；3—Yaw 作动器；4—立柱；5—十字轴；6—Heave 作动器；7—水平臂；8—Pitch 作动器；9—模拟座舱。

图 1-16　四自由度飞行模拟器

引力。图 1-21 是一种采用液压驱动与控制的机器动物；图 1-22 是类人机器人。

除此之外，液压伺服控制系统的高刚度、高频率响应特性使其在导弹的控制舵面、矢量推力发动机喷管矢量控制、导弹及火箭发射台的操纵、制导仿真器、负载模拟器等领域获得应用。

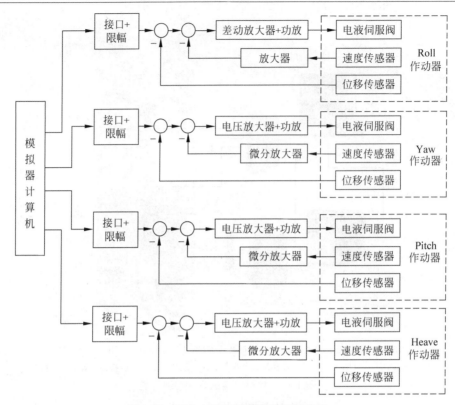

图 1-17　四自由度飞行模拟器控制系统

图 1-18　超大型地震模拟实验台实物图

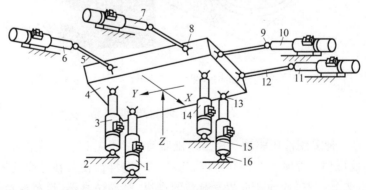

1—Z 向作动器 1；2—固定基座；3—Z 向作动器 2；4—运动平台；5—X 向连杆；6—X 向作动器 1；7—X 向作动器 2；8,9,13,16—连接铰；10—Y 向作动器 2；11—Y 向作动器 1；12—Y 向连杆；14—Z 向作动器 4；15—Z 向作动器 3。

图 1-19　超大型地震模拟实验台结构示意图

图 1-20　部分飞行控制液压作动器在飞机上的安装位置

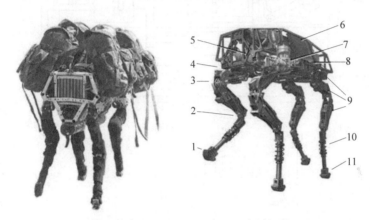

1—足；2—踝关节；3—膝关节；4—髋关节；5—陀螺仪；6—热交换器；7—发动机及液压泵；8—计算机；9—作动器；10—腿缓冲弹簧；11—力传感器。

图 1-21　液压驱动机器狗

图 1-22　液压驱动控制机器人

　　民用的电液伺服控制系统多数应用在大型贵重装备和产品上，如轧钢装备等。机液伺服系统常见于仿形机床和汽车动力转向等。

### 1.6.3　几个典型比例液压控制应用案例

这里列举几个典型的液压比例控制装备案例,用以反映液压比例控制系统的技术特点及应用。

**1. 注塑机**

注塑机广泛采用液压技术。注塑机主要由注射部件、合模部件、液压系统、电控系统及床身构成。

图 1-23 所示的注塑机包括比例控制和顺序控制。

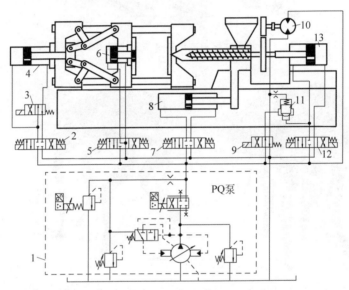

1—PQ泵;2,7—三位四通 O 型电磁换向阀;3,9—二位四通电磁换向阀;4—合模液压缸;5—三位四通 Y 型电磁换向阀;6—顶出液压缸;8—注射座移动液压缸;10—预塑马达;11—插装阀;12—三位四通 J 型电磁换向阀;13—注射液压缸。

图 1-23　注塑机的注射系统

液压比例控制主要用在 PQ 泵上。PQ 泵包含一个电磁比例阀和一个电磁比例节流阀,它们分别控制压力和流量。PQ 阀与变量泵结合构成 PQ 泵。

注射座移动、注射动作、预塑动作、开合模动作、顶出动作等均由液压开关阀控制液压缸或马达实现。上述动作需要按照注塑加工工艺编排,通过计算机完成逻辑顺序控制,这部分是液压顺序控制。

注射动作是先进注塑机的关键,注射液压缸的电液比例控制方案可以对注射压力和注射速度进行精密控制。

**2. 连铸机**

二流板坯连铸机(见图 1-24)是大型冶金装备,它由多个装备组成。钢包回转台(见图 1-25)具有冶金装备的典型特点。它的两个工艺动作为:钢包升降运动和钢包回转运动。钢包升降采用液压缸驱动,采用非对称液压比例阀控制非对称液压缸系统。钢包回转也可以采用液压比例控制方式,对称比例阀控制液压马达。连铸机钢包回转台采用 PLC 控制。

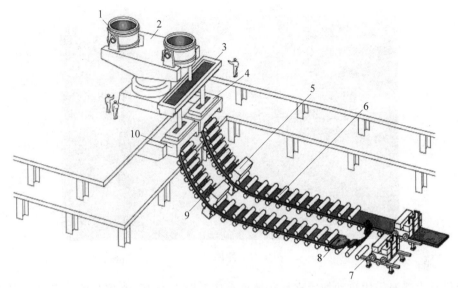

1—钢包；2—回转塔；3—中间罐；4—结晶器；5—电磁感应搅拌器；6—支承导辊；7—火焰切割器；8—引锭杆；9—冷却喷嘴；10—振动结晶器。

图 1-24 二流板坯连铸机

图 1-25 连铸机双臂钢包回转台

### 3. 启闭机

水坝等水力设施中大量使用液压启闭机，船闸的人字门打开与关闭采用启闭机（见图 1-26），泄洪孔和排漂孔也用启闭机。应用场合不同启闭机的驱动载荷不同，启闭的液压系统控制方案有多种，其中液压比例方案有两种：一种是比例调速阀调节运动速度配合电磁换向阀改变运动方向；另一种是电磁比例方向阀控制液压缸。运动控制方案有开环控制方案，也有闭环控制方案。液压启闭机普遍采用 PLC 作控制器，实现自动化控制。

### 4. 数控机床

数控机床（computer numerical control machine tools）是高度自动化的加工机床，工件

图 1-26　船闸启闭机

在数控机床上普遍采用自动加紧夹具。数控车床如图 1-27 所示,控制面板可以设定液压夹具的夹紧力。通过比例减压阀将液压系统工作压力降低,获得夹紧压力。液压缸将夹紧压力转换为机械夹紧力,驱动夹具夹紧工件。为了提高工件夹紧力的控制精度,避免夹伤工件或工件未夹紧现象出现,采用压力传感器检测夹紧压力,构建压力闭环控制系统。

图 1-27　数控车床

### 5. 导弹发射车

导弹发射车(missile launching vehicle)主要功能是运载导弹进入规定发射地点,完成由行驶状态到发射状态的展开,对导弹进行发射前检查和信息装定,按指令实施导弹发射,如图 1-28 所示。导弹发射车一般由汽车底盘、发射控制舱、液压系统、发射架(发射箱)、导弹发射控制装备等组成。发射架(发射箱)由行军状态到发射状态展开采用液压驱动与控制,系统压力 27.5MPa。液压控制采用载荷独立的流量比例控制系统。操作过程运动平稳,避免运动出现抖振现象。控制方式具备手动和自动控制两种模式。

### 6. 工程机械

工程机械往往是多执行器液压控制系统。执行器载荷可能是复杂变载荷,也可能是大负向负载。过去,工程机械往往是人工操作液压控制先导手柄,通过液控多路阀控制各个液

图 1-28 导弹发射车液压起升控制系统

压执行器动作。先进的工程机械电控方式称为电液流量匹配(electro-hydraulic flow matching,EFM)技术,如图 1-29 所示。手柄为输出表征连续控制量的电信号。多路阀采用比例电磁铁驱动,成为可以接受电信号控制的比例多路阀。更加完美地解决了因各个执行器需要压力和流量不同,而干扰液压执行器的运动控制,出现速度不平稳等现象。

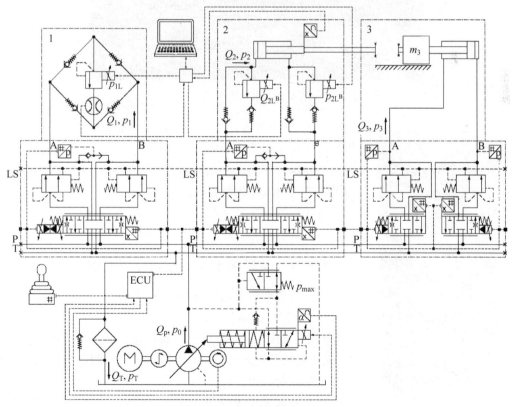

1—双向对称负载工况;2—非对称液压缸非平衡负载工况;3—非对称液压缸平衡负载工况。

图 1-29 工程机械电液流量匹配

### 7. 液压源

　　液压源(见图 1-30)用于向液压系统提供能源,不同类型的液压系统需要具有不同功能的液压源,液压源采用电液比例控制技术是常见的。这里,介绍电液比例控制系统和电液伺服系统常用恒压源的电液比例控制。大中型恒压源通常采用比例恒压变量泵方案。也就是用比例电磁铁取代调节弹簧来控制泵变量机构的位置,进而改变变量泵的排量,通过调节排量来保证输出压力的恒定,将普通恒压变量泵转化为比例恒压变量泵。小型恒压源常采用定量液压泵输出液压油,电液比例溢流阀控制液压源压力,并使之保持恒压。

图 1-30　大型液压源

图 1-31　液压源控制柜

　　简单地,比例电磁铁为核心的阀芯作动器替换了传统液压控制阀的机械作动器和普通电磁铁产生出比例控制阀,成为连续信号控制元件。比例阀可以用在传统液压传动控制系统上将其转变为电液比例控制系统。

　　液压比例控制技术应用十分广泛,在加载试验台、起重机械、环卫车辆、联合收割机等都有应用。

## 1.6.4　典型顺序液压控制应用案例

　　常见的典型液压顺序控制系统是大中型液压源的自动控制系统,如图 1-30 所示。液压源常采用 PLC 控制方式,具备独立控制柜(见图 1-31)控制液压泵电动机、冷却水泵等启停顺序,配备触摸屏等人机用户方式远程设定比例溢流阀或比例恒压变量泵控制压力。

　　PLC 控制柜由 PLC 控制器单元、继电器组、直流稳压电源等组成。PLC 控制器由通信模块、PLC 控制器及 A/D 转换模块等组成。PLC 控制器单元的主要功能是完成各种逻辑运算、逻辑控制、信号隔离等,实现对液压源的控制。

PLC 控制器完成逻辑运算、逻辑控制。泵站中高压滤油器堵塞反馈信号、循环泵滤油器堵塞反馈信号、回油滤油器堵塞反馈信号、压力继电器动作等反馈信号通过光电耦合器隔离后与 PLC 的输入端相连。PLC 输出的主电动机启停、水泵循环泵启停、溢流阀升压/卸压、换向阀动作等指令信号通过继电器组隔离后驱动相应的器件。

直流稳压电源是工业级线性一体化稳压电源。该电源将输入的 $220\text{V} \times (1 \pm 10\%)$ 交流电转换为直流电输出，供给电磁继电器、PLC 控制器等。

开关量控制是最简单的一种控制，是各种机器装备都有的控制方式。如果开关控制数量多，且相互之间有逻辑关系，那么它们就构成一种顺序控制系统。简单的开关控制问题也可能变得不再简单。

液压顺序控制应用十分广泛，在各种液压装备中或多或少都有应用，只不过有些逻辑顺序控制是人工操作的。

## 1.7　本章小结

液压控制技术是一门机电液一体化新技术，它是自动控制技术的一个重要分支。液压控制技术包括开环控制和闭环控制两类，其中液压闭环控制较为复杂。液压控制包括连续物理量控制和开关量控制两类，其中连续物理量控制主要包括液压伺服控制和液压比例控制。开关量控制主要指开关液压控制系统，以及在其上构建的顺序控制系统。

从大系统和复杂系统视角看待液压控制系统问题，采纳广义的液压控制系统概念，以液压反馈控制系统为主体，向液压比例控制系统和液压顺序控制系统（含液压开关控制系统）延伸。将采用液压阀、液压泵作为控制元件构建的控制系统统称为液压控制系统。

液压控制在重载、高性能、高功率密度等场合具有明显优势。这种优势使其与机电控制技术在应用范围上形成互补格局。

液压控制技术应用广泛，在很多领域已有应用或未来会有应用。

继续在常规领域发展的同时，液压控制技术具有两个发展趋势，即向超大型和超大功率系统领域发展，以及向高功率体积比型系统领域发展。

### 思考题与习题

1-1　开环液压控制与闭环液压控制有何异同？

1-2　液压控制有何特点？

1-3　液压伺服控制可以在哪些领域获得应用？

1-4　能否用机电控制系统替代液压控制系统？

1-5　从液压控制技术发展历程上看什么是主要制约因素？为什么？

1-6　液压比例控制可以在哪些领域获得应用？

1-7　连续量液压控制的数学基础是什么？

1-8　通常，机器装备中开关量控制系统与连续量液压控制系统之间有何关系？

# 主要参考文献

[1] MASKERY R H,THAYER W J. A brief history of electrohydraulic servomechanisms[J]. Journal of Dynamic Systems Measurement and Control,1978,100(2)：110-116.

[2] BLACKBURN J F, REETHOF G, SHEARER J L. Fluid power control[M]. New York：The Technology Press,1960.

[3] LEWIS E E,STERN H J. Design of hydraulic control systems[M]. New York：McGraw-Hill,1962.

[4] MERRIT H E. 液压控制系统[M]. 陈燕庆,译. 北京：科学出版社,1976.

[5] 王春行. 液压伺服控制系统[M]. 北京：机械工业出版社,1981.

[6] 李洪人. 液压控制系统[M]. 北京：国防工业出版社,1981.

[7] 刘长年. 液压伺服系统的分析与设计[M]. 北京：科学出版社,1985.

[8] VIERSMA T J, ANDERSEN B W. Analysis, synthesis and design of hydraulic servosystems and pipelines[J]. Journal of Dynamic Systems Measurement and Control,1980,103(1)：73.

[9] VANDERLAAN R D,MEULENDYK J W. Direct drive valve-ball drive mechanism：US4672992A[P/OL]. 1987-06-16 [2013-08-01]. http://www. google. com/patents/US4672992.

[10] HAYNES L E,LUCAS L L. Direct drive servo valve：US4793377A[P/OL]. 1988-12-27 [2013-08-01]. http://www. google. com/patents/US4793377.

[11] KLUCZYNSKI M L. Direct-drive valve：US4987927A[P/OL]. 1991-01-29 [2013-08-01]. http://www. google. com/patents/US4987927.

[12] BACKÉ W. The present and future of fluid power[J]. Journal of Systems and Control Engineering,1993,207(49)：193-212.

[13] 夏立群,张新国. 直接驱动阀式伺服作动器研究[J]. 西北工业大学学报,2006,24(3)：308-312.

[14] ZAVALA E. Fiber optic experience with the smart actuation system on the F-18 systems research aircraft[R]. Washington D C：National Aeronautics and Space Administration,1997.

[15] JONES J C. Developments in design of electrohydraulic control valves from their initial design concept to present day design and applications[C]//Workshop on Proportional and Servovalves. Melbourne：Monash University,1997.

[16] ROOD O E,Chen H S,Larson R L,et al. Development of high flow, high performance hydraulic servo valves and control methodologies in support of future super large scale shaking table facilities [C]//Proceedings of the 12th World Conferences of Earthquake Engineering 2000. Auckland：The International Association for Earthquake Engineering,2000.

[17] HABIBI S,Goldenberg A. Design of a new high performance electrohydraulic actuator [C]// Proceedings of the 1999 IEEE/ASME International Conference on Advanced Intelligent Mechatronics. Atlanta：IEEE,1999.

[18] Moog Inc. Moving your world ( Ideas in motion control from moog industrial issue10)[BE/OL]. 2006-01-01[2012-11-1]. http://www. moog. com/literature/ICD/moogindustrialnewsletterissue10. pdf.

[19] MTS Systems Corporation. MTS high-force servohydraulic test systems (Delivering a full spectrum of high-force testing capabilities)[EB/OL]. [2013-11-1]. https://www. mts. com/ucm/groups/ public/documents/library/dev_004848. pdf.

[20] WARTON L H. A four degrees of freedom cockpit motion machine for flight simulation[R]. London：Her Majesty's Stationery Office,1973.

[21] Boston Dynamics Company. Robot[EB/OL]. [2013-11-1]. http://www. bostondynamics. com/ index. html.

[22] Raytheon Company. Raytheon unveils lighter,faster,stronger second generation exoskeleton robotic

suit[EB/OL]. http://multivu. prnewswire. com/mnr/raytheon/46273/.

[23]　Lockheed Martin Corporation. HULC with lift assist device (Exoskeletons provide performance enhancement for sustainment capabilities)[EB/OL]. [2013-11-1]. http://www. lockheedmartin. com/content/dam/lockheed/data/mfc/pc/hulc/mfc-hulc-pc-02. pdf.

[24]　WIENER N. Cybernetics[M]. Paris：The Technology Press,1948.

[25]　TSIEN H S. Engineering cybernetics[M]. New York：McGraw-Hill,1954.

[26]　BATESON R N. Introduction to control system technology[M]. 7th ed. Upper Saddle River：Pearson Education,2001.

[27]　张海平. 液压速度控制技术[M]. 北京：机械工业出版社,2014.

[28]　李连升,刘绍球. 液压伺服理论与实践[M]. 北京：国防工业出版社,1990.

[29]　卢长耿,李金良. 液压控制系统的分析与设计[M]. 北京：煤炭工业出版社,1992.

[30]　市川常雄. 液压技术基本理论[M]. 鸡西煤矿机械厂,译. 北京：煤炭工业出版社,1974.

[31]　BURROWS C R. Fluid power servomechanisms[M]. London：Van Nostrand Reinhold Company,1972.

# 第2章　动力学系统及反馈控制

液压反馈控制系统是一个动力学系统,具备动力学系统的基本性质,被控对象等控制系统组成环节也往往是动力学系统。动力学系统的思想、观念、研究方法与手段也适用于液压控制系统研究。

反馈控制原理是液压控制的理论基础之一,也是液压反馈控制的研究工具与手段。控制理论内容很多,控制系统分析与综合方法也很多。

针对液压反馈控制系统分析与设计问题,这里扼要回顾动力学系统的建模、分析方法;回顾经典控制理论的系统分析与综合方法。

## 2.1　动力学系统及其研究方法

通常,控制对象构成了动力学系统;在控制对象上构建起来的控制系统也是动力学系统。动力学系统的思想、观念、方法是液压反馈控制系统研究的基础。

电液反馈控制系统是动力学系统,而且是机电液混合的动力学系统。在这个系统中,动力学过程包括电荷运动、液流运动和机械运动,它们分别传递电气信号(电压或电流)、液压信号(压力或流量)、机械信号(力或速度)。电液反馈控制系统中包含了电气的动力学子系统、液压动力学子系统和机械动力学子系统。三种类型的子系统又构成了更大的机电液动力学系统,而且三种类型的子系统是协调工作的。

机液控制系统只包含机械和液压两类机构。用动力学观点看,机械动力学子系统与液压动力学子系统构成机液控制系统。

相比较而言,机械动力学系统是较为简单的动力学系统。下面通过对一些简单动力学系统的分析,讲述动力学系统的模型及研究方法。

### 2.1.1　一个简单的动力学系统

对一个简单的平动机械动力学系统进行建模和分析,以此介绍动力学系统的特点及常用的系统模型及研究方法。

**1. 构造一个动力学系统**

首先构造一个简单的动力学系统。

取一块轻质厚橡胶块 2 放在坚硬的支撑面 3 上,厚橡胶块 2 上面放了一个质量为 $m$ 的均匀分布的质量块 1,如图 2-1 所示。忽略橡胶块质量,在质量块 1 重力 $mg$ 作用下,橡胶块被压缩了 $\Delta x$。质量块 1 质心处作用力 $F(t)$。已知作用力幅值 $|F(t)| < mg$,橡胶块与质量块和支撑面始终保持接触;并且橡胶块在 $F(t)$ 和质量块重力 $mg$ 作用下不能被压实,即橡胶块仍然保持很好弹性。

假设理想情况下,质量块 1 没有发生转动,它沿铅垂方向平动位移 $x(t)$ 是我们观察研究动力学系统特性的输出变量。

　　显然,橡胶块具有弹性,也具有阻尼。橡胶块的刚度和阻尼等特性是非线性的,上述质量-橡胶块系统是一个非线性动力学系统。

**2. 系统模拟与模型**

　　初看图 2-1 所示动力学模型没有实际意义。

　　事实上,图 2-1 所示系统可以看作图 2-2 和图 2-3 所示实际复杂系统的简化模型。对质量-橡胶块系统研究要比研究一些实际工程系统简单许多。通过匹配模型参数,用质量-橡胶块系统可以模拟在波浪作用下船体起伏波动(见图 2-2),也可以模拟乘客上车或下车,车体上下振动(见图 2-3)。显然实际汽车减震系统要复杂许多。例如一种汽车悬架系统如图 2-4 所示,图中可以清楚看到弹簧和阻尼器。

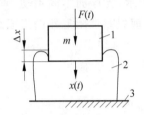

1—质量块;2—厚橡胶块;3—支撑面。

图 2-1　质量-橡胶块系统

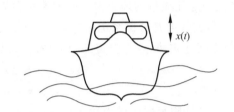

图 2-2　船在水中颠簸

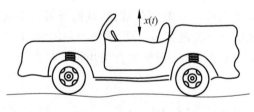

图 2-3　汽车上下振动

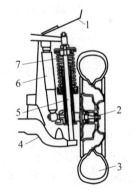

1—汽车车身;2—车轮轴;3—车轮;4—车架;
5—主销;6—减震器;7—弹簧。

图 2-4　麦弗逊式悬架系统

　　在一定可信度的条件下,用简单模型近似研究复杂系统是非常有效的办法,也是具有实际意义的。

　　质量-橡胶块系统是非线性系统,也不是很容易进行理论分析研究,可以通过建立一个实物的质量-橡胶块系统进行实物模拟分析。用实物模型系统模拟实际物理系统的研究方法与过程被称为物理仿真。而用数学模型模拟研究实物系统的方法被称为数学仿真。物理仿真是研究动力学系统的实验研究手段,特别是在无法建立数学关系,不便于采用数学仿真的情况下,物理仿真是非常有效的。仿真研究是动力学系统分析研究的重要手段。

　　为了便于理论分析,考虑将图 2-1 所示质量-橡胶块系统进一步简化,建立线性系统。

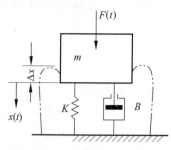

图 2-5　质量-弹簧-阻尼系统

我们用无质量无阻尼的理想弹簧模拟橡胶块的弹性，用理想阻尼器(黏性特性阻尼器)模拟橡胶块的阻尼，建立如图 2-5 所示的质量-弹簧-阻尼系统。

若采用线性系统模型进行物理仿真研究，可以建立实物的质量-弹簧-阻尼系统研究如图 2-3 或图 2-4 所示的实际系统。

下面介绍线性动力学系统模型的理论研究方法。

### 3. 线性系统分析与建模研究

被研究线性系统模型的描述：由质量、阻尼及弹簧构成的平动机械系统是一个简单的动力学系统，如图 2-5 所示，支撑面牢固不动，质点的质量为 $m$，无阻尼无质量的理想弹簧的弹簧系数为 $K$，$K > 0$，理想黏性阻尼器的阻尼系数为 $B$，$B \geqslant 0$。研究任务是分析系统在外力 $F(t)$ 作用下的质点运动规律。

依据胡克定律，理想弹簧的受力情况可以用式(2-1)和式(2-2)描述。

$$K \Delta x = mg \tag{2-1}$$

$$F_k(t) = -K[x(t) + \Delta x] \tag{2-2}$$

理想黏性阻尼器的受力情况可以用式(2-3)描述。

$$F_c(t) = -B \frac{\mathrm{d} x(t)}{\mathrm{d} t} \tag{2-3}$$

依据牛顿定律，质点 $m$ 产生的惯性力可以用式(2-4)描述。

$$F_m(t) = m \frac{\mathrm{d}^2 x(t)}{\mathrm{d} t^2} \tag{2-4}$$

质量块处于力平衡状态，则

$$F_m(t) = F(t) + F_k(t) + F_c(t) + mg \tag{2-5}$$

将式(2-1)～式(2-4)代入式(2-5)，整理，得到微分方程见式(2-6)。在给定这个微分方程的变量初始值后，可以通过求解微分方程，获得系统输出量的变化规律，从而开展对系统的分析与研究。但是若对于复杂系统和高阶系统微分方程而言，微分的求解十分困难，而且所求结果很难用于分析研究复杂系统和高阶系统的动态特性，因而需要采用拉普拉斯变换等方法。

$$m \frac{\mathrm{d}^2 x(t)}{\mathrm{d} t^2} + B \frac{\mathrm{d} x(t)}{\mathrm{d} t} + Kx(t) = F(t) \tag{2-6}$$

在零状态(平衡状态)下，对式(2-6)进行拉普拉斯变换，得到式(2-7)。

$$ms^2 X(s) + BsX(s) + KX(s) = F(s) \tag{2-7}$$

在 $s$ 域，以 $F(s)$ 为系统输入信号，$X(s)$ 为系统输出信号，用 $X(s)$ 与 $F(s)$ 的比值(2-8)反映系统(2-6)特性(包括系统动态)，它被称为传递函数。式(2-8)描述了系统内部构成元件。

$$\frac{X(s)}{F(s)} = \frac{1}{ms^2 + Bs + K} \tag{2-8}$$

传递函数(2-8)还可以写为式(2-9)所示的形式。这种形式传递函数的参数是固有频率 $\omega$ 和阻尼比 $\zeta$，它更便于在频域分析时应用。

$$\frac{X(s)}{F(s)} = \frac{1/K}{\dfrac{s^2}{\omega_m^2} + \dfrac{2\zeta_m}{\omega_m}s + 1} \qquad (2\text{-}9)$$

式中，$\omega_m = \sqrt{K/m}$，rad/s；$\zeta_m = B/(2\sqrt{mK})$。

传递函数的分母是该系统的特征多项式，描述了系统的固有特性。传递函数的分子描述了系统输入与系统输出之间的数量关系。因此传递函数描述了系统本身固有的动态特性，与输入量的性质与大小无关。

微分方程的拉普拉斯变换式(2-7)可以形象地表述为图 2-6 所示的方块图。方块图的每一个方块可以是一个元件或环节，也可以是多个元件或环节的组合。通过这个图可以清晰揭示每个元件在系统中的作用。

方块图揭示出：尽管原始系统(见图 2-1)是一个开式链机械结构，如图 2-7 所示，看不到机械反馈结构。但实质上，图 2-1 和图 2-5 所示系统内部均存在信息反馈或存在内在反馈。系统内在反馈是系统内组成元件间进行能量的存储与释放过程，它是需要用积分和微分方程来描述的过程，它是系统动力学参数相互作用而产生的环路信息流。正是这种内在反馈的信息流形成了动力学系统的特性。

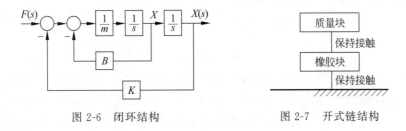

图 2-6　闭环结构　　　　　　　图 2-7　开式链结构

质量-弹簧-阻尼系统是一个平动机械动力学系统，它的主要构成元件有三个，它们是质点、理想弹簧和黏性阻尼器，见表 2-1。

表 2-1　平动机械动力学系统构成元件

| 名称 | 模　　型 | 参数 | 方程 |
|---|---|---|---|
| 质点 | $F(t)$　$\dfrac{d^2x(t)}{dt^2}$　$m$ | $m$ 质量 | $F(t) = m\dfrac{d^2 x(t)}{dt^2}$ |
| 理想弹簧 | $F(t)$　$K$　$x(t)$ | $K$ 弹簧刚度 | $F(t) = Kx(t)$ |
| 黏性阻尼器 | $F(t)$　$B$　$\dfrac{dx(t)}{dt}$ | $B$ 阻尼 | $F(t) = B\dfrac{dx(t)}{dt}$ |

上述质量-弹簧-阻尼系统是一个动力学系统。虽然它不是控制系统,但它可以是控制系统内的一个环节或一个组成部分。例如,在电液直接反馈伺服阀内,电磁力作用下下马达的机械系统模型就是一个单自由度平动的质量-弹簧-阻尼系统。因此,在分析复杂系统时,质量-弹簧-阻尼系统还可以作为复杂系统的一个环节,可以将图 2-6 简化为图 2-8 或图 2-9。同样,图 2-8 便于清晰描述内部构成;图 2-9 用固有频率和阻尼比为参数,更便于频域分析和系统设计使用。

总之,图 2-6、图 2-8 和图 2-9 所描述的是同一个动力系统,因而三个方块图是等效的。选用哪一种形式描述动力学系统,依据分析研究需要而定,以更清晰表达复杂系统结构或更便于系统分析为目的。

图 2-8　方块图一　　　　　　　图 2-9　方块图二

传递函数表示的系统模型(见式(2-8)和式(2-9))和方块图(见图 2-6 和图 2-8 等)表示的系统模型都可以用伯德(Bode)图表述。

令 $G(s)=X(s)/F(s)$,$s=\mathrm{j}\omega$,可得到式(2-10)。

$$G(\mathrm{j}\omega)=G(s)\big|_{s=\mathrm{j}\omega}=\frac{X(s)}{F(s)}\bigg|_{s=\mathrm{j}\omega}=A(\omega)\mathrm{e}^{\mathrm{j}\varphi(\omega)} \tag{2-10}$$

式中,$A(\omega)$ 是频率 $\omega$ 的函数,称为幅频特性,它描述了 $G(\mathrm{j}\omega)$ 幅值随频率的变化规律;$\varphi(\omega)$ 也是频率 $\omega$ 的函数,称为相频特性,它描述了 $G(\mathrm{j}\omega)$ 相角随频率的变化规律。

取 $L(\omega)=20\lg A(\omega)$,绘制 $L(\omega)$-$\omega$ 曲线和 $\varphi(\omega)$-$\omega$ 曲线,如图 2-10 所示,称为伯德图。实际伯德图也是一种动力学模型描述方法。

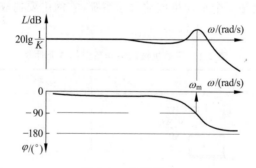

图 2-10　伯德图一

伯德图还可以通过实验测量的方法获得。无论内部复杂与否,独立构成单元的物理系统均可通过实验测定其伯德图,例如电液伺服阀和电液比例直驱阀等产品的动态特性往往用伯德图表述。

微分方程(见式(2-6))、传递函数、方块图和伯德图(见图 2-10)等都是对图 2-5 描述的质量-弹簧-阻尼系统的位移与受力关系的描述,都是这个动力学系统的数学模型。若系统为最小相系统,则它们之间是等价的,并可相互转换。

显然上述描述动力学系统的模型各有特点,它们都描述了动力学系统的内在属性,不同类型数学模型能够反映动力学系统的不同侧面。尽管机械结构上质量块与弹簧或阻尼器是开式链结构,但图 2-6 所示的方块图明确表明系统构成元件间作用关系实际上构成反馈结构。如果所研究的系统是比图 2-1 所示系统复杂的机械系统,则系统内部各构成元件间的作用往往更为复杂,往往可以表述为更复杂的网络结构。

下面通过例子说明数学模型的研究方法。

### 4. 模型分析与研究手段

若图 2-5 系统参数采用这样的数值: $m=2\mathrm{kg}$; $K=1000\mathrm{N/m}$; $B=40\mathrm{Ns/m}$。代入式(2-8)得到传递函数模型,见式(2-11)。或者,计算 $\omega_\mathrm{m}=\sqrt{K/m}=\sqrt{1000/2}=\sqrt{500}\ \mathrm{rad/s}$; $\zeta_\mathrm{m}=B/(2\sqrt{mK_1})=40/(2\sqrt{2\times1000})=0.04472$。代入式(2-9)得到传递函数模型,见式(2-12)。

$$\frac{X(s)}{F(s)}=\frac{1}{2s^2+40s+1000} \tag{2-11}$$

$$\frac{X(s)}{F(s)}=\frac{1/1000}{0.002s^2+0.040s+1} \tag{2-12}$$

用传递函数(2-12)作数学模型,利用 MATLAB(MATLAB 是 Mathworks 公司的商业软件包)软件的 step 命令可以方便地绘制阶跃响应曲线图,如图 2-11 所示。

```
% ==============================
% Step response curve drawing
% ------------------------------
clear all
%
t = 0:0.01:0.8;
num = [1/1000];
den = [0.002 0.040];
sys = tf(num,den);
step(sys,t)
grid
title('Step Response')
xlabel('t/s')
ylabel('x(t)')
% ====================
```

用传递函数(2-11)作数学模型,利用 MATLAB 软件的 bode 命令可以方便地绘制伯德图,如图 2-12 所示。

伯德图包括幅频特性曲线图和相频特性曲线图,两条曲线的横坐标都表示频率,均采用对数坐标轴,常采用的频率单位是 rad/s 和 Hz。幅频特性曲线与相频特性曲线可以分别绘制在两个曲线图上,通常这两个曲线图横坐标对齐、上下排列。也可以将上述两条曲线绘制在一张图上,分别对应不同的纵坐标轴。

```
% ====================
% Bode diagram drawing
% --------------------
clear all
%
num = [1];
den = [2 40 1000];
```

```
w = logspace( - 1,3,1000);
bode(num,den,w);
grid
title('Bode diagram')
% ====================
```

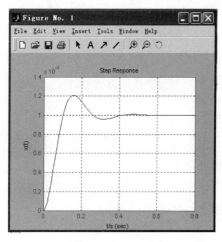

图 2-11　阶跃响应

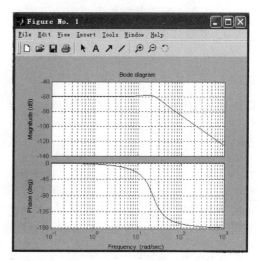

图 2-12　伯德图二

过去方块图多作为一种图示化系统分析的工具。由于多种计算分析软件可以直接求解用传递函数表示的系统方块图,因此系统方块图已经可以被看作一种可以运行的数学模型,或一种程序。

若动力学系统用方块图描述,则可以利用 MATLAB 软件中集成的图示化软件包 Simulink(Simulink 是 Mathworks 公司的图示化商业软件包)来绘制伯德图,或者仿真分析动力学系统。

依据方块图 2-6,建立 Simulink 模型如图 2-13 所示。利用线性分析(linear analysis)工具绘制伯德图 2-14。

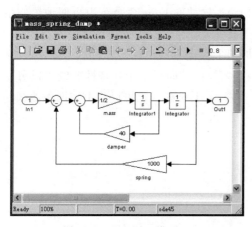

图 2-13　Simulink 模型一

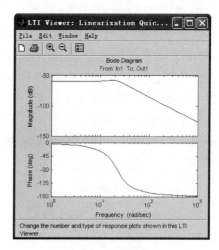

图 2-14　伯德图三

　　也可以建立仿真分析系统如图 2-15 所示,用 step 模块对被仿真系统的 Simulink 模型输入阶跃信号,用 scope 模块观察仿真计算结果,如图 2-16 所示。

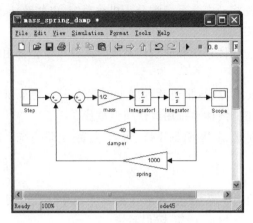

图 2-15　Simulink 模型二

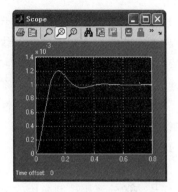

图 2-16　阶跃响应曲线图

　　显然,上述 Simulink 模型的两种分析结果与 MATLAB 分析结果是一致的。事实上,它们采用的是同一求解器完成的求解运算。只是两类方法使用软件的用户界面不同,相比较,Simulink 的用户界面更为友好。

　　也可以使用传递函数模型式(2-11)和式(2-12)分别建立 Simulink 仿真模型如图 2-17和图 2-18 所示,它们与图 2-15 所示模型等效。

图 2-17　Simulink 模型三

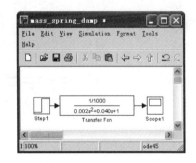

图 2-18　Simulink 模型四

　　上面对质量-弹簧-阻尼系统建立了数学模型,而且还进行了仿真研究。至此,我们已经对质量-弹簧-阻尼系统的动力学规律建立起一些基础知识,利用它们可以进一步认识图 2-1、图 2-2 和图 2-3 系统的动力学规律。

　　由于理想的质量-弹簧-阻尼系统可以方便地用数学公式描述,仿真研究手段也丰富了许多。比较常用的是计算机仿真,它也是一种数学仿真,是利用数学模型进行仿真研究,显然数学模型是仿真研究的基础,也是动力学系统理论研究的基础。

　　由此可以推知:动力学模型抛开了实际物理系统的外观,而将质量、刚度、阻尼等动力学要素作为刻画动力学系统的参数。不同类型的物理系统,它的动力学规律可能是相同的或者是相近的,描述船体波动与车体振动线性模型的结构和要素是相同的,因而它们可以用相同或者相似的数学模型表示。

### 2.1.2　另一些类型动力学系统

通常,在机械工程领域内,按照作用机理将动力学系统划分为机械系统、电气系统、液压系统等。

按照系统是否包含非线性环节可以分为线性系统和非线性系统。线性系统全部由线性环节构成。非线性系统中包含非线性环节。

理论上,所有动力学系统均为非线性系统,只是非线性程度上有强有弱。为了研究方便,通过线性化等简化方法,在一定条件下将非线性系统用线性模型替代。

下面主要介绍两种常见的线性系统:惯量-弹簧-阻尼系统、电容-电感-电阻系统。然后扼要说明液流体动力学系统。

**1. 惯量-弹簧-阻尼系统**

惯量-弹簧-阻尼系统是定轴转动机械动力学系统,它在液压控制系统中比较常见。执行元件是马达的液压控制系统的被控对象就是惯量-弹簧-阻尼系统。

还有一些构成惯量-弹簧-阻尼系统的情况不太明显,不容易直接看出构件系统是惯量-弹簧-阻尼系统。例如双喷嘴挡板电液伺服阀力马达的衔铁弹簧管机械系统模型就是一个定点转动的惯量-弹簧-阻尼系统实例。

图 2-19 是一个惯量-弹簧-阻尼系统,这里不加推导给出它的传递函数模型,见式(2-13)。显然,它与图 2-5 所示系统具有相似的动力学特性。

$$\frac{\theta(s)}{T(s)} = \frac{1}{Js^2 + Bs + G} \tag{2-13}$$

式中,$J$ 为惯量,$kg \cdot m^2$;$B$ 为转动黏性阻尼,$N \cdot m/(rad/s)$;$G$ 为扭转刚度,$N \cdot m/rad$。

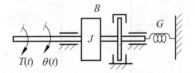

图 2-19　惯量-弹簧-阻尼系统

传递函数(2-13)还可以写为式(2-14)所示的形式,它更便于在频域分析时应用。

$$\frac{\theta(s)}{T(s)} = \frac{1/G}{\dfrac{s^2}{\omega_m^2} + \dfrac{2\zeta_m}{\omega_m}s + 1} \tag{2-14}$$

式中,$\omega_m = \sqrt{G/J}$,固有频率,$rad/s$;$\zeta_m = B/(2\sqrt{JG})$,阻尼比。

传递函数式(2-13)和式(2-14)用方块图可以分别表述为图 2-20 和图 2-21。

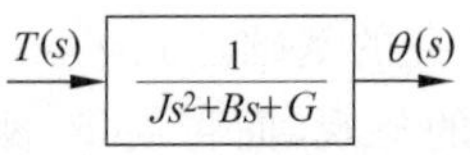

$$T(s) \rightarrow \boxed{\dfrac{1}{Js^2 + Bs + G}} \rightarrow \theta(s) \qquad T(s) \rightarrow \boxed{\dfrac{1/G}{\dfrac{s^2}{\omega_m^2} + \dfrac{2\zeta_m}{\omega_m}s + 1}} \rightarrow \theta(s)$$

图 2-20　方块图三 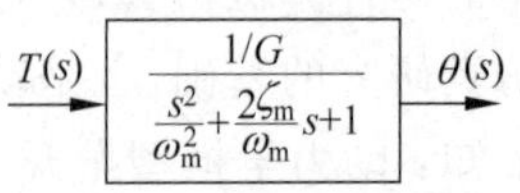　　　　　　　　　　图 2-21　方块图四

惯量-弹簧-阻尼系统的主要构成元件有三个,它们是理想惯性飞轮、理想扭转弹簧和黏

性摆动阻尼器,见表 2-2。

表 2-2　转动机械动力学系统构成元件

| 名称 | 模　型 | 参数 | 方程 |
|---|---|---|---|
| 理想惯性飞轮 | 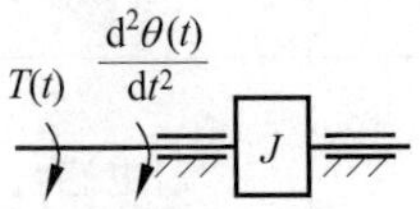 $T(t)\ \dfrac{\mathrm{d}^2\theta(t)}{\mathrm{d}t^2}\ J$ | $J$ 惯量 | $T(t)=J\dfrac{\mathrm{d}^2\theta(t)}{\mathrm{d}t^2}$ |
| 理想扭转弹簧 | 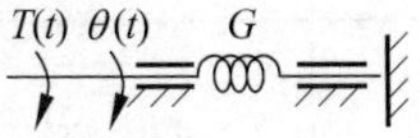 $T(t)\ \theta(t)\ G$ | $G$ 扭转刚度 | $T(t)=G\theta(t)$ |
| 黏性阻尼器 | 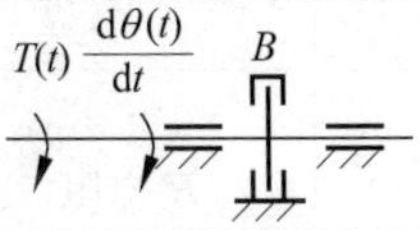 $T(t)\ \dfrac{\mathrm{d}\theta(t)}{\mathrm{d}t}\ B$ | $B$ 阻尼 | $T(t)=B\dfrac{\mathrm{d}\theta(t)}{\mathrm{d}t}$ |

### 2. 电容-电感-电阻系统

液压控制系统中也可能会包含电气动力学系统,如电子伺服放大器、电子控制器等是典型电气动力学系统。

电容、电感、电阻串联构成振荡回路,如图 2-22 所示。它是简单的电气动力学系统,它与图 2-5 所示机械动力学系统具有相似的动力学特性。这里不加推导给出它的微分方程模型,见式(2-15)。

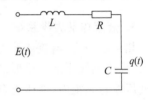

图 2-22　电容-电感-电阻系统

$$L\ \frac{\mathrm{d}^2 q(t)}{\mathrm{d}t^2}+R\ \frac{\mathrm{d}q(t)}{\mathrm{d}t}+\frac{1}{C}q(t)=E(t) \tag{2-15}$$

式中,$q$ 为电感,H;$\dfrac{\mathrm{d}q}{\mathrm{d}t}$ 为电流,A;$E(t)$ 为电源,V;$R$ 为电阻,Ω;$C$ 为电容,F。

对微分方程式(2-15)进行拉普拉斯变换,还可以写为传递函数公式(2-16),它清楚描述了各个元件在系统中作用。

$$\frac{Q(s)}{E(s)}=\frac{1}{Ls^2+Rs+1/C} \tag{2-16}$$

传递函数(2-16)还可以写为式(2-17),它更清楚表明系统的频率特性。

$$\frac{Q(s)}{E(s)}=\frac{C}{\dfrac{s^2}{\omega_\mathrm{e}^2}+\dfrac{2\zeta_\mathrm{e}}{\omega_\mathrm{e}}s+1} \tag{2-17}$$

式中,$\omega_\mathrm{e}$ 为固有频率,$\omega_\mathrm{e}=1/\sqrt{LC}$,rad/s;$\zeta_\mathrm{e}$ 为阻尼比,$\zeta_\mathrm{e}=R/(2\sqrt{L/C})$。

传递函数式(2-16)和式(2-17)用方块图可以分别表述为图 2-23 和图 2-24。

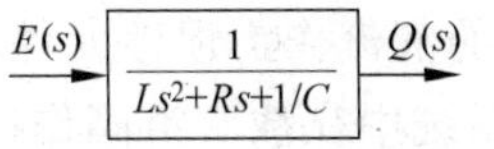

$$E(s)\longrightarrow \boxed{\dfrac{1}{Ls^2+Rs+1/C}} \longrightarrow Q(s) \qquad E(s)\longrightarrow \boxed{\dfrac{C}{\dfrac{s^2}{\omega_\mathrm{e}^2}+\dfrac{2\zeta_\mathrm{e}}{\omega_\mathrm{e}}s+1}} \longrightarrow Q(s)$$

图 2-23　方块图五 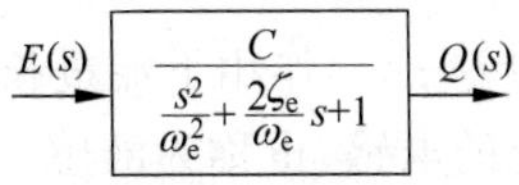　　　　　　　　　　图 2-24　方块图六

　　电感-电容-电阻系统的主要构成元件有三个,它们是理想电感、理想电容和理想电阻,见表2-3。

表 2-3　电气动力学系统构成元件

| 名称 | 模　型 | 参数 | 方程 |
|------|--------|------|------|
| 理想电感 | $L$、$i(t)$、$u(t)$、$\dfrac{d^2 q(t)}{dt^2}$ | $L$ 电感 | $u(t)=L\dfrac{d^2 q(t)}{dt^2}$ |
| 理想电容 | $C$、$u(t)$、$q(t)$ | $C$ 电容 | $u(t)=\dfrac{1}{C}q(t)$ |
| 理想电阻 | $R$、$u(t)$、$\dfrac{dq(t)}{dt}$ | $R$ 电阻 | $u(t)=R\dfrac{dq(t)}{dt}$ |

### 3. 液流体动力学系统

　　相比较而言,液流体动力学系统较为复杂。液压控制系统中用的液流体密度较大、黏度较大、可压缩性不能忽略等情况造成工作介质呈现较为明显的流体动力学系统的特征。由于液压控制系统中,液体流态多变、液压元件内部油路结构复杂、容腔结构复杂且多变、液流缝隙结构复杂且多变,因此实际液压控制系统中液流体动力学问题非常复杂。

　　这里简单列举线性液流体动力学系统三个构成元件模型,见表2-4,揭示液流体动力学系统的特征。

表 2-4　液压动力学系统构成元件

| 名称 | 模　型 | 参数 | 方程 |
|------|--------|------|------|
| 线性液感 | $q(t)$、$A$、$\rho$、$l$ | $\rho$ 液体密度<br>$l$ 管路长度<br>$A$ 管路截面积 | $p(t)=\dfrac{l\rho}{A}\dfrac{dq(t)}{dt}$ |
| 线性液容 | $q(t)$、$p(t)$、$V$、$\beta_e$ | $V$ 容腔容积<br>$\beta_e$ 工作液体积模量 | $q(t)=\dfrac{V}{\beta_e}\dfrac{dp(t)}{dt}$ |
| 线性液阻 | $p(t)$、$C_{ec}$、$q(t)$ | $C_{ec}$ 泄漏系数 | $p(t)=\dfrac{1}{C_{ec}}q(t)$ |

　　液体在压力差 $p(t)$ 作用下流过长直管路,有质量的液流作为惯性元件的模型。因其作用类似电气系统的电感,也称为液感。实际液压控制系统中往往有滑阀作控制阀,滑阀阀腔中流量变化、流速变化造成液体动量变化,产生瞬态液动力就是液流液感效应。

　　若密封容腔腔壁是刚性的,不能变形。液体具有可压缩性,液流进入密封容腔,液体受压收缩。若压力降低，液体体积膨胀，液体流出密封容腔。密封容腔的液体可以作为弹性元件的模型，因其作用类似电气系统的电容，也称为液容。实际液压系统中液容主要是液体可压缩性和受压容腔壁弹性变形产生的综合效应。

若液体流过微小孔的流态是层流，流过流量与微小孔两侧压差成正比，比例系数为泄漏系数 $C_{ec}$。实际液压控制系统中阻性元件非常多，阻性元件是产生能量消耗的部分，包含各种阻尼孔（器）、管道沿程损失、局部压力损失、各种节流阀口损失等。其中，参数函数关系比较简单的液阻是薄壁小孔，其压差与流量关系不是线性的。

实际液流体动力学系统的惯性元件、弹性元件和阻性元件是耦合在一起的，例如看似简单的一段长管道包含了液阻、液容、液感，它可用图 2-25 所示的分段模型模拟。

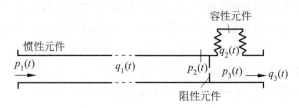

图 2-25　长管道内液流动力学模型

为液流体动力学系统建立线性模型需做更为粗略的近似，或者说：液流体线性动力学模型的参数是多变的，或变化范围大。

## 2.2　反馈控制原理

反馈作用规律是自然界的一项基本规律。利用反馈作用规律构建的控制系统被称为反馈控制系统。

液压反馈控制系统是一种反馈控制系统。液压反馈控制系统的基础理论之一是反馈控制理论。通常，常见的液压反馈控制系统都是单输入-单输出（single-input-single-output，SISO）系统，或者在工程上，多执行器液压反馈控制可以转换为多个 SISO 系统的组合。

针对 SISO 系统的分析与设计，经典控制理论是工程实用强的理论、工具与方法。因此，这里将依据液压反馈控制系统的分析与设计需要对经典控制理论做选择阐述。

反馈系统数学模型包括微分方程、传递函数、状态方程等多种。针对 SISO 系统分析与设计，工程实用性较强的数学模型是传递函数。

常用的控制系统结构描述工具是方块图。

### 2.2.1　反馈控制系统工作原理

反馈控制又称为闭环控制，反馈控制系统的控制信号通道构成环路。反馈控制系统中不仅有一条从输入端到输出端的前向通路，还有一条从输出端到输入端的反馈通路。

在前向通道中，控制信号逐级放大，直至具备足够能量驱动负载。

在反馈通道中，系统通过一个反馈元件（测量变送元件）检测被控物理量，输出信号的物理量被反馈到输入端。

在比较器中，反馈信号与输入信号进行比较产生偏差信号，偏差信号作为控制器（前向通道)的输入。

上述系统的输出信号通过测量变送元件返回到系统的输入端,产生偏差信号,并与系统的输入信号作比较的过程就称为反馈。如果输入信号和反馈信号相减则称为负反馈,反之,若二者相加,则称为正反馈。负反馈的作用是减小偏差信号,而正反馈作用是放大偏差信号。控制系统中一般采用负反馈方式。

闭环控制系统具有以下特性。

指令信号是控制目标,反馈信号则反映出当前被控物理量的情况,因此偏差信号可以反映出被控物理量当前状态与控制目标的差值。负反馈机制能够自动减少偏差信号,也就是说:反馈控制系统能够自动减小被控物理量当前状态与控制目标的差值。而且当系统参数改变或系统受到外界干扰情况时,系统自动减少偏差的作用依然存在,所以反馈控制系统的输出信号能够自动地跟踪指令信号,减小跟踪误差,提高控制精度,抑制扰动信号的影响。

除此之外,负反馈工作机制降低了系统对前向通路中元件参数的变化的灵敏度,因而前向通路中元件的精度对系统性能影响较小;反馈作用降低了控制系统对系统前向通道中某些环节非线性的灵敏度,控制系统前向通道中某些环节非线性对控制系统性能影响较小。

### 2.2.2　反馈控制系统构成

依据各组成部分在系统中的功能,常见反馈控制系统可以划分为如下基本元件或环节,如图 2-26 所示。

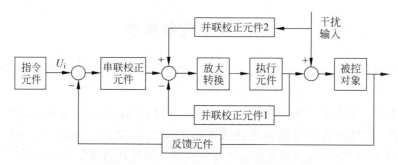

图 2-26　典型反馈控制系统结构图

1) 指令元件

指令元件也称给定元件,它给出输入信号(指令信号)并施加于系统的输入端,可以是机械的、电气的、气动的等。如机液伺服系统中连接机械滑阀的连杆、用于发出指令的电位器或计算机等。

2) 反馈测量元件

测量被控对象系统,测量结果输出并转换为反馈信号。这类元件也是多种形式的。各种传感器常作为反馈测量元件。反馈测量元件常简称为反馈元件。

3) 比较元件

将反馈信号与输入信号进行比较,给出偏差信号,如差运算电路、计算机软件的差运算、机械杠杆等。

4) 放大转换元件

将偏差信号放大、转换成液压信号(流量或压力),如伺服电子信号放大器、伺服电动机驱动器、机液伺服阀、电液伺服阀等。

5）执行元件

产生调节机械动作加以控制对象上，实现驱动与施力作用，如直流伺服电动机、交流伺服电动机、伺服液压缸和伺服液压马达等。

6）被控对象

被控制的机械机构或物体，即控制系统负载。常见的被控对象是旋转机构和直线平动机构。

7）其他元件与装置

其他元件与装置包括串联校正元件、并联校正元件以及不显含在控制回路内的电源或液压能源装置等。

### 2.2.3　反馈控制系统分类与性能

**1. 自动控制系统的分类**

自动控制系统的分类方法较多，常见的有以下几种。

1）线性系统和非线性系统

若一个元件的输入与输出的关系曲线为直线，则称该元件为线性元件，否则称为非线性元件。若一个系统中所有的元器件均为线性元器件，则该系统称为线性系统；若系统中有一个非线性元器件，则该系统称为非线性系统。线性系统的数学模型为线性微分方程或差分方程。

2）定常系统和时变系统

从系统的数学模型来看，若微分方程的系数不是时间变量的函数则称此类系统为定常系统，否则称为时变系统。

若系统微分方程的系数为常数，则称之为线性定常系统。

液压控制系统许多重要参数（如黏度）都是温度的变量，也经常是时间的变量。严格说液压控制系统是时变系统。为了分析方便，总是将其看作定常系统。

3）连续系统和离散系统

从系统中的信号来看，若系统各部分的信号都是时间的连续函数即模拟量，则称此系统为连续系统。若系统中有一处或多处信号为时间的离散函数，如脉冲或数码信号，则称之为离散系统。若离散系统中既有离散信号又有模拟量，则称之为采样系统。计算机控制系统是离散系统，也是采样系统。

4）调节系统、伺服系统和程序控制系统

若系统的指令值为一定值，而控制系统任务就是克服扰动，使被控量保持恒值，此类系统称为调节系统，也称恒值系统，如电动机速度、恒温、恒压、水位控制等。若系统指令值按事先不确定的时间函数变化规律并要求被控量跟随指令值变化，则此类系统称为伺服系统，也称为随动系统，如驾驶助力系统、火炮自动跟踪系统、轮舵位置控制系统等。

若系统的指令值按照一定的时间函数变化并要求被控量随之变化，则此类系统称为程序控制系统，例如数控伺服系统以及一些自动化生产线等。程序控制系统可能是闭环控制系统，也可能是开环控制系统。

此外，根据系统控制信号传输介质的类型，还可分为机电控制系统、液压控制系统、气动系统以及生物系统等。根据系统的被控物理量,可分为位置控制系统、速度控制系统、温度控制系统等。

**2. 控制系统的性能**

在控制过程中,一个理想的单位反馈控制系统始终应使被控量(输出)等于控制指令值(输入)。但是,由于机械部分质量、惯量的存在,电路中电感、电容、电阻的存在,液体存在质量和可压缩性,以及控制系统的功率是有限的,使得运动部件的加速度受到限制,机构速度和位置难以在瞬间发生变化。所以,当指令值变化时,被控量不可能立即等于指令值,而需要经过一个过渡过程,即动态过程。所谓动态过程就是指系统受到外加信号(指令值或扰动)作用后,被控量随时间变化的全过程。

动态过程可以反映控制系统内在性能的情况,常见的评价系统优劣的性能指标也是通过其动态过程进行定义的。对控制系统性能的基本要求有稳定性、快速性和准确性三个方面。

稳定性是最基本的要求,不稳定的系统显然是无法正常工作的。一个能在工程实际中正常工作的系统,不仅应该是稳定的,而且在动态过程中的振荡也不能太大,否则不能满足工程实际的要求,甚至会导致系统部件出现松动和破坏。

控制系统响应越快,说明它的系统输出复现输入信号的能力越强。

准确性是由输入指令值与输出响应的终值之间的差值来表征的。

控制系统的稳定性、快速性和准确性往往是互相制约的。在设计与调试过程中,若过分强调系统的稳定性,则可能会造成系统响应迟缓和控制精度较低的后果;反之,若过分强调系统响应的快速性,则又会使系统的振荡加剧,甚至引起不稳定。

反馈控制系统的性能指标也分三类:稳定性指标、精度指标和快速性指标。通常控制系统的稳定性指标、准确性指标和快速性指标也是相互制约的。在确立反馈控制系统性能指标要求时,应依据控制的任务、控制系统结构特点等合理确定,如若过分强调三者之中任何一方,都有可能造成控制系统的不合理和不完美。控制系统设计与调试的主要任务是协调控制系统稳定性、准确性和快速性之间的关系。

## 2.2.4 线性系统的叠加性

控制系统的分析与综合常在线性系统模型上进行。

液压反馈控制系统线性模型的结构通常可以用方块图 2-27 描述,其中 $R(s)$ 是指令参考信号,$N(s)$ 是系统受到的干扰信号,$G_1(s)$、$G_2(s)$ 和 $H(s)$ 是线性模型。$G_1(s)$ 和 $G_2(s)$ 构成了控制信号前向通道,$H(s)$ 则是反馈信号通道。

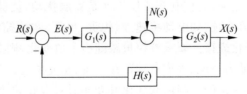

图 2-27　线性反馈控制系统一般结构

线性系统具有叠加性的特性,因此上述反馈控制系统可以看作两个 SISO 系统的叠加。

针对上述反馈控制系统的分析,也可以分别探讨系统输出 $X(s)$ 跟踪系统输入指令信号 $R(s)$ 的跟踪精度问题,以及探讨降低系统输出 $X(s)$ 对干扰输入 $N(s)$ 信号的灵敏度问题。

反馈控制系统的设计问题可以归纳为:通过设计控制器提高系统输出跟踪指令控制信号的能力,同时抑制干扰信号对系统输出的影响。

系统输出 $X(s)$ 对指令信号 $R(s)$ 的传递函数

$$\frac{X(s)}{R(s)} = \frac{G_1(s)G_2(s)}{1 + H(s)G_1(s)G_2(s)} \tag{2-18}$$

系统输出 $X(s)$ 对干扰信号 $N(s)$ 的传递函数

$$\frac{X(s)}{N(s)} = -\frac{G_2(s)}{1 + H(s)G_1(s)G_2(s)} \tag{2-19}$$

## 2.3　控制系统数学建模与模型简化

数学模型是定量描述动力学系统的动态特性的数学表达式,它揭示了系统结构、参数与动态性能之间关系。

连续反馈系统常用数学模型包括微分方程、传递函数、状态方程等多种。

常见的液压伺服系统多可分解为 SISO 系统。针对 SISO 系统,传递函数是工程实用性较强的数学模型。

传递函数不反映系统的物理结构。只要是系统动力学特性相似,不同的系统可以有相同或相似的传递函数。实际上,在机电控制系统中,能够用电气校正环节进行系统特性校正的原因是动力学特性相似的系统可以有相同或相似的传递函数。

无论是动力学系统分析研究,还是控制系统分析与综合,动力学系统建模都是首要的前提条件。

### 2.3.1　建模方法

动力学系统的建模方法主要有两类:一类是利用物理学原理建立系统参数间的关系,通过理论推导方式建立数学模型;另一类是利用实验数据,通过分析系统输入与输出之间的数据关系,从而得到它的数学模型。

反馈控制系统也是一动力学系统。动力学系统建模方法同样适用于控制系统及控制系统各个组成环节的建模。可以用于描述动力学系统的各种方式同样适用于描述反馈控制系统及其各组成环节。

反馈控制系统是一种复杂的动力学系统。系统中组成要素较多,组成要素之间存在着复杂的相互作用或关联。其中有些相互作用是强作用,有些则属于弱作用。强作用对系统的特性影响较大,弱作用则不会对系统整体特性产生较大影响。突出系统要素间的强作用,忽略弱作用,这是一种建模与模型化简的思路。

采用上述思路,利用系统组成要素间相互作用的特点可以将复杂大系统分解为相对简单的组成单元,即功能相对独立的单元。针对各个单元进行建模工作,然后将各个组成要素模型组装成复杂系统模型,这是一种实用化的系统分析与系统建模方法。

### 2.3.2　模型线性化

　　线性控制系统的分析与综合理论完善,方法简便。因此很多工程控制问题都普遍在线性模型上开展分析与设计。

　　严格地说实际物理系统(特别是液压动力学系统)都包含不同程度的非线性因素,它们都是非线性系统。在非线性因素较弱的情况下,可以忽略非线性因素,直接用线性模型替代非线性模型,开展控制系统分析与综合的做法给人们启示:可以通过限定条件,将非线性系统近似为线性系统。这种有条件地将非线性数学模型化为线性数学模型的方法,称为非线性数学模型的线性化。

　　针对控制系统或其环节的线性化通常都是在它们的额定工作状态及与之对应的工作点的附近小范围内进行的。依据级数理论,非线性方程可以在工作点处展开为泰勒级数。在偏差较小时,可以忽略二次项及高于二次的级数项。从而得到包含偏差一次项的线性函数式,完成非线性函数的线性化。这种线性化方法被称之为小范围线性化。

　　例如,非线性系统模型可用函数 $y = f(x)$ 描述。

　　假设在工作点 $y_0 = f(x_0)$ 处,$f(x)$ 各阶导数均存在。则可在该工作点附近小范围内,将 $y = f(x)$ 展开为泰勒级数,即

$$y = f(x) = f(x_0) + \left[\frac{\mathrm{d}f(x)}{\mathrm{d}x}\right]_{x=x_0}(x - x_0) + \frac{1}{2!}\left[\frac{\mathrm{d}^2 f(x)}{\mathrm{d}x^2}\right]_{x=x_0}(x - x_0)^2 + \cdots$$

$$(2\text{-}20)$$

忽略高次项,则

$$y = f(x) = f(x_0) + \left[\frac{\mathrm{d}f(x)}{\mathrm{d}x}\right]_{x=x_0}(x - x_0) \tag{2-21}$$

或

$$\Delta y = f(x) - f(x_0) = \left[\frac{\mathrm{d}f(x)}{\mathrm{d}x}\right]_{x=x_0}(x - x_0) = K\Delta x \tag{2-22}$$

　　非线性模型线性化时,需要注意:

　　(1) 实际工作物理系统为非线性系统。采用小范围线性化得到的线性模型的适用条件是选定工作点附近小范围内,在小范围内线性系统模型与非线性系统是较为近似的。当输入信号较大,导致实际系统信号超出上述线性化条件范围时,线性模型与非线性模型或物理系统差别较大。

　　(2) 非线性系统在本质非线性处(不连续的非线性特性点)不能用上述线性化方法进行模型线性化。

　　(3) 采用线性化得到的微分方程是增量微分方程,如 $\Delta y = K\Delta x$,有时简化书写,去掉增量表示符号 $\Delta$,简记为 $y = Kx$。注意简记后的方程仍然是增量方程。

### 2.3.3　模型简化

　　目前,已有多种计算机分析计算软件包可以方便、高效地辅助分析高阶系统。有没有必要提高控制系统模型的阶次是控制系统分析与综合工作面临的现实问题。这个问题还可以表述为:是不是只有在复杂模型上才能设计出更好的控制系统?或者是不是使用更高阶的

控制系统模型一定能提高控制效果?

对于工程应用而言,上述问题答案经常是否定的。大量的工程上使用的控制系统都是在相对简单的模型上设计的。也就是说,在控制系统分析与综合过程中经常遇到复杂模型化简问题。

通常,控制系统分析与设计过程中的简化问题包括如下内容。

1) 非线性系统模型线性化

非线性模型的线性化是模型简化,将难处理的非线性控制问题简化为线性控制系统分析与设计问题。

2) 方块图简化

对描述控制系统的方块图进行简化,使其更为清晰反映控制系统主体结构或系统特性,便于开展系统分析与设计。例如图 2-6 所示系统可以等效转化成图 2-9,显然图 2-9 更容易看出系统特性。

严格地说,对系统方块图的简化不算系统模型简化,因为系统模型并没有真实简化,只是系统方块图看起来明晰和简单了。

3) 模型进行降阶处理

对系统或系统组成环节模型进行降阶处理。以图 2-28 所示的控制系统为例,被控机构模型可以用二阶振荡环节表示,控制元件模型可以用二阶振荡环节表示。在 $\omega_1 \leqslant \omega_2 < 3\omega_1$ 时,图 2-28 所示的模型是具有足够工程精度的控制系统模型。

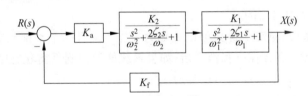

图 2-28　控制系统模型

依据经典控制理论,控制系统特性主要由 $s$ 域上靠近虚轴的主极点决定。图 2-28 系统中固有频率 $\omega_1$ 的二阶振荡环节的一对共轭极点是该控制系统特性的决定因素。控制元件的固有频率 $\omega_2$ 越高,则控制元件的一对共轭极点越远离虚轴,控制元件动态特性对控制系统影响越小。

当 $3\omega_1 \leqslant \omega_2 < 5\omega_1$ 时,控制元件模型可以用一阶惯性环节描述即满足工程应用要求,控制系统模型可以用图 2-29 表示。

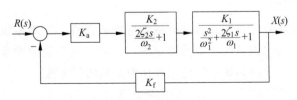

图 2-29　简化模型一

当 $5\omega_1 \leqslant \omega_2$ 时,控制元件模型可以用比例环节描述即满足工程应用要求,控制系统模型可以用图 2-30 表示。

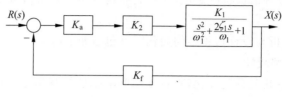

图 2-30　简化模型二

显然,针对工程问题的具体应用条件,在满足应用要求的条件下,采用低阶模型可以简化控制系统结构,降低系统分析与设计的难度。

## 2.4　控制系统稳定性

稳定性是控制系统的首要性能;稳定性条件是反馈控制系统能够正常工作的前提条件;系统稳定性分析往往是反馈控制系统分析的首要问题。

### 2.4.1　稳定性概念

系统运动稳定性的一般定义首先是李雅普诺夫(Aleksandr Mikhailovich Lyapunov)1892 年在其博士论文中提出的。

针对线性定常系统,稳定性含义可以理解为:若系统有一个平衡状态,在干扰作用下,系统离开了平衡状态。那么在干扰消失后,如果系统能够回到平衡状态则系统是稳定的,若系统不能回到平衡状态,则系统是不稳定的。

系统稳定性可分为绝对稳定性和相对稳定性。

绝对稳定性是指用"是"或"否"来确定系统稳定性。系统绝对稳定性分析结果只有两种可能,即系统是稳定的或者系统是不稳定的。

相对稳定性则是指用稳定程度对系统的稳定性进行描述。对于绝对稳定的系统,相对稳定性可以度量系统稳定的程度;对于绝对不稳定的系统,则可以度量系统相距绝对稳定的不稳定程度。

系统稳定性分析可以在时域内分析系统稳定性,也可以在频域内分析稳定性。

### 2.4.2　时域稳定性分析方法

通常,线性定常系统稳定性表现为其时域响应的收敛性。如果系统的零输入响应和零状态响应都是收敛的,则可以认为系统是稳定的。零输入响应稳定性条件和零状态响应稳定条件是一致的,因此可以用系统响应稳定性作为系统的稳定性。

一般的单输入-单输出线性定常系统的闭环传递函数可以用式(2-23)表示。

$$\Phi(s) = \frac{C(s)}{R(s)} = \frac{b_0 s^m + b_1 s^{m-1} + \cdots + b_{m-1} s + b_m}{a_0 s^n + a_1 s^{n-1} + \cdots + a_{n-1} s + a_n}, \quad m \leqslant n \tag{2-23}$$

为了分析式(2-23)描述系统稳定性,可以在指令输入 $R(s)$ 下,依据拉普拉斯反变换,求

解时域系统输出 $c(t)$。若 $c(t)$ 收敛,则系统稳定。$c(t)$ 收敛条件,就是系统稳定条件。需要指出:$c(t)$ 收敛条件与指令输入 $R(s)$ 无关。系统稳定条件与系数输入无关,是系统本身具有的特性。显然,通过求解系统输出 $c(t)$ 可以探讨系统稳定性,但是通常系统输出 $c(t)$ 求解非常困难,这种判断系统稳定性方法几乎是不能用的方法。

人们发现式(2-23)的特征方程(2-24)的解可以用来判断系统(2-23)的稳定性。

$$a_0 s^n + a_1 s^{n-1} + \cdots + a_{n-1} s + a_n = 0 \tag{2-24}$$

特征方程的特征根的实部小于零,则系统稳定;特征根的实部等于零,则系统处于临界稳定(等幅值振动);特征根的实部大于零,则系统不稳定。

线性定常系统稳定的充分必要条件也可表述为:系统传递函数的全部极点都必须位于 $s$ 平面的左半平面,或者说全部极点的实部都是负数。

若式(2-24)为高阶方程,通常求解这个高阶代数方程的解仍然较为困难。为了简便地判别线性定常系统稳定性,劳斯(Routh)找到了劳斯稳定性判据;赫尔维茨(Hurwitz)找到了赫尔维茨稳定性判据。这两种判据是等价的,也统称为劳斯-赫尔维茨稳定性判据。

时域稳定性判据是代数判据,它是基于闭环系统特征方程的判别方法。时域稳定性判据通常给出系统绝对稳定性的信息,它较难反映出系统稳定的程度。

### 2.4.3　频域稳定性分析方法

频域分析系统稳定性的方法是利用系统的开环频率特性分析和判定闭环系统稳定性的方法。

#### 1. 频域稳定性判据

频域稳定性判据称为奈奎斯特(Nyquist)判据,简称奈氏判据。奈奎斯特判据最初是在极坐标图上表述的。

伯德图较极坐标图更直白、清晰、明了,伯德图在工程上应用更为广泛。奈奎斯特判据也可以在伯德图上表述。

通常,工程问题都是最小相位系统。最小相位系统的开环幅频特性与相频特性之间具有唯一的对应关系。

针对最小相位系统,奈奎斯特判据在伯德图上表述为式(2-25)和式(2-26)两个条件。只有这两个条件同时满足,系统才是稳定的。

$$\varphi(\omega)\big|_{L(\omega)=0\text{dB}} > -180° \tag{2-25}$$

$$L(\omega)\big|_{\varphi(\omega)=-180°} < 0\text{dB} \tag{2-26}$$

稳定性条件(2-25)的使用方法解释如下。

在伯德图上,查看 $L(\omega)=0$dB(即幅值穿越频率处)的频率 $\omega_c$;相频特性图上,滞后相位 $\varphi(\omega_c)$ 与滞后相角 $-180°$ 线的关系可以判断闭环系统绝对稳定性,也可以判断相对稳定性,即稳定程度。

若闭环系统是稳定的,则滞后相位 $\varphi(\omega_c) > -180°$,如图 2-31 所示;若闭环系统临界稳定,则 $\varphi(\omega_c) = -180°$,如图 2-32 所示;若闭环系统不稳定,则 $\varphi(\omega_c) < -180°$,如图 2-33 所示。

相频特性图上,滞后相位 $\varphi(\omega_c)$ 与滞后相角 $-180°$ 线的距离反映出闭环系统相对稳定性。对于稳定系统,这个距离反映系统稳定的程度,即开环系统相角增加滞后多少角度,闭环

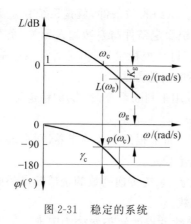

图 2-31　稳定的系统

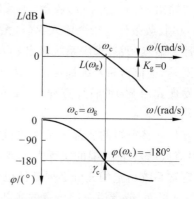

图 2-32　临界稳定的系统

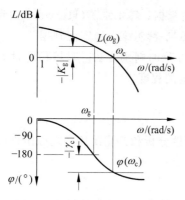

图 2-33　不稳定的系统

系统将开始变成不稳定的系统。对于不稳定系统,这个距离反映了系统不稳定的程度,即相角减少滞后多少角度,闭环系统将开始变成稳定的系统。

稳定性条件(2-26)的使用方法解释如下。

首先,在伯德图的相频特性图上,查看 $\varphi(\omega)=-180°$(即相位穿越频率处)的频率 $\omega_g$;然后,幅频特性图上,幅值曲线 $L(\omega_g)$ 与 0dB 线的关系判断系统绝对稳定性和相对稳定性。

若系统是稳定的,则幅值 $L(\omega_g)<0$dB,如图 2-31 所示;若系统是临界稳定的,则 $L(\omega_g)=0$dB,如图 2-32 所示;若系统是不稳定的,则 $L(\omega_g)>0$dB,如图 2-33 所示。

幅频特性图上,幅值 $L(\omega_g)$ 与 0dB 线的距离反映出相对稳定性。对于稳定系统,这个距离反映了系统稳定的程度,即系统开环增益增加多少 dB,闭环系统将开始变成不稳定的系统。或者,对于不稳定系统,这个距离反映了系统不稳定的程度,即幅值减少该 dB 数值,闭环系统将开始变成稳定的系统。

综上所述,频域判据依据系统开环频率特性,既反映出系统开环模型的幅值随信号频率变化而变化的情况,也反映出系统开环模型的相位随信号频率变化而变化的情况。频域判据不仅可以判定闭环系统的绝对稳定性,还可以提供闭环系统相对稳定性信息。

**2. 稳定裕度**

在反馈控制系统开环伯德图上,相对稳定性可以用幅值裕度和相位裕度度量。

幅值裕度 $K_g$ 是系统开环幅频特性曲线在频率 $\omega_g$ 点处数值的倒数,即该频率点处系统开环增益的倒数,见式(2-27)和图 2-31。其含义为若系统开环增益增大 $K_g$ 倍,则闭环控制系统恰好处于临界稳定状态,如图 2-32 所示。

$$K_g = \frac{1}{L(\omega_g)} \tag{2-27}$$

相位裕度 $\gamma_c$ 是在频率点 $\omega_c$ 处系统开环相频特性曲线的数值与 180° 和的角度数值,见式(2-28)和图 2-31。其含义为在频率点 $\omega_c$ 处,若系统滞后相位角增大 $\gamma_c$ 角度,则闭环控制系统恰好处于临界稳定状态,如图 2-32 所示。

$$\gamma_{c} = 180° + \varphi(\omega_{c}) \tag{2-28}$$

反馈控制系统能够可靠地正常工作,仅仅要求系统是稳定的是远远不够的,必须要求反馈控制系统具有适当的稳定裕度,预防系统中各个组成环节特性或参数因在系统工作过程中发生变化,而造成反馈控制系统出现不稳定情况。

对于最小相位系统,能够可靠正常工作的系统的幅值裕度和相位裕度都必须是正值,且具有一定的数值。通常,反馈控制系统的幅值裕度不小于 3～6dB,相位裕度在 30°～60°。

反馈控制系统稳定裕度较小,则系统偏于不稳定。在极端情况下,各种未建模动态和摄动可能使系统变得不稳定,幅值裕度、相位裕度出现负值,如图 2-33 所示,如若反馈控制系统的稳定裕度过大,则系统虽然偏于稳定,但是往往反馈控制系统的响应速度较慢,系统快速性较差。

## 2.5　控制系统准确性

控制系统准确性是控制系统输出与控制系统输入指令的符合程度。

控制系统准确性是用输入指令与输出响应之间的差值表征的,也即通过误差来表征的。常见的控制系统误差概念有稳态误差、动态误差、跟踪误差等。

### 2.5.1　系统模型

一般反馈控制系统总可以转化为单位反馈控制系统,转化后系统如图 2-34 所示。

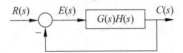

图 2-34　转化后单位反馈系统

通常,系统开环传递函数可以写成式(2-29)。

$$G_{ol}(s) = G(s)H(s) = \frac{K_{ol}\prod_{k=1}^{m1}\left(\frac{s}{\omega_{k}}+1\right)\prod_{l=1}^{m2}\left(\frac{s^{2}}{\omega_{l}^{2}}+\frac{2\zeta_{l}}{\omega_{l}}s+1\right)}{s^{\nu}\prod_{i=1}^{n1}\left(\frac{s}{\omega_{i}}+1\right)\prod_{j=1}^{n2}\left(\frac{s^{2}}{\omega_{j}^{2}}+\frac{2\zeta_{j}}{\omega_{j}}s+1\right)} \tag{2-29}$$

参数 $\nu$ 可以确定图 2-34 闭环控制系统的无差程度,$\nu$ 也称为系统无差度。若 $\nu=0$,则称开环系统 $G_{ol}(s)$ 为 0 型系统;若 $\nu=1$,则称开环系统 $G_{ol}(s)$ 为 I 型系统;若 $\nu=2$,则称开环系统 $G_{ol}(s)$ 为 II 型系统。

### 2.5.2　稳态误差

稳态误差 $e_{ss}$ 是系统过渡过程结束后,理想输出与实际输出之间的差值。

$$E(s) = R(s) - C(s) = R(s) - E(s)G_{ol}(s) \tag{2-30}$$

稳态误差的数学模型

$$E(s) = \frac{1}{1+G_{ol}(s)}R(s) \tag{2-31}$$

由表达式(2-31)可以看出：系统的稳态误差不仅取决于系统本身，还与系统输入指令信号有关。

1）位置误差系数

位置误差系数 $K_p$ 用式(2-32)定义。

$$K_p = \lim_{s \to 0} G_{ol}(s) \tag{2-32}$$

对于 0 型系统，位置误差系数也可以从系统开环伯德图上直接读取，如图 2-35 所示。

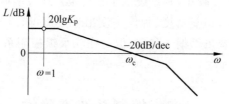

图 2-35　0 型系统开环伯德图

2）速度误差系数

用式(2-33)定义速度误差系数 $K_v$。

$$K_v = \lim_{s \to 0} s G_{ol}(s) \tag{2-33}$$

对于Ⅰ型系统，可以从系统开环伯德图上读取速度误差系数，如图 2-36 所示。

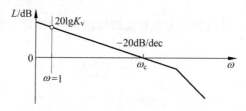

图 2-36　Ⅰ型系统开环伯德图

3）加速度误差系数

加速度误差系数 $K_a$ 用式(2-34)定义。

$$K_a = \lim_{s \to 0} s^2 G_{ol}(s) \tag{2-34}$$

对于Ⅱ型系统，可以从系统开环伯德图（见图 2-37）上读取加速度误差系统。

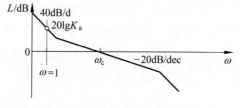

图 2-37　Ⅱ型系统开环伯德图

在单位阶跃输入、单位斜坡输入和单位抛物线常值指令输入信号下，各型系统的静态误差见表 2-5。

**表 2-5　系统稳态误差**

| 输入信号 $R(s)$ | 系统型别 | | |
|---|---|---|---|
| | 0 | I | II |
| 单位阶跃 $1/s$ | $\dfrac{1}{1+K_p}$ | 0 | 0 |
| 单位斜坡 $1/s^2$ | $+\infty$ | $\dfrac{1}{K_v}$ | 0 |
| 单位抛物线 $1/s^3$ | $+\infty$ | $+\infty$ | $\dfrac{1}{K_a}$ |

### 2.5.3　动态误差

当系统输入指令信号 $r(t)$ 变化时,输出信号 $c(t)$ 跟踪指令信号的过程中的误差信号可以看作是由输入指令信号 $r(t)$ 中的位置、速度、加速度等分量产生的,各项误差与相应的分量的比例系数称为动态误差系数。

误差信号 $e(t)$ 可以写作式(2-35)。

$$e(t)=C_0 r(t)+C_1\dot{r}(t)+\frac{C_2}{2!}\ddot{r}(t)+\frac{C_3}{3!}\dddot{r}(t)+\cdots \tag{2-35}$$

式中,$C_0,C_1,C_2/2,\cdots$是相应的动态误差系数。

$$E(s)=C_0 R(s)+C_1 sR(s)+\frac{C_2}{2!}s^2 R(s)+\frac{C_3}{3!}s^3 R(s)+\cdots \tag{2-36}$$

$$\frac{E(s)}{R(s)}=C_0+C_1 s+\frac{C_2}{2!}s^2+\frac{C_3}{3!}s^3+\cdots=\sum_{n=0}^{+\infty}\frac{C_n}{n!} \tag{2-37}$$

通常级数(2-37)收敛相当快,在实际计算误差时只需要看前几项就可以了。一般情况只需要 $C_0,C_1,C_2$ 三个参数就满足要求了。

系统开环传递函数(2-29)可以写成式(2-38)格式,它的闭环系统动态误差系数见表2-6。

$$G_{ol}(s)=G(s)H(s)=\frac{K_o(1+b_1 s+b_2 s^2+b_3 s^3+\cdots+b_m s^m)}{s^\nu(1+a_1 s+a_2 s^2+a_3 s^3+\cdots+a_n s^n)} \tag{2-38}$$

**表 2-6　系统动态误差系数**

| $C_i$ | 系统型别 | |
|---|---|---|
| | I | II |
| $C_0$ | 0 | 0 |
| $C_1$ | $\dfrac{1}{K_o}$ | 0 |
| $\dfrac{C_2}{2!}$ | $\dfrac{a_1-b_1}{K_o}-\dfrac{1}{K_o^2}$ | $\dfrac{1}{K_o}$ |
| $\dfrac{C_3}{3!}$ | $\dfrac{1}{K_o^3}+\dfrac{2(b_1-a_1)}{K_o^2}+\dfrac{b_1^2-a_1 b_1+a_2-b_2}{K_o}$ | $\dfrac{a_1-b_1}{K_o}$ |

### 2.5.4 跟踪误差

控制系统跟踪误差是系统希望输出值(输入指令)与实际输出值的差值。

利用动态误差系数法计算跟踪误差,见式(2-39)。

$$\lim_{t \to +\infty} e(t) = C_0 r(t) + C_1 \dot{r}(t) + \frac{C_2}{2!} \ddot{r}(t) + \frac{C_3}{3!} \dddot{r}(t) + \cdots$$

$$\approx C_0 r(t) + C_1 \dot{r}(t) + \frac{C_2}{2!} \ddot{r}(t) \qquad (2-39)$$

当输入信号的频谱主要分布在低频段时,就可以用低频段的数学模型来替代实际系统,而动态误差系数就是这个低频模型中的各次系数。

$$E(s) = C_0 R(s) + C_1 s R(s) + \frac{C_2}{2!} s^2 R(s) = C_1 s R(s) + \frac{C_2}{2!} s^2 R(s) \qquad (2-40)$$

对于 I 型系统,如果能够保证输入信号的主要频谱低于第一个转折频率,那么低频模型(2-40)将可以简化为式(2-41)。

$$E(s) = C_1 s R(s) \qquad (2-41)$$

在时间域,式(2-41)可写为式(2-42)。

$$e(t) = C_1 \dot{r}(t) \qquad (2-42)$$

尽管 $C_1 = 1/K_v$, $1/K_v$ 恰好是静态误差系数,但是式(2-41)和式(2-42)是用动态误差系统的概念进行跟踪误差计算。

## 2.6  控制系统快速性

快速性是反馈控制系统的三个基本指标之一。

快速性反映了系统输出对系统输入的动态响应速度,系统动态响应越快,则系统输出复现快速变化输入信号的能力越强。

快速性是通过动态过渡过程时间长短表征的。过渡过程时间越短,表明系统快速性好;反之表明系统快速性差。

在时域和频域上均可对系统的快速性进行分析与评估。

### 2.6.1 时域快速性分析

在时间域经常用系统阶跃响应分析系统的快速性。阶跃响应分析的方法既可以用于理论分析、仿真研究,也可以用于实验测试。

阶跃响应的一般响应曲线如图 2-38 所示。在阶跃响应分析中可以用上升时间、峰值时间和调节时间参数指标评价控制系统快速性。

1) 上升时间 $t_r$

阶跃响应 $c(t)$ 上升至稳态值所需要的时间。若考虑到系统的不敏感区或者允许误差,可以取为从稳态值的 10%上升至 90%时所需要的时间作为上升时间。

2) 峰值时间 $t_p$

阶跃响应 $c(t)$ 从运动开始到达第一峰值的时间。

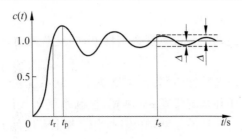

图 2-38 阶跃响应曲线

3）调节时间 $t_s$

阶跃响应 $c(t)$ 达到稳态值的时间，调节时间又称过渡时间。

理论上，响应曲线 $c(t)$ 要达到稳态值，时间要趋于无穷大。在工程中，当满足给定的误差时就可以认为达到稳态了。通常，以稳态值为基准设置误差带宽度大小 $\pm\Delta$，$\Delta$ 经常取 2% 或 5%。从运动开始到响应曲线 $c(t)$ 进入并保持在允许误差带内的最小时间即为调节时间 $t_s$。

上升时间、峰值时间反映了系统的初始快速性，而调节时间反映了系统的总体快速性。

依据阶跃响应曲线判断系统阶数。对于一阶系统，利用起始斜率的概念，从阶跃响应曲线图上可以得到时间常数和系统增益。对于二阶欠阻尼系统（常见系统），可以查阅阶跃响应曲线图的超调量和峰值时间换算得到系统阻尼比和固有频率。对于二阶过阻尼系统，可以近似为一阶系统。从阶跃响应曲线图还可以得到系统增益。

## 2.6.2 频域快速性分析

在频域上，反馈控制系统的快速性通常可以用 $\pm3\mathrm{dB}$ 频带宽度、相位滞后 90° 频带宽度或（幅值）穿越频率 $\omega_c$ 描述。

1）$\pm3\mathrm{dB}$ 频带

在反馈控制系统闭环伯德图上，如图 2-39 所示，通常取 $M_p = +3\mathrm{dB}$，幅频特性曲线在 $-3\mathrm{dB}$ 处对应的频率称为截止频率 $\omega_b$。则 $0 \leqslant \omega \leqslant \omega_b$ 频段称为系统 $\pm3\mathrm{dB}$（通频）带宽，也称 $-3\mathrm{dB}$ 频带宽度。

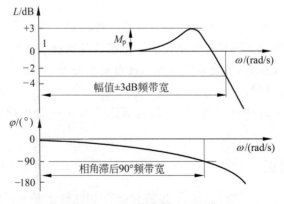

图 2-39 闭环伯德图上通频带

2）相位滞后 90° 频带

在反馈控制系统闭环伯德图上，如图 2-39 所示，相频特性曲线在相位滞后 90° 处对应的频率段称为相位滞后 90°频带宽度。

若反馈控制系统的上述两个频带宽度数值增大,则反馈控制系统的响应速度变快,系统的快速性提高。

控制系统具有低通滤波器特性,通频带宽反映了控制系统在一定范围内较好地动态复现输入指令信号的能力。闭环系统带宽 $\omega_b$ 越宽,控制系统所允许通过的频谱分量就越多,则对应时域系统阶跃响应的上升沿越陡,峰值时间 $t_p$ 和上升时间 $t_r$ 变短。

3) 穿越频率

由于控制系统的分析与设计经常在反馈控制系统开环伯德图上进行,人们更希望能够在反馈控制系统开环伯德图上探讨反馈控制系统的快速性问题。

控制系统开环伯德图的穿越频率 $\omega_c$(见图 2-40)变大,则反馈控制系统响应速度变快;穿越频率变小,则反馈控制系统响应速度变慢。穿越频率可以作为评价系统快速性的参数。

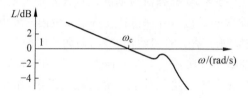

图 2-40　开环伯德图上穿越频率

开环频率特性的穿越频率 $\omega_c$ 决定了闭环频率特性的带宽 $\omega_b$。二级阶以及高阶系统往往会有闭环谐振峰值 $M_r$,$\omega_b$ 一般要高于 $\omega_c$,但是两者差别不大。

系统分析与设计时,一般可以用 $\omega_c$ 估算 $\omega_b$,更细致地确定系统的快速性,可以通过仿真分析和实验测试用时域指标描述。

对于三阶以上系统,穿越频率与调整时间的经验关系见式(2-43)。

$$t_s\omega_c = 4 \sim 9 \tag{2-43}$$

## 2.7　控制系统校正

控制系统的补偿与校正是控制系统综合或设计的内容之一。

在仅仅通过参数调整无法使控制系统满足全部性能指标要求时,需要通过引入辅助装置改变控制系统的传递函数,致使系统零点和极点重新分布,从而改变控制系统性能,这就是控制系统的校正(或补偿)。

按照校正装置在系统中接入方式不同,控制系统校正可分为串联校正和并联校正两大类。

### 2.7.1　串联校正

相位超前校正、相位滞后校正、滞后-超前校正和 PID 校正是常用的几种控制系统串联校正。串联校正的分析设计工具之一是伯德图。工程上,经常通过绘制伯德图分析和设计控制系统特性。便捷和高效绘制伯德图的工具之一是 MATLAB 软件。

依据控制系统的结构特点、接入串联校正装置的位置,串联校正装置的实现形式可以是计算机控制软件的语句,也可以由电气网络、机械机构、液压机构等硬件构成。

**1. 超前校正**

超前校正经常用来提高控制系统的快速性,增大相角裕量,降低系统超调量。

相位超前校正环节的传递函数可以写作式(2-44),它的伯德图如图 2-41 所示。

$$G_c(s) = \frac{\tau s + 1}{\alpha \tau s + 1} \tag{2-44}$$

式中,$\tau$ 为时间常数,s; $\alpha$ 为衰减系数,$\alpha < 1$。

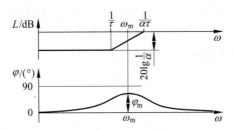

图 2-41　超前校正环节伯德图

超前校正装置产生的最大超前相角 $\varphi_m$ 及对应的频率 $\omega_m$:

$$\varphi_m = \arcsin \frac{1 - \alpha}{1 + \alpha} \tag{2-45}$$

$$\omega_m = \frac{1}{\sqrt{\alpha} \, \tau} \tag{2-46}$$

超前校正装置是一种高通滤波器,它能产生的校正效果如下:

(1) 不改变高频段幅频特性,而压低低频段幅频特性;

(2) 在低频与中频段产生明显相位超前角,补偿系统中其他环节造成的相位滞后。

**2. 滞后校正**

滞后校正经常用作提高控制系统的精度,提高系统稳定性,会造成系统快速性能下降。

相位滞后校正的传递函数可以写作式(2-47),它的伯德图如图 2-42 所示。

$$G_c(s) = \frac{\tau s + 1}{\beta \tau s + 1} \tag{2-47}$$

式中,$\beta$ 为衰减系数,$\beta > 1$。

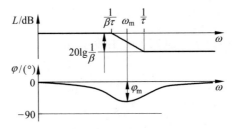

图 2-42　滞后校正环节伯德图

滞后校正装置产生的最大滞后相角 $\varphi_m$ 及对应的频率 $\omega_m$:

$$\varphi_m = \arcsin \frac{\beta - 1}{\beta + 1} \tag{2-48}$$

$$\omega_{\mathrm{m}} = \frac{1}{\sqrt{\beta}\tau} \tag{2-49}$$

滞后校正装置是低通滤波器,主要使用幅频特性$-20\mathrm{dB/dec}$段,它能产生的校正效果如下:

(1) 不改变低频段幅频特性,而压低高频段幅频特性;

(2) 在中频段产生明显相位滞后角。

### 3. 滞后-超前校正

滞后-超前校正综合使用滞后校正和超前校正两种方式,使用滞后校正提高低频幅值增益,提高系统精度;使用超前校正提高穿越频率,提高相位裕度,如图 2-43 所示。

相位滞后-超前校正的传递函数可以写作式(2-50)。

$$G_{\mathrm{c}}(s) = \frac{\tau_1 s + 1}{\beta\tau_1 s + 1} \times \frac{\tau_2 s + 1}{\dfrac{\tau_2}{\beta}s + 1} \tag{2-50}$$

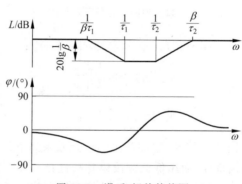

图 2-43　滞后-超前伯德图

### 4. PID 校正

PID 校正装置由比例(P)环节、微分(D)环节和积分(I)环节构成。通过设置相应增益参数可以改变 PID 校正装置的特性,实现 P 控制、PD 控制、PI 控制及 PID 控制等四种控制器,分别起到比例控制、相位超前校正、相位滞后校正及滞后-超前校正的效果。

连续系统 PID 校正的传递函数可以写作式(2-51)。

$$G_{\mathrm{c}}(s) = K_{\mathrm{P}} + T_{\mathrm{D}}s + \frac{1}{T_{\mathrm{I}}s} \tag{2-51}$$

离散系统 PID 校正可用数字增量式 PID 控制算法写作式(2-52)。它可以方便用于计算机编程。

$$\Delta u(k) = K_{\mathrm{P}}[e(k) - e(k-1)] + T_{\mathrm{I}}e(k) + T_{\mathrm{D}}[e(k) - 2e(k-1) + e(k-2)] \tag{2-52}$$

PID 控制器的工作机理如下。

PID 控制器的比例项、积分项、微分项都是通过调节反馈控制系统环路增益实现控制功能。

比例项的功能是直接将偏差信号进行比例地放大。增大比例项的作用,能在一定范围内提高系统响应速度和控制精度,但是降低了相对稳定性。当比例项系数增大到某一点后,系统开始出现超调现象,继续增大比例项则系统会出现不稳定现象。

　　积分项的功能是将偏差信号的积分(累积)进行比例地放大。积分项可以消除控制系统中前向通道环节的不确定性引起的静态误差。但是在动态情况下,当输入信号突然变化(如阶跃信号)产生很大的偏差信号,将导致很大的积分项,造成系统出现大的超调与回冲。现实中经常使用改良后的 PID 控制器。为了避免积分项引起的超调和回冲,通常降低积分项在偏差信号较大时的数值或者断开积分项。电子积分器常常设计有复位功能,防止放大器上残余电压引起系统漂移。

　　微分项的功能是将偏差信号的变化率进行比例地放大。偏差信号快速变化时,微分项很大,对控制系统调节作用强;偏差信号缓慢变化时,微分项小,对控制系统调节作用弱;偏差信号不变化时,微分项为零,对控制系统无调节作用。微分项的功能是改善系统阻尼,减少系统超调,却不能改善系统稳态误差。

　　PID 控制器参数整定有一定规律可循,可查阅相关文献。

　　探讨系统在比例控制的性能与特性是非常有意义的,因为实践表明:90% 的闭环控制问题可以采用比例控制达到满意效果。

### 2.7.2　并联校正

并联校正包括反馈校正和顺馈校正。

**1. 反馈校正**

反馈校正是从控制系统某一环节输出端取信号,经过校正网络后加到该环节前面某一环节的输入端,并与输入信号叠加,通过改变信号变化规律、实现对控制系统校正的目的,如图 2-44 所示。

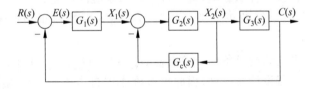

图 2-44　反馈校正

　　反馈校正包括负反馈校正和正反馈校正。更常用的是负反馈校正,即对系统的部分环节建立局部负反馈。

　　反馈校正能有效地改变被包围环节的结构及参数,因此可以利用反馈控制,提高控制系统性能。下面举例说明反馈校正的功能。

1) 变积分环节为惯性环节

若图 2-44 中 $G_2(s)=K/s, G_c(s)=K_c$,则校正后局部传递函数见式(2-53)。

$$G_{cl}(s)=\frac{X_2(s)}{X_1(s)}=\frac{1/K_{cf}}{s/(K_{cf}+K)+1} \tag{2-53}$$

2) 改变时间常数

若图 2-44 中 $G_2(s)=K/(Ts+1), G_c(s)=K_{cf}$,则校正后局部传递函数(2-54)的时间常数减小。

$$G_{cl}(s) = \frac{X_2(s)}{X_1(s)} = \frac{1/(K_{cf}K+1)}{T/(K_{cf}K+1)s+1} \tag{2-54}$$

若图 2-44 中 $G_2(s) = K/(Ts+1)$，$G_c(s) = K_{cf}s$，则校正后局部传递函数（2-55）的时间常数增大。

$$G_{cl}(s) = \frac{X_2(s)}{X_1(s)} = \frac{K/(K_{cf}+1)}{(T+KK_{cf})s+1} \tag{2-55}$$

3）增大系统阻尼比

若图 2-44 中 $G_2(s) = K/(T^2s^2+2\zeta Ts+1)$，$G_c(s) = K_{cf}s$，则校正后局部传递函数（2-56）的阻尼比增大。

$$G_{cl}(s) = \frac{X_2(s)}{X_1(s)} = \frac{K}{T^2s^2+(2\zeta T+KK_{cf})s+1} \tag{2-56}$$

4）增大系统回路增益

若图 2-44 中 $G_2(s) = K$，$G_c(s) = -K_{cf}$，局部构成正反馈，则校正后局部传递函数见式（2-57）。若取 $K_{cf} \approx 1/K$，校正后局部增益大幅度提高。

$$G_{cl}(s) = \frac{X_2(s)}{X_1(s)} = \frac{K}{1-K_{cf}K} \tag{2-57}$$

5）减小死区等非线性

用反馈回路包围死区等非线性环节能够降低其影响，非线性分析方法超出了本书范畴，用软件仿真方法也可以验证上述结论。

**2. 顺馈校正**

顺馈校正（或称顺馈补偿）是一种开环校正方式，它不会改变闭环系统的特性，因此，顺馈校正对系统的稳定性没有什么影响，却可以补偿原系统的误差。

按补偿信号的不同，顺馈校正一般可以分为按输入顺馈校正和按干扰顺馈校正两种方式。

输入顺馈校正的系统结构具备两个控制器 $G_{c1}(s)$ 和 $G_{c2}(s)$，如图 2-45 所示，那么控制系统设计具有两个控制器设计自由度，因此也被称作二自由度控制结构。通常二自由度控制结构的设计过程如下：首先用控制器 $G_{c1}(s)$ 设计闭环控制系统，使其具有鲁棒稳定性；然后设计控制器 $G_{c2}(s)$，使控制系统的准确性和快速性满足技术指标要求。

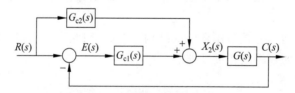

图 2-45　按输入顺馈校正一

图 2-45 所示的按输入顺馈校正方式也可变换为图 2-46 所示的形式。若控制器 $G_{c3}(s)$ 采用相位超前串联校正进行补偿，可较大幅度提高系统快速性，而对闭环稳定性无影响。输入顺馈校正是拓展系统频宽的有效手段。

按干扰顺馈校正控制系统如图 2-47 所示。如果干扰信号 $N(s)$ 可以获取，那么可以利

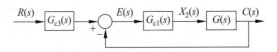

图 2-46　按输入顺馈校正二

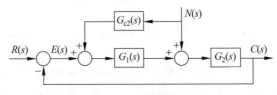

图 2-47　按干扰顺馈校正

用补偿器 $G_{c2}(s)$ 处理干扰信号 $N(s)$，并将处理后的信号在该环节前面引入系统，实现干扰信号对消，从而达到抑制干扰的目的。

　　按干扰的顺馈补偿的条件是干扰信号可以获取，这在很多情况下是有难度的。

## 2.8　连续系统方法设计数字控制器

　　目前，很多液压控制系统采用计算机控制。计算机控制是数字控制，计算机控制需要使用数字控制器，往往还需用计算机编程语言将数学公式表示的数字控制器程序化，产生计算机控制程序。

　　常见的计算机控制系统结构如图 2-48 所示，被控系统往往是模拟系统，只接收模拟控制信号（见图 2-49）。计算机控制系统是离散系统，只能接收和处理采样后的离散信号（见图 2-50）。在计算机控制系统中，以计算机为核心构建起数字控制装置，简称数字控制器。数字控制器发出离散的控制信号（见图 2-50），需要经过 D/A 转换（主要是保持）重构为图 2-51 所示的模拟信号，才能供模拟功率放大器使用。数字控制器只能处理数字信号。模拟传感器采集的模拟信号需经过信号调理放大后，再经过 A/D 转换（采样与保持）成为数字信号，才能供给数字控制器使用。数字传感器可以输出数字信号，可以直接供数字控制器使用。

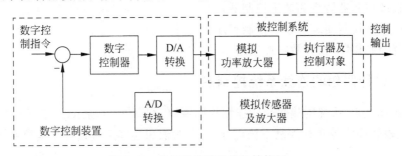

图 2-48　计算机控制系统的结构图一

　　由于工程技术人员往往对离散系统的 $z$ 域远没有对连续系统的 $s$ 域更为熟悉，因此采用连续系统分析与综合方法设计数字控制器是非常实用的方法。

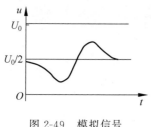

图 2-49　模拟信号

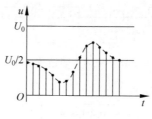

图 2-50　采样的离散信号

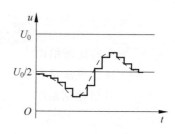

图 2-51　零阶保持器重构信号

数字控制器的连续化设计方法是忽略控制回路中所有的采样器和保持器,按连续系统在 $s$ 域中进行连续控制器设计,然后通过某种近似变换,将所设计的连续控制器离散化,变换成为数字控制器,它可供编写计算机程序,并能够在计算机等数字控制器上运行控制实际对象。

### 2.8.1　设计问题描述

在图 2-52 所示的计算机控制系统中,$G(s)$ 是被控对象的传递函数,$G_h(s)$ 是零阶保持器,$D(z)$ 是数字控制器。当前的设计问题是：将系统性能指标和传递函数 $G(s)$ 作为已知条件,要求设计出数字控制器 $D(z)$。

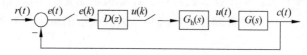

图 2-52　计算机控制系统的结构图二

### 2.8.2　数字控制器设计步骤

通常,按照如下步骤用连续系统方法设计离散系统的数字控制器。
(1) 构建假想的连续系统,并设计其控制器;
(2) 确定采样周期 $T$;
(3) 将连续控制器转变为数字控制器;
(4) 依据数字控制器编写数字控制程序;
(5) 运行控制程序,校验数字控制器。

### 2.8.3　设计假想的连续系统控制器

首先依据图 2-52 系统构建假想的连续控制系统,如图 2-53 所示,然后采用连续系统的频率特性法、根轨迹法等多种控制系统设计方法,为假想连续系统设计连续控制器 $D(s)$。

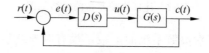

图 2-53　假想的连续控制系统的结构图

### 2.8.4　确定采样周期

香农采样定理给出了从采样信号恢复连续信号的最低采样频率。显然高精度控制的采样频率不能仅仅满足香农采样定理,需要更高的采样频率或更小的采样周期。

在计算机控制系统中,完成信号恢复功能一般由零阶保持器实现。零阶保持器的传递函数可以写为式(2-58)。

$$G_{\mathrm{h}} = \frac{1 - \mathrm{e}^{-sT}}{s} \tag{2-58}$$

在采样周期很小的条件下,零阶保持器近似推导见式(2-59)。据此可知:零阶保持器可用半个采样周期的时间滞后环节来近似。

$$G_{\mathrm{h}} = \frac{1 - \mathrm{e}^{-sT}}{s} = \frac{1 - 1 + sT - \frac{(sT)^2}{2!} + \cdots}{s} \approx T\mathrm{e}^{-s\frac{T}{2}} \tag{2-59}$$

假定允许相位裕量减少 $5° \sim 15°$,则采样周期可按式(2-60)选定。

$$T \approx (0.15 \sim 0.5) \frac{1}{\omega_{\mathrm{c}}} \tag{2-60}$$

式中,$\omega_{\mathrm{c}}$ 是连续控制系统的穿越频率。

按式(2-60)选择的采样周期相当短。因此,采用连续化设计方法,用数字控制器去近似连续控制器,要有相当短的采样周期。

目前电子技术发展和电子计算机技术发展,系统采样频率满足式(2-60)是不困难的,甚至有可能采用更高采样频率,以提高控制系统的综合性能。

### 2.8.5　离散为数字控制器

有很多方法可以将连续控制器 $D(s)$ 离散化为数字控制器 $D(z)$,例如双线性变换法、前向差分法、后向差分法、零阶保持法、零极点匹配法等。其中双线性变换的优点在于:它把左半 $s$ 平面转换到单位圆内。一个稳定的连续控制系统经过双线性变换之后得到的离散控制系统仍将是稳定的。因此,我们只介绍双线性变换法。

由 $z$ 变换的定义可知,$z = \mathrm{e}^{sT}$,将其用级数展开可得式(2-61)。

$$z = \mathrm{e}^{sT} = \frac{\mathrm{e}^{\frac{sT}{2}}}{\mathrm{e}^{-\frac{sT}{2}}} = \frac{1 + \frac{sT}{2} + \frac{T^2}{2^2 \times 2!}s^2 + \frac{T^3}{3^3 \times 3!}s^3 + \cdots}{1 - \frac{sT}{2} + \frac{T^2}{2^2 \times 2!}s^2 - \frac{T^3}{3^3 \times 3!}s^3 + \cdots} \tag{2-61}$$

若采样周期 $T$ 很小,忽略高阶小项,式(2-61)近似写为

$$z = \frac{1 + \frac{sT}{2}}{1 - \frac{sT}{2}} \tag{2-62}$$

式(2-62)改写为式(2-63),它称为双线性变换。

$$s = \frac{2}{T} \frac{z - 1}{z + 1} \tag{2-63}$$

将式(2-63)代入连续控制器,可得离散化的数字控制器如下:

$$D(z) = D(s)\Big|_{s=\frac{2}{T}\frac{z-1}{z+1}} \tag{2-64}$$

利用双线性变换,可以将连续系统的控制器变换为对应数字系统的数字控制器。

### 2.8.6　数字控制器算法

数字控制器式(2-64)一般可以写为式(2-65)格式。

$$D(z) = \frac{U(z)}{E(z)} = \frac{b_0 + b_1 z^{-1} + \cdots + b_i z^{-i} + \cdots + b_m z^{-m}}{1 + a_1 z^{-1} + \cdots + a_i z^{-i} + \cdots + a_n z^{-n}} \tag{2-65}$$

式中,$m \leqslant n$,$m$ 和 $n$ 为自然数;$a_i$ 和 $b_i$ 为实数。

式(2-65)有 $m$ 个零点和 $n$ 个极点。它可以改写为式(2-66)。

$$U(z) = (b_0 + b_1 z^{-1} + \cdots + b_i z^{-i} + \cdots + b_m z^{-m}) E(z) -$$
$$(a_1 z^{-1} + \cdots + a_i z^{-i} + \cdots + a_n z^{-n}) U(z) \tag{2-66}$$

式(2-66)写成时域表达式,则为

$$u(k) = [b_0 e(k) + b_1 e(k-1) + \cdots + b_i e(k-i) + \cdots + b_m e(k-m)] -$$
$$[a_1 u(k-1) + \cdots + a_i u(k-i) + \cdots + a_n u(k-n)] \tag{2-67}$$

式(2-67)就是数字控制器,它便于计算机编程实现。

### 2.8.7　数字控制器校验

控制器 $D(z)$ 设计完并求出控制算法后,须按图 2-52 构建计算机控制系统,运行控制系统,检验其闭环特性是否符合设计要求,如果满足设计要求,数字控制系统设计完成。否则应修改设计。

数字控制器校验可以采用计算机控制系统的数字仿真方式完成。

需要说明:一些计算机软件包具有自动生成实时控制程序的功能,例如快速原型的方法。可以直接按照连续系统的方法分析与设计计算机控制系统,采用连续系统模型设计的控制程序可以自动转化为计算机可执行离散程序。不必将得到的连续系统控制器手工转化数字控制器。例如,在 MATLAB/Simulink 下面采用连续系统模块编写控制程序,可以直接采用 RTW(real time workshop)工具箱,生成可执行实时控制程序。

## 2.9　本 章 小 结

液压反馈控制系统是一个动力学系统。动力学系统的思想、观念、研究方法与手段也适用于液压控制系统研究。

反馈控制原理是液压控制的理论基础之一,也是液压反馈控制的研究工具与手段。

针对液压反馈控制系统分析与设计问题,本章扼要回顾动力学系统的建模、分析方法;回顾经典控制理论的系统分析与综合方法。

受控系统和控制系统都是动力学系统。动力学系统的行为遵循其内部物理规律,也可将这种规律称为动力学规律。控制系统的分析是认识控制系统内动力学规律;控制系统的综合则是利用系统动力学规律,改变系统动力学特性,满足预定要求。

　　动力学系统模型有多种形式,如微分方程、传递函数、方块图、状态方程、伯德图等。它们共同之处是都反映了系统的动力学规律,因而它们是等效的,可以采用计算软件对它们进行相互转化。

　　机械系统、电气系统和液压系统的基本构成元件数学模型具有相似关系。

## 思考题与习题

2-1　何谓动力学系统?

2-2　用方块图描述动力学系统的优点是什么?

2-3　传递函数有何性质?

2-4　为何要进行模型线性化?

2-5　为何要进行模型简化,动力学模型不是越复杂越能精细描述系统吗?

2-6　对题 2-6 图所示的机械系统建模。系统输入位移 $x_i(t)$,系统输出位移 $x_o(t)$。

2-7　对题 2-7 图所示的电气系统建模。系统输入电压 $u_i(t)$,系统输出电压 $u_o(t)$。

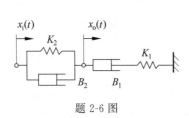

题 2-6 图

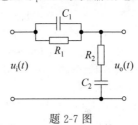

题 2-7 图

2-8　对题 2-8 图所示的机械系统建模。系统输入位移 $x_i(t)$,系统输出位移 $x_o(t)$。

2-9　对题 2-9 图所示的电气系统建模。系统输入电压 $u_i(t)$,系统输出电压 $u_o(t)$。

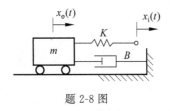

题 2-8 图

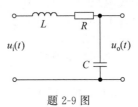

题 2-9 图

2-10　如何在伯德图上描述控制系统相对稳定性? 其含义是什么?

2-11　控制系统时间域快速性指标有哪些? 频率域呢?

2-12　试写出相位超前校正环节的传递函数,简述其主要功能。

2-13　PID 控制器是常用的控制器,一台设备原有的滞后-超前校正网络故障,能否用 PID 控制器修复?

2-14　简述反馈校正的主要作用。

2-15　为什么采用连续系统方法设计数字控制器? 数字控制器用在哪里? 简述采用连续系统方法设计数字控制器的一般步骤。

2-16　题 2-16(a)图为非线性系统模型,题 2-16(b)图为用反馈回路包围非线性环节后得到的系统。若输入信号 $r(t)=\sin(2t)$,仿真研究输出信号 $c(t)$的波形,分析反馈环路的作用。

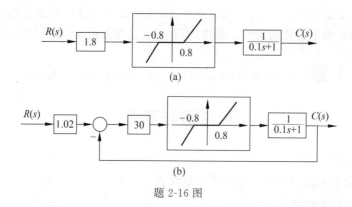

题 2-16 图

# 主要参考文献

[1]　OGATA K. System dynamics[M]. 4th ed. Upper Saddle River：Prentice Hall,2003.

[2]　吴重光. 仿真技术[M]. 北京：化学工业出版社,2000.

[3]　D'AZZO J J, HOUPIS C H, SHELDON S N. Linear control system analysis and design with MATLAB[M]. New York：Marceld Dekker,2003.

[4]　LYSHEVSKI S E. Engineering and scientific computations using MATLAB[M]. Hoboken：John Wiley & Sons,Inc.,2003.

[5]　HIBBELER R C. Dynamics[M]. 12th ed. Upper Saddle River：Prentice Hall,2010.

[6]　OGATA K. Modern control engineering[M]. 5th ed. Boston：Prentice Hall,2010.

[7]　BURNS R S. Advanced control engineering[M]. Oxford：Butterworth-Heinemann,2001.

[8]　LEIGH J R. Control theory[M]. London：The Institution of Engineering and Technology,2004.

[9]　高钟毓. 机电控制工程[M]. 2 版. 北京：清华大学出版社,2002.

[10]　王广雄,何朕. 控制系统设计[M]. 北京：清华大学出版社,2008.

[11]　HOROWITZ I. Some ideas for QFT research[J]. International Journal of Robust and Nonlinear Control,2003,13：599-605.

[12]　刘兵,冯纯伯. 基于双重准则的二自由度预测控制——连续情况[J]. 自动化学报,1998,24(6)：721-726.

[13]　冯勇. 现代计算机控制系统[M]. 哈尔滨：哈尔滨工业大学出版社,1996.

[14]　AUSLANDER D M,RIDGELY J R,RINGGENBERG J D. Control software for mechanical systems：object-oriented design in a real-time world[M]. Upper Saddle River：Pearson Education,2002.

# 第3章 液压伺服控制系统原理与结构

在阐述控制系统的控制阀和液压动力元件等细节和局部问题之前,从系统整体视角认识液压伺服控制系统的工作原理与系统结构是必要的,但是也是有难度的,因为液压伺服控制系统具有多样性,它们总是为了满足不同需要而设计的。

应用液压伺服系统的主机总是有多种多样的用途,控制对象也是为了完成各种特定功能需求而设计的机械机构,为了驱动和控制这些各异的机构而设计的液压伺服控制系统也是形态各异、功能不同的。

事实上,液压伺服控制系统可以归类于几种基本类型,分析和设计同类型液压控制系统会有更多共性问题,其原因是在工作原理和系统结构等方面,同类型液压伺服控制系统是相同或相近的。

下面分析几个典型的液压伺服控制系统的案例,透过同类型液压伺服控制系统工作原理与系统结构的共同点,认识液压伺服控制系统的一般工作原理和结构。

## 3.1 机械液压伺服系统

汽车液压动力转向(hydraulic power steering)装置用于汽车转向操纵控制,它是为了降低驾车者转向操作劳动强度而设计的随动系统(伺服系统),它是典型的机械液压伺服系统。

下面以汽车动力转向装置为例,介绍机械液压伺服系统的原理与结构。

### 3.1.1 工作原理

**1. 汽车液压转向系统工作原理**

汽车液压动力转向系统如图 3-1 所示。汽车左前轮 3 通过轴承安装在左前轮轴 4(包括转向节和安装在其上的拉臂)上,前轮可以绕(水平)前轮轴转动,则汽车可以前进或后退。

前轮轴通过铰接方式安装在车身上(安装在前桥上,再通过悬架系统连接在车身上)。前轮轴可以绕主销(铅垂轴)摆动,其上安装的车轮也可以绕主销摆动,则汽车前轮可以转向。用连杆 6 将两个前轮轴上拉臂连接起来,构成梯形框架结构,将左右两个汽车前轮转向运动关联起来。拉动梯形框架的活动边,则带动两侧车轮实现同时转向。

机液伺服机构的活塞杆固定在车身 10 上。摇杆连杆机构 17 拉动动力转向机液伺服机构的阀芯。机液伺服机构的缸筒产生的位移拉动前轮轴的拉臂,缸筒位移与阀芯位移成比例。

驾车者转动转向盘 1,转向盘轴带动其末端的丝杆旋转,驱动其上的螺母移动,螺母带动摇杆连杆机构运动。

驾车者用很小的力拉动控制阀的阀芯,液压缸筒跟随控制阀芯移动,并以很大的力和力矩驱动汽车转向,因此图 3-1 所示汽车转向系统被称为动力转向系统。

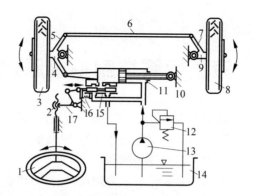

1—转向盘；2—丝杆螺母机构；3—左前轮；4—左前轮轴；5,7—拉臂；6—连杆；8—右前轮；9—右前轮轴；10—车身；11—液压缸；12—调压阀；13—油泵；14—油箱；15—控制阀；16—定位弹簧；17—摇杆连杆机构。

图 3-1　汽车动力转向系统示意

### 2. 机液伺服机构工作原理

汽车动力转向系统的机液伺服机构如图 3-2 所示。机液伺服机构用液压缸的活塞缸固定在车身上，控制滑阀是三通滑阀，液压缸是单出杆液压缸，采用差动连接方式将液压缸与三通控制阀连接，推拉三通滑阀的阀芯可以控制液压缸缸筒双向移动。

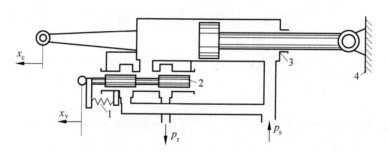

1—定位弹簧；2—控制阀；3—液压缸；4—车身。

图 3-2　动力转向机液伺服机构

为了使液压缸双向运动的驱动力与运动速度大小基本相当，通常，将有杆腔的有效作用面积与无杆腔的有效作用面积之比设计为 1∶2。

重要的是三通阀的阀体与液压缸的缸筒刚性连接成一体，它们构成了一个机械液压伺服机构。

动力转向机液伺服机构的工作原理如下：若向右推动机液伺服机构的控制阀芯。假设瞬时阀体不动，控制阀阀芯右移打开阀口，阀口将无杆腔与油箱接通，无杆腔内压力降低，液压缸的缸筒右移。由于缸筒与控制阀体刚性连接为一体，缸筒带动控制阀体右移，直至关闭阀口，液压缸的缸筒停止向右移动。

反之，若向左拉动控制阀芯，假设瞬时阀体不动，控制阀的阀芯左移打开阀口，阀口将液压缸的无杆腔与油泵连接，即液压缸无杆腔和有杆腔同时接油泵，液压缸差动工作，液压缸的缸筒左移，带动控制阀体向左移动，直至关闭阀口，液压缸的缸筒停止向左移动。

上述机液伺服机构中，当阀芯移动时，高压工作液驱动缸筒运动，缸筒带动阀体跟随阀芯移动，减弱和抵消了阀芯移动的效应，因此构成了负反馈作用。负反馈作用是通过将液压缸筒和控制阀套刚性连接成一体建立的。

　　由于控制过程中,图 3-2 机液伺服机构的缸筒始终跟随控制阀芯的运动,因此这种机液伺服机构也称为随动系统。它的功能是阀芯输入小功率的机械位移,则液压缸输出大功率等量机械位移。即输出位移会高精度跟踪输入位移,而且跟踪过程的动态响应很快。

### 3.1.2　机液伺服机构系统结构分析

　　图 3-2 所示机液伺服机构是经常被设计成为一个功能相对独立的机械部件。将其上的液压油口与液压源和油箱连接,机液伺服机构即可工作,即移动阀芯可以控制液压缸缸筒产生伸缩运动。

　　机液伺服机构的内部构成反馈控制结构,如图 3-3 所示。

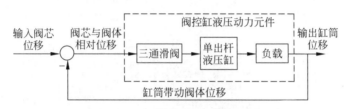

图 3-3　动力转向伺服系统原理方块图

**1. 反馈控制系统前向通道**

　　液压阀阀芯移动,液压阀输出液压油驱动液压缸的活塞和负载移动,这是液压反馈控制的前向通道。其中,负载、执行液压缸和控制滑阀等构成控制结构单元,被称为阀控缸液压动力元件。

　　液压动力元件中的液压元件与液压传动系统的液压元件是有区别的。

　　动力转向伺服系统中,控制阀芯产生每一微小位移打开阀口,将立刻引起液压缸产生向对应反作用运动关闭阀口。因此该滑阀主要工作在其中位附近(也即滑阀开口都比较小),它被称为伺服滑阀。

　　伺服滑阀明显不同于用在液压传动的普通三通换向滑阀。普通换向滑阀经常工作在阀口全开或全闭状态,它也经常被称作开关阀。

　　在液压控制系统中,通常将伺服滑阀控制液压缸的组合称作阀控缸液压动力元件。它有别于普通液压传动的换向滑阀与液压缸的组合。

**2. 反馈结构建立**

　　阀体与缸筒刚性连为一体,则缸筒移动带动阀体移动,构成了负反馈通道,反馈物理量是液压缸筒的位移。

　　阀芯位移是控制输入量,阀体位移是反馈输入量,阀芯相对于阀体的位移构成偏差信号,它输入前向通道,如此构建其控制系统反馈结构。

## 3.2　电液伺服阀控伺服系统

　　液压平推式水槽造波机的驱动与控制系统是一种典型的阀控电液位置伺服系统。

　　这里以平推式水槽造波机的电液伺服系统为例,介绍阀控电液伺服系统的原理与结构。

### 3.2.1　工作原理

水槽造波机是在实验水槽中人工制造各种具有给定波谱密度的不规则波及模拟天然波列的实验装置。

在研究、设计和建造船舶、港口码头和海洋工程装置过程中,模拟实验研究是必不可少的过程。模拟实验研究往往需要用水槽造波机产生人造各种波浪,模拟水波浪对装置和设备的运动、受力和安全性能的影响。

**1. 平推式水槽造波机工作原理**

液压平推式水槽造波机系统如图 3-4 所示。系统可分五部分:造波机构、浪高检测装置、计算机系统、电液伺服作动器和液压源。

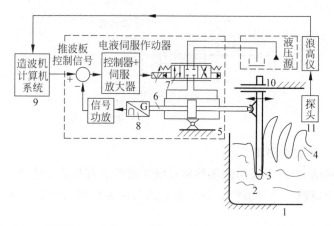

1—水槽;2—水;3—推波板;4—水波;5—机架;6—液压缸;7—电液伺服阀;8—位移传感器;
9—计算机系统;10—滑轨;11—浪高传感器。

图 3-4　水槽造波机液压控制原理图

造波机构主要由推波板 3 和滑轨 10 构成,推波板在滑轨上运动,推动水槽中水,使之产生波浪。推波板采用电液伺服驱动方式。

造波机计算机系统发出造波控制指令,对电液伺服作动器输入控制信号,它能将电信号转变为机械运动,推动造波机构产生水浪。

浪高仪通传感器检测浪高,并将信号传给造波机计算机系统。计算机系统依据浪高信号修正造波信号,完成造波过程。

**2. 电液伺服作动器工作原理**

电液伺服作动器如图 3-5 所示,主要包括电子控制器及伺服放大器、电液伺服阀、双出杆对称液压缸、位移传感器及其信号功放等构成。

电液伺服作动器是一个电液伺服位置系统,如图 3-4 所示。其中控制元件为电液伺服阀,执行元件为双出杆对称液压缸。将电流信号输入电液伺服阀线圈,电液伺服阀产生流量受控的工作液,驱动液压缸活塞移动。位移传感器检测活塞位移,并将它传给电子控制装置,与控制指令信号比较产生偏差信号,偏差信号经过放大和转换等变为控制电流,控制电流被输入电液伺服阀,上述构成位置伺服控制系统。

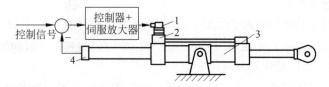

1—电液伺服阀；2—油路块；3—双出杆对称缸；4—位移传感器及其信号功放。

图 3-5　电液伺服作动器结构示意

## 3.2.2　作动器系统结构分析

按照系统各组成环节连接关系，电液伺服作动器系统结构可以表示为图 3-6。电液伺服系统的基本结构是反馈结构，或称之为闭环结构。

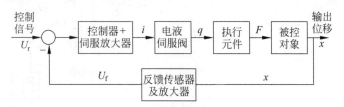

图 3-6　电液伺服系统结构

电液伺服系统的内部结构可以用图 3-7 表示，其中位于电液控制系统核心部位的是电液伺服阀。图中为双喷嘴挡板式两级电液伺服阀。

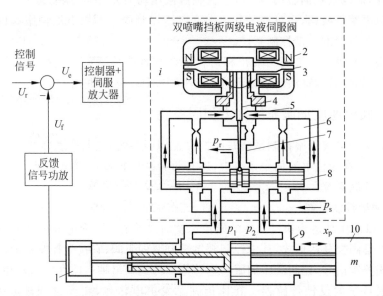

1—位置传感器；2—力矩马达；3—衔铁；4—挡板；5—喷嘴；6—固定节流器；7—反馈弹簧；
8—主阀芯；9—双出杆对称液压缸；10—负载。

图 3-7　电液伺服阀与液压缸组合的结构示意

电液伺服阀内部产生机械运动的元件是电磁力矩马达。它接受电流控制信号，使力矩马达的衔铁产生机械摆动运动，驱动双喷嘴挡板阀的挡板。挡板的运动范围是微小的，位于双喷嘴间的挡板近似于平动。

双喷嘴挡板阀控制滑阀的阀芯位置。可将滑阀阀芯看作液压缸活塞,则双喷嘴挡板阀控制第二级阀的结构实际上是四通阀控对称液压缸结构,它是一个液压动力元件,液压控制阀是双喷嘴挡板阀,执行元件是对称液压缸。

弹簧杆反馈第二级阀阀芯的位置信息,以力的形式反作用于力矩马达的衔铁上,构成负反馈结构。

图3-6可以更加详细地表述为图3-8。在电液伺服阀内部存在一个机械液压反馈控制系统,而外部大反馈回路的信号传递介质既有机械和液压装置,也有电气元器件,因而是电液伺服系统。

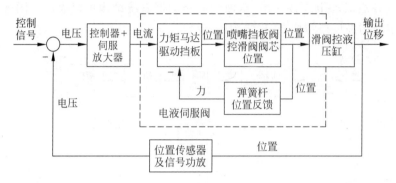

图 3-8　电液伺服位置系统结构方块图

综上所述,两级电液伺服阀内部存在阀控缸液压动力元件,液压动力元件内部的液压控制阀可以是双喷嘴挡板阀,也可以是其他类型液压控制阀。两级电液伺服阀内部往往存在一个控制主阀芯位置的反馈控制系统。

电液伺服阀的第二级滑阀与双出杆对称液压缸也构成了一个阀控对称缸液压动力元件,它也是四通阀控对称缸液压动力元件,其中液压控制阀是圆柱滑阀。

### 3.2.3　阀控速度伺服系统和力伺服系统

水槽造波机的电液伺服控制系统是阀控位置伺服系统,它是一类常见的阀控液压控制系统。除此之外,在阀控电液伺服系统中,还有两类液压控制系统也是常见的,它们是速度控制系统和力控制系统。

**1. 阀控速度控制系统**

图3-9是以液压马达为执行元件的阀控速度伺服系统。这个电液速度控制伺服系统的液压动力元件是阀控马达形式,其中控制阀也是电液伺服阀,它接受控制器和电子伺服放大器发出的电流控制信号,控制液压伺服马达转速。马达输出轴与速度传感器相连,速度传感器是闭环控制系统的反馈传感器。转速传感器发出电信号,它经过调理放大,用于反馈控制。

阀控速度伺服系统的结构方块图如图3-10所示。

**2. 阀控力控制系统**

图3-11所示为一例阀控力控制系统。液压伺服材料试验机就是采用这样的液压控制系统原理结构。材料试验机对被试材料试件施加静力载荷,研究材料试件的变形情况。

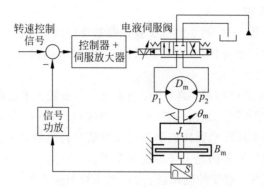

图 3-9　电液速度控制系统原理图

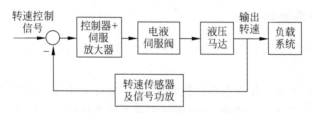

图 3-10　电液速度控制系统结构方块图

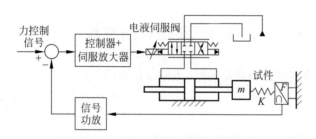

图 3-11　电液力伺服控制系统原理图

阀控力控制系统采用阀控对称缸型式液压动力元件作为力发生器。

电液力控制系统的液压控制阀也是电液伺服阀,它接收控制器和电子伺服放大器发出的电流控制信号。输出液压流量与压力,驱动液压缸,输出机械运动与作用力。

机架与负载之间安装力传感器,力传感器是闭环控制系统的反馈信号传感器。力传感器发出电信号,它经过调理放大,用于反馈控制。

阀控力伺服系统的结构方块图如图 3-12 所示。

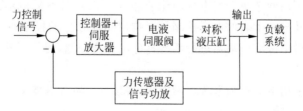

图 3-12　电液力控制系统结构方块图

### 3. 阀控系统结构比较

将阀控速度控制系统、力控制系统与位置控制系统相比较,它们的系统结构特征是相同的。它们都以液压阀为控制元件,都有阀控液压动力元件,都构成反馈控制系统,都需要大功率液压源。

在系统结构上,阀控速度控制系统、力控制系统与位置控制系统的明显区别是反馈元件不同,即所用反馈传感器不同。采用位置(即位移和转角)传感器作系统反馈传感器的是位置伺服控制系统;采用速度传感器作控制系统反馈信号传感器的是速度伺服控制系统;采用力传感器作系统反馈传感器的是力伺服控制系统。

这里不作解释地说明:速度控制系统、力控制系统与位置控制系统在系统设计与分析方面还会有一些不同,将在后续章节中讨论。

## 3.2.4　阀控系统特点

(1) 阀控系统的控制元件为液压控制阀,它与普通液压传动控制阀不同,它是一种伺服阀。

(2) 阀控系统液压动力元件由液压控制阀、液压执行元件和负载构成。

(3) 液压阀工作需要液压能源,阀控系统需要大功率液压源提供液压能量。

(4) 四通阀控系统具有两个密封控制容腔。

# 3.3　泵控伺服系统

用于控制飞机飞行的电静液作动器(electro-hydraulic-static actuator,EHSA)是典型的泵控伺服系统。飞机的功率电传(power-by-wire)系统则是用电静液作动器构建复杂大系统的典型案例。

这里以飞机控制系统为例,简单介绍泵控伺服系统的工作原理和系统结构。

## 3.3.1　工作原理

功率电传系统是飞机的飞行控制系统。电静液作动器是它的电控执行器,控制和驱动各个飞行控制舵面或襟翼。

### 1. 功率电传系统工作原理

飞机的功率电传系统是泵控液压控制系统的典型应用案例,它可以用图 3-13 示意。飞机机翼的襟翼分别由串联双余度电静液作动器(dual tandem EHSA)驱动与控制,两个垂直尾翼上的方向舵分别由两个单余度电静液作动器(simplex EHSA)驱动与控制。

电静液作动器及与之配套的电子控制单元构成功能独立的控制系统,它接受飞行控制系统的遥控电信号对电静液作动器进行活塞杆伸出长度控制,使舵面或襟翼处于合适位置,控制飞机飞行状态。

电静液作动器采用电能作为系统控制能源,连接各个电静液作动器,并向其提供能源的只有电缆,但没有液压管路。

功率电传系统优点很多,安装功率电传系统的飞机故障率比较低,生存能力强,可维修性好,能源利用率高,飞行性能好。

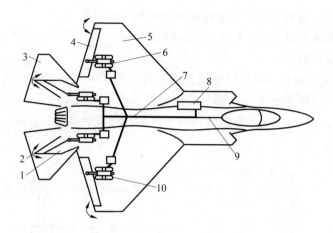

1—垂直尾翼；2—方向舵；3—水平尾翼；4—襟翼；5—机翼；6—双余度电静液作动器；7—电源与控制电缆；8—电源；9—控制电缆；10—单余度电静液作动器。

图 3-13　飞机功率电传系统

没有采用功率电传系统的飞机使用阀控电液伺服作动器，它的原理、结构与图 3-5 所示的电液伺服作动器类似。这样的飞机需要安装一个大型的液压泵站，通过液压管路向各个作动器提供液压能源和回流液压油。这些液压管路遍布飞机各处，它们存在疲劳破裂和遭受攻击的危险，而且一个管路破裂极易造成全部液压系统无法正常工作。

**2. 电静液作动器工作原理**

多篇文献介绍了一种先进电静液作动器系统的原理，如图 3-14 所示。执行器是双出杆对称液压缸 11，液压控制元件是变量泵 7。液压泵的两个控制油口与对称液压缸油口相连，构成泵控系统主回路。

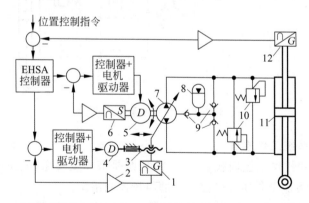

1—位移传感器；2—位移传感器放大器；3—斜盘传动机构；4—斜盘控制伺服电动机；5—驱动伺服电动机；6—转速传感器；7—变量泵；8—蓄能器；9—单向阀；10—安全阀；11—液压缸；12—位移传感器。

图 3-14　电静液作动器原理

两个快速响应的溢流阀是安全阀 10，用于对超过设定安全压力的液压冲击力进行卸荷，避免造成损害。在正常工作时，安全阀处于关闭状态。

蓄能器 8 能够储存和回收液压泵泄漏液压油，并向液压泵与液压缸组成的闭式主回路补油,补偿系统泄漏,避免主回路中出现油泵吸空和气穴现象。

变量泵 7 通常是斜盘式轴向柱塞泵,它是控制元件。变量泵有两个输入端口,变量泵输入轴和变量泵斜盘控制机构。

图 3-14 所示电静液作动器的设计构思极致地发挥了泵控系统的优势。这种高度集成化设计的电静液作动器系统可以分解为两套泵控系统。它们是图 3-15 所示的变排量泵控(displacement pump controlled)伺服系统和图 3-16 所示的变转速泵控(speed pump controlled)伺服系统。

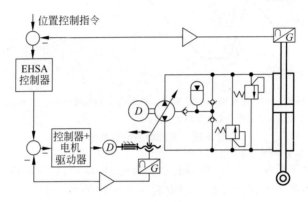

图 3-15　变排量泵控原理

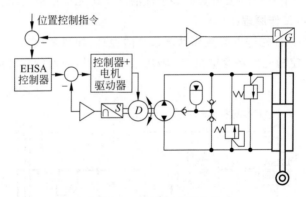

图 3-16　变转速泵控原理

### 3. 变排量泵控系统工作原理

在图 3-15 所示变排量泵控伺服系统中,液压泵是液压变量泵,变量泵工作在固定转速下,变量泵输出工作液流量与压力受控于它的斜盘控制系统。

在变量泵的斜盘控制系统中,伺服电动机拖动丝杆驱动变量泵斜盘控制机构,并构成局部负反馈的电动机控制系统对斜盘角度进行控制,从而实现电信号调节变量泵排量,以便实现电信号控制液压泵输出工作液流量与方向。

变量泵输出工作液驱动和控制液压缸活塞杆位置,位置传感器检测活塞杆位置,并产生反馈信号,活塞杆位移反馈信号与位置控制指令进行比较产生偏差信号,偏差信号被送往电静液作动器 EHSA 控制器,它产生控制指令,并传给变量泵斜盘控制系统,从而构成位置负反馈控制系统。

变排量泵控系统的特征是通过改变液压泵排量实现控制作用。

**4. 变转速泵控系统工作原理**

在图 3-16 所示变转速泵控伺服系统中,液压泵是双向定量液压泵(即图 3-14 系统中变量液压泵斜盘位置固定不变,它等效于双向定量液压泵)。采用局部负反馈控制系统控制电动机转速,精密驱动与控制定量液压泵转速与旋向,从而控制定量泵输出工作液流量与方向。

同样,液压泵输出工作液驱动和控制液压缸活塞杆位置,位置传感器检测活塞杆位置,并产生反馈信号,活塞杆位移反馈信号与位置控制指令进行比较产生偏差信号,偏差信号被送往电静液作动器 EHSA 控制器,它产生控制指令,并传给定量泵驱动与控制系统,从而构成位置负反馈控制系统。

变转速泵控伺服系统的特征是通过改变液压泵的输入轴转速实现控制作用。

变转速泵控液压系统也称直驱容积控制(direct drive volume control,DDVC)系统。

某型飞机采用功率电传飞行控制系统,图 3-17 是它的一种双余度变转速泵控作动器,采用直流伺服电动机驱动,图 3-18 是它的电子控制器。这个高度集成设计的机电液一体化系统包含了图 3-16 所示系统的全部元件,而且除了液压执行缸外,其他部分都是双份的,即构成功能相同的两套系统。这种电液伺服作动器接上电源电缆,即可接收控制电信号产生机械运动,它兼具备了液压控制与电气控制的优点。

图 3-17　一种双余度电静液作动器

图 3-18　电静液作动器电子控制器

图 3-14 所示的电静液作动器方案采用复合控制策略,协调变排量控制模式和变转速控制模式,使电静液作动器具有更优的动态品质,特别是提高动态响应速度,同时具备很高的

传动效率,很低的能量损失。

另外,变量泵斜盘控制也可以采用阀控电液伺服位置系统方案。

如图 3-17 所示,变转速泵控缸系统可以做成体积小巧的电静液作动器,不需要外设油源系统。而且系统中不含对工作液污染敏感的电液伺服阀,系统可靠性高。

其他变转速泵控系统应用案例包括风力发达机组的桨叶摆角控制装置、注塑机系统、压力机及冶金设备等。

### 3.3.2　系统结构分析

泵控液压系统中,控制元件是液压泵,液压泵可以是变量泵,也可以是定量泵。

**1. 变排量控制系统**

变排量控制系统由小功率斜盘控制系统和大功率泵控系统构成,这两个负反馈系统是嵌套结构的。

变排量泵控系统原理方块图如图 3-19 所示。变量泵控缸液压动力元件是该系统的核心部件,变量液压泵是控制元件。变量机构应采用电控伺服系统控制,实现用电子信号调节变量泵排量。

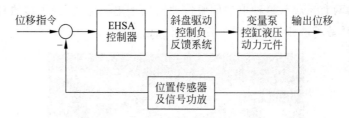

图 3-19　变排量泵控系统原理方块图

**2. 变转速控制系统**

变转速控制系统由同等功率的电动机驱动控制负反馈系统和液压泵控系统构成,这两个负反馈系统是嵌套结构的。

变转速泵控系统原理方块图如图 3-20 所示。定量泵控缸液压动力元件是该系统的核心部件,定量液压泵是控制元件,它是双旋向液压泵。驱动电动机采用电控伺服系统控制。

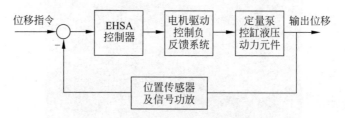

图 3-20　变转速泵控系统原理方块图

### 3.3.3　泵控系统特点

区别于阀控系统,泵控系统的控制元件是控制用液压泵。

泵控系统的液压动力元件是由控制用液压泵、液压执行元件与负载构成的。

控制用液压泵是液压能量的制造者,因此泵控系统不再需要单独的大功率液压源,仅需要小功率补油系统(液压源)补偿系统泄漏。

泵控系统的主回路每一时刻只有一条管路是高压力油路,另一条管路是低压回油管路。

## 3.4　本章小结

在探讨控制系统的控制阀和液压动力元件等细节和局部问题之前,从系统整体视角认识液压伺服控制系统的工作原理与系统结构是必要的。

本章通过几个液压伺服控制系统案例,主要讲述液压伺服控制系统的共性的结构特征及工作原理。

液压伺服控制系统的基本结构是闭环控制回路,其中最小控制结构单元是控制元件。

伺服控制元件可分为控制阀和控制用液压泵。控制阀可分为三通阀、四通阀、双喷嘴挡板阀等多种;控制用液压泵包括变量液压泵和定量液压泵。

液压伺服控制元件+液压执行元件构成液压动力元件,它是液压伺服控制系统的基本功能单元。液压动力元件分为阀控动力元件和泵控动力元件。

液压执行元件包括液压对称缸、液压非对称缸、液压伺服马达等。

以液压动力元件为基础,在其上添加机械反馈装置可以构建机液控制系统。

以液压动力元件为基础,添加电气反馈装置、电子控制器等可以构建电液伺服控制系统。因控制物理量不同,控制系统分为位置控制系统、速度控制系统和力控制系统。

液压伺服控制的工作原理是闭环负反馈原理。液压控制系统可繁可简,机液伺服控制系统是相对简单的;电液伺服控制系统则可以采用较复杂的控制率。

### 思考题与习题

3-1　列举一种机液伺服系统,简明解释其工作原理。

3-2　列举一种电液伺服系统,简明解释其工作原理。

3-3　列举一种变排量泵控伺服系统,简明解释其工作原理。

3-4　列举一种变转速泵控伺服系统,简明解释其工作原理。

3-5　仿形车床的进给机构如题 3-5 图所示,试分析其工作原理和结构特点。

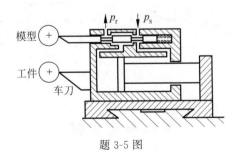

题 3-5 图

3-6　试分析题 3-6 图所示控制系统的工作原理和结构特点。

3-7　试分析题 3-7 图所示控制系统的工作原理和结构特点。

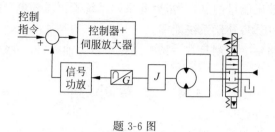

题 3-6 图

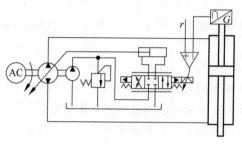

题 3-7 图

3-8 试分析题 3-8 图所示控制系统的工作原理和结构特点。

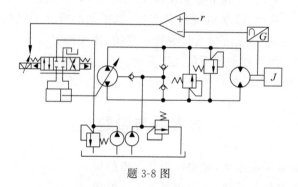

题 3-8 图

3-9 题 3-9 图所示是变量泵控马达系统,试分析其工作原理和结构特点。

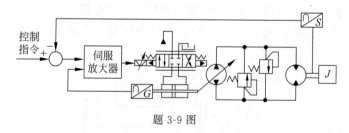

题 3-9 图

# 主要参考文献

[1] BENCHE V, UNGUREANU V B, CRACIUN O M. Contributions to the dynamic analysis of the hydro-mechanical servo-steering[C]. //Proceedings of the 6th International Conference on Hydraulic

Machinery and Hydrodynamics. Timisoara：Politehnica University of Timisoara,2004：319-324.

［2］　朱晓民,张农.电液伺服式水槽不规则波造波机[J].液压与气动,1992(3):22-23.

［3］　FRISCHEMEIER S. Electrohydrostatic actuators for aircraft primary flight control-types,modeling and evaluation[C].//Proceedings of the 5th Scandinavian International Conference on Fluid Power. Linköping：Linköping University,1997：28-30.

［4］　HABIBI S R,GOLDENBERG A. Design of a new high-performance electrohydrostatic actuator[J]. IEEE/ASME Transactions on Mechatronics,2000,5(2)：158-164.

［5］　王占林.近代电气液压伺服控制[M].北京：北京航空航天大学出版社,2005.

# 第 4 章　液压伺服控制元件

## 4.1　概　　述

液压伺服控制元件是液压伺服控制系统中最小控制结构单元,液压伺服控制元件接受机械量(位移、转角、转速等)控制信号,将其转换为受控的液压量(流量和压力),从而驱动液压执行元件实现对机械对象的控制(见图 4-1)。

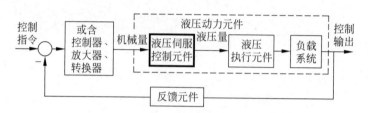

图 4-1　液压伺服控制系统中的伺服控制元件

一些液压伺服控制元件不仅实现信号类型转换,还同时放大了控制信号功率。

液压伺服控制元件是液压伺服控制系统中的重要环节,它的特性对液压伺服控制系统的性能有很大的影响。

本章主要探讨液压伺服控制元件的结构型式、工作原理及静态特性。

### 4.1.1　液压伺服控制元件分类

按照控制元件的结构类型,液压伺服控制元件可以分为液压伺服控制阀和控制用液压泵两大类,如图 4-2 所示。它们分别是阀控系统和泵控系统的主要控制元件。

液压伺服控制阀既是一种能量转换元件,又是一种功率放大元件。常见的液压伺服控制阀包括滑阀、喷嘴挡板阀和射流管阀等。

喷嘴挡板阀和射流管阀通常只用作二级和三级电液伺服阀的第一级控制阀,用来接受力矩马达控制,驱动和控制大功率第二级液压控制阀,产生更大功率的输出和更好的控制性能。

滑阀既可以用作功率级液压控制阀,也可以用作前置级控制阀,接受力矩马达的控制。滑阀这里指圆柱滑阀,滑阀有多种结构,亦有多种特性和功能。

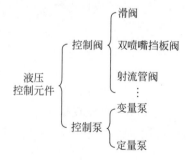

图 4-2　控制元件分类

液压反馈控制用滑阀普遍采用阀套的结构型式,如图 4-3 所示。阀套结构便于实现阀口匹配、径向间隙控制,有利于补偿压力和温度变化造成的影响。进出油的油路窗口开在阀套上,一般每个阀口沿圆周对称分布两个或四个矩形阀套窗口。这种设计便于通过改变油路窗口,改变阀口面积梯度,从而改变阀口系数。

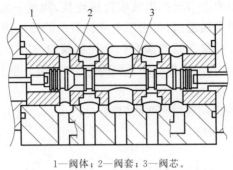

1—阀体；2—阀套；3—阀芯。

图 4-3　阀套结构

　　液压泵也可以像液压控制阀一样产生受控的液压流量或压力,因此液压泵也可以作为液压控制元件。控制用液压泵按其功能可分为变量液压泵和定量液压泵。

　　变量液压泵用在变排量泵控液压反馈控制系统中。变量液压泵的控制信号输入端通常用其变量机构的斜盘摆角表示,也可以转换为其他参数,如控制斜盘的液压缸活塞行程。

　　变量液压泵既是一种能量转换元件,又是一种功率放大元件。驱动液压变量泵的(动力能源的)电动机是(动力能源的)能量转换元件。

　　变量液压泵的变量机构往往受控于小功率阀控缸电液位置伺服系统。

　　定量液压泵用在变转速泵控液压反馈控制系统中。定量液压泵的控制信号输入端是其输入轴,输入轴往往与伺服电动机相连接,从而能够接受电信号控制,并构成电液反馈控制系统。

　　定量液压泵只是一种能量转换元件,与定量液压泵配合使用的控制电动机是功率放大元件和能量转换元件。

## 4.1.2　滑阀分类

　　滑阀是靠节流控制原理工作的,借助于阀芯与阀套间的相对运动改变节流口面积的大小,对流体流量或压力进行控制。滑阀结构型式多,控制性能好,在液压控制系统中应用最为广泛。

　　液压反馈控制往往需要控制液压执行元件正反双向运动,常用的液压反馈控制滑阀可按如下几种分类方式。

　　1) 按进、出阀的油路数目分类

　　经常用于液压反馈控制的滑阀是四通阀(见图 4-4(a)、(b)、(c))和三通阀(见图 4-4(d)、(e)、(f))。

　　四通阀有两个控制油路口,可用来控制双作用液压缸或液压马达的两个工作油口。四通滑阀经常作为伺服阀的功率放大级控制阀。

　　三通阀可以用作一个控制油路口情况,如图 4-4(d)、(e)所示。由于三通阀只有一个控制油路口,故只能用来控制差动液压缸,控制油口连接差动缸的无杆腔。为实现液压缸双向运动,需将液压缸有杆腔直接连接供油系统,从而无杆腔内产生平衡压力近似为供油压力的一半,称之为参考压力。

三通阀可以用作两个控制油路口情况,如图 4-4(f)所示。三通阀中部一个油路口设计为回油口,将上述三通阀与两个节流孔用液压管路连接,构成三通阀与节流孔的组合,具有四个进出油路口,功能相当于四通阀,可用于电液伺服阀的第一级控制阀。

在滑阀内部结构方面,通常四通滑阀有四个控制阀口(阀芯与阀口之间开口);三通滑阀则只有两个控制阀口。控制阀口数目多,则它对工作介质流量的控制能力强。

2) 按阀芯凸肩数目分类

可用于液压反馈控制的滑阀通常有两凸肩阀(见图 4-4(a)、(d)、(f)),三凸肩阀(见图 4-4(c)、(e))和四凸肩阀(见图 4-4(b))。

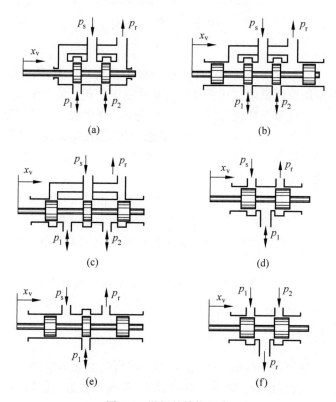

图 4-4　滑阀的结构型式

(a) 两凸肩四通滑阀;(b) 四凸肩四通滑阀;(c) 三凸肩四通滑阀

(d)、(f) 两凸肩三通滑阀;(e) 三凸肩三通滑阀

3) 按滑阀的预开口型式分类

液压滑阀可分零开口(零重叠)、正开口(负重叠)和负开口(正重叠)三种。

理想滑阀的径向间隙为零、节流工作边锐利。理想滑阀可根据阀芯凸肩与阀套槽宽的轴向几何尺寸关系确定预开口型式,如图 4-5 所示。定义阀预开口量 $U$,则零开口阀 $U=0$,如图 4-5(a)所示;正开口阀 $U>0$,如图 4-5(b)所示;负开口阀 $U<0$,如图 4-5(c)所示。

理想滑阀的流量特性与滑阀预开口型式有直接对应关系,如图 4-6 所示。

实际滑阀不可依据阀芯凸肩与阀套槽宽的轴向几何尺寸关系确定预开口型式,这是因为实际滑阀的阀芯与阀套间总是有间隙的,而且实际滑阀的阀口锐边也是有圆角的(尽管很小),因此,当实际滑阀具有图 4-5(a)所示的尺寸关系时,实际滑阀是具有很小的正开口阀的

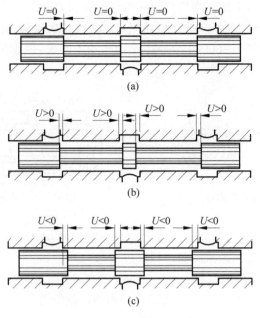

图 4-5  滑阀的预开口型式

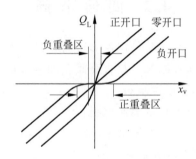

图 4-6  不同开口型式的流量曲线

流量特性的。换句话说：实际具有线性零开口特性的滑阀往往需要阀芯凸肩与阀套槽宽的轴向几何尺寸关系具有很小正重叠(约 $5 \sim 25 \mu m$)，以补偿实际滑阀的阀芯与阀套间隙和阀口锐边圆角的影响。实际滑阀的预开口型式分类可以按照图 4-6 所示的流量特性曲线进行分类，这是依据阀口特性反求实际滑阀的预开口型式的方法。

零开口阀的流量与阀芯位移呈线性，线性的流量增益(流量对阀口压差的比值)对反馈控制非常有利，因而零开口滑阀应用最广泛，但其加工制造非常困难。负开口滑阀的阀口密封性能很好，负开口阀零位泄漏小，但是负开口阀的流量增益曲线存在死区非线性，这是一种本质非线性，对反馈控制非常不利，因此很少采用负开口型滑阀。正开口阀在零位时阀口是部分开启的，因此零位泄漏较大。正开口阀在零位附近流量增益变大，在滑阀工作区间内的流量增益是非线性的，但不是本质非线性。正开口阀的零位泄漏量比较大。在一些场合，正开口阀泄漏被用维持液压阀桥路平衡关系的流量。

4) 按阀套窗口的形状分类

按阀套窗口的形状划分有矩形、圆形、三角形等多种。用于反馈液压控制的阀口形状通常是矩形的。矩形阀套窗口可分为圆周开口和非圆周开口两种。

阀芯位移 $x_v$ 时,图 4-7 所示圆周开口阀的开口面积为 $\pi d x_v$;图 4-8 所示非圆周开口阀的开口面积为 $2L x_v$。矩形开口阀的开口面积与阀芯位移成比例,更容易获得线性的流量增益。少数不重要阀采用圆形窗口,主要原因是圆孔加工方便,但它的流量增益是非线性的,不利于控制。

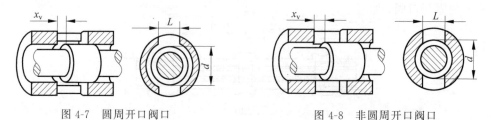

图 4-7　圆周开口阀口　　　　　　　　图 4-8　非圆周开口阀口

5) 按阀芯的工作边数目分类

常见滑阀通常是两控制边滑阀和四控制边滑阀。

三通阀通常具有两个工作边,如图 4-4(d)、(e)、(f)所示;四通阀可具有四个控制边,如图 4-4(a)、(b)、(c)所示。控制边数目反映了液压控制阀的控制能力。

## 4.2　四　通　滑　阀

液压四通滑阀是常用液压控制阀,可用作多级伺服阀的功率级控制阀,即第二级和第三级控制阀,也可用作第一级液压控制阀。在直驱阀中和单级伺服阀几乎都采用滑阀。四通滑阀是具有代表性的一种基本液压控制阀。

液压滑阀用于反馈控制,其原理是节流控制。

优点:允许阀芯位移比较大,输出流量大,驱动功率大;若阀口油路窗口是矩形的,阀流量增益线性好;流量增益和压力增益高。

缺点:阀芯质量相对较大、动态响应慢;受力情况复杂,要求驱动力大;结构稍复杂,体积大。

### 4.2.1　四通滑阀静态特性分析

滑阀静态特性是指稳态情况下,阀的负载流量、负载压力和滑阀位移三者之间的关系。

滑阀静态特性表示滑阀的工作特性和工作能力,对液压控制系统的静、动态特性计算具有重要意义。

阀的静态特性可用方程、曲线或特性参数(阀的系数)表示。最常用的是压力-流量曲线图,它能够全面描述控制阀静态特性。

控制阀的静态特性曲线和特性系数可通过实验获取,一些结构的控制阀(如滑阀)也可以用解析法推导出压力-流量方程,进而分析其静态特性。

#### 1. 压力-流量方程表达式

理想滑阀是指径向间隙为零、工作边锐利的滑阀。讨论理想滑阀的静态特性可以不考虑径向间隙和工作边圆角的影响,因此阀的开口面积和阀芯位移的关系比较容易确定。

为了推导四通滑阀的压力-流量方程,建立理想四通滑阀的一般模型,如图 4-9 所示,图中用一个液压缸示意阀的负载。模型中预开口量 $U$ 取值范围是 $0 \leqslant U \leqslant x_{v\max}$ 时，$x_{v\max}$ 是相对于零位的最大阀芯行程。

通常，流量不大于 $120L/\min$ 二级电流伺服阀的功率滑阀的额定行程为 $0.25 \sim 1mm$。

设以中位为参考，阀芯向两侧移动最大位移为 $x_{v\max} > 0$。若令预开口量 $U = 0$，上述四通阀模型是零开口阀；如取 $0 < U < x_{v\max}$ 时，代表小正开口阀；若取 $U = x_{v\max}$，则说明阀芯在其全部行程内运动时，阀都是正开口的，称之为全程正开口阀。

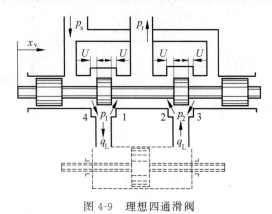

图 4-9　理想四通滑阀

为了简化分析，作如下假设：

（1）液压能源是理想的恒压源，供油压力 $p_s$ 为常数，回油压力 $p_r$ 为零；

（2）忽略管道和阀腔内的压力损失，因为管道和阀腔内的压力损失与阀口处的节流损失相比很小，所以可以忽略不计；

（3）工作液是不可压缩的，工作液密度变化量很小，可以忽略不计；

（4）各节流阀口流量系数相等，即 $C_{d1} = C_{d2} = C_{d3} = C_{d4} = C_d$；

（5）各阀口的油路窗口是矩形的，滑阀结构上阀口是匹配与对称的。

四通滑阀内部各处流量和压力关系可以等效为如图 4-10 所示的液压桥路。四通阀的四个可变节流的阀口等效为四个可变的液阻，依据四通滑阀结构连接四个液阻，构成一个四臂全桥，每个桥臂上有一个可变液阻。这四个液阻不是独立的，而是相互关联的。

无论阀口 1、3 还是阀口 2、4 工作，都相当于进口-出口节流调速方式。具有进口节流调速和出口节流调速的优点，负载具有较好的运动平稳性，且能承受负压。

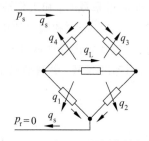

图 4-10　理想四通滑阀等效桥路

令 $q_i (i=1,2,3,4)$ 表示工作液通过液阻（也即阀口）的流量；$p_i (i=1,2,3,4)$ 表示工作液通过液阻产生压降；$q_L$ 表示负载流量；$p_L$ 表示负载压降，$q_s$ 表示供油流量。

1）阀芯在其预开口范围内时，四通阀的流量公式

阀芯在其预开口范围内运动时，$-U \leqslant x_v \leqslant U$。

根据桥路的压力平衡可得

$$p_1 + p_4 = p_s \tag{4-1}$$

$$p_2 + p_3 = p_s \tag{4-2}$$

$$p_1 - p_2 = p_L \tag{4-3}$$

$$p_3 - p_4 = p_L \tag{4-4}$$

对于匹配且对称的阀,实践观测表明:在空载($p_L = 0$)时,与负载相连的两个管道中的压力均为 $p_s/2$。当加上负载后,一个管道中的压力升高的数值恰等于另一个管道中的压力下降的数值。即通过桥路斜对角线上的两个桥臂的压降也是相等的。即

$$p_1 = p_3 \tag{4-5}$$

$$p_2 = p_4 \tag{4-6}$$

将式(4-6)代入式(4-1),得

$$p_s = p_1 + p_2 \tag{4-7}$$

将式(4-7)与式(4-3)联立,得

$$p_1 = \frac{p_s + p_L}{2} \tag{4-8}$$

$$p_2 = \frac{p_s - p_L}{2} \tag{4-9}$$

根据桥路流量平衡可得

$$q_1 + q_2 = q_s \tag{4-10}$$

$$q_3 + q_4 = q_s \tag{4-11}$$

$$q_4 - q_1 = q_L \tag{4-12}$$

$$q_2 - q_3 = q_L \tag{4-13}$$

各阀口的流量方程为

$$q_i = C_d A_{vi} \sqrt{\frac{2p_i}{\rho}}, \quad i = 1, 2, 3, 4 \tag{4-14}$$

在流量系数 $C_d$ 和工作液密度 $\rho$ 一定条件下,通过阀口的流量 $q_i (i = 1, 2, 3, 4)$ 是阀口开口面积 $A_{vi}(x_v)$ 和阀口压降 $p_i (i = 1, 2, 3, 4)$ 的函数,而阀口开口面积 $A_{vi}(x_v)$ 是阀芯位移的函数,其变化规律取决于阀套油路窗口的几何形状。依据假设,阀套各油路窗口是矩形的,面积梯度为 $W$,滑阀结构上阀口是匹配与对称的,则阀芯位移为 $x_v$ 时,即

$$A_{v1}(x_v) = A_{v3}(x_v) = W(U - x_v) \tag{4-15}$$

$$A_{v2}(x_v) = A_{v4}(x_v) = W(U + x_v) \tag{4-16}$$

$$A_{v1}(x_v) = A_{v2}(-x_v) \tag{4-17}$$

$$A_{v3}(x_v) = A_{v4}(-x_v) \tag{4-18}$$

式(4-15)和式(4-16)体现了阀口是匹配的;式(4-17)和式(4-18)体现了阀口是对称的。
式(4-5)和式(4-15)代入式(4-14),则

$$q_1 = q_3 \tag{4-19}$$

式(4-6)和式(4-16)代入式(4-14),则

$$q_2 = q_4 \tag{4-20}$$

因此匹配且对称的阀,通过液压桥路斜对角线上的两个桥臂的流量是相等的。

由式(4-12)、式(4-20)可得

$$q_2 - q_1 = q_L \tag{4-21}$$

在恒压源的情况下,阀芯位移为 $x_v$ 时,由式(4-21)、式(4-14)、式(4-15)、式(4-16)、式(4-8)、式(4-9)可得负载流量为

$$q_L = C_d W(U + x_v)\sqrt{\frac{1}{\rho}(p_s - p_L)} - C_d W(U - x_v)\sqrt{\frac{1}{\rho}(p_s + p_L)} \tag{4-22}$$

将式(4-22)除以 $C_d W x_{vmax}\sqrt{p_s/\rho}$,归一化处理得

$$\frac{q_L}{C_d W x_{vmax}\sqrt{p_s/\rho}} = \left(\frac{U + x_v}{x_{vmax}}\right)\sqrt{1 - \frac{p_L}{p_s}} - \left(\frac{U - x_v}{x_{vmax}}\right)\sqrt{1 + \frac{p_L}{p_s}} \tag{4-23}$$

令 $\bar{q}_L$ 表示归一化的负载流量,是无因次量,见式(4-24)。令 $\bar{p}_L$ 表示归一化的负载压力,是无因次量,见式(4-25)。令 $\bar{x}_v$ 表示归一化的阀芯位移,是无因次量,见式(4-26)。令 $\bar{U}$ 表示归一化的预开口量,是无因次量,见式(4-27)。

$$\bar{q}_L = \frac{q_L}{C_d W x_{vmax}\sqrt{p_s/\rho}} \tag{4-24}$$

$$\bar{p}_L = p_L/p_s \tag{4-25}$$

$$\bar{x}_v = x_v/x_{vmax} \tag{4-26}$$

$$\bar{U} = U/x_{vmax} \tag{4-27}$$

式(4-23)可以写作式(4-28)

$$\bar{q}_L = (\bar{U} + \bar{x}_v)\sqrt{1 - \bar{p}_L} - (\bar{U} - \bar{x}_v)\sqrt{1 + \bar{p}_L} \tag{4-28}$$

式(4-28)的适用范围为阀芯位移为 $-\bar{U} \leqslant \bar{x}_v \leqslant \bar{U}$,即正开口段。它描述了四个阀口全部有工作液流过时的四通阀的负载流量方程。

由式(4-10)、式(4-14)、式(4-15)、式(4-16)、式(4-8)、式(4-9)可得供油流量

$$q_s = C_d W(U + x_v)\sqrt{\frac{1}{\rho}(p_s - p_L)} + C_d W(U - x_v)\sqrt{\frac{1}{\rho}(p_s + p_L)} \tag{4-29}$$

滑阀的阀芯可工作范围是 $U - x_{vmax} \leqslant x_v \leqslant x_{vmax} - U$,即 $\bar{U} - 1 \leqslant \bar{x}_v \leqslant 1 - \bar{U}$。下面探讨除了正开口段之外,阀芯工作范围四通阀负载流量方程。

2) 阀芯在 $\bar{U} - 1 \leqslant \bar{x}_v < -\bar{U}$ 范围内时,阀的流量公式

当 $\bar{U} - 1 \leqslant \bar{x}_v < -\bar{U}$ 时,阀口 2、4 关闭,该阀口没有工作液流过。阀口 1、3 打开,全部负载流量流经这两个阀口,则负载流量

$$\bar{q}_L = -(\bar{U} - \bar{x}_v)\sqrt{1 + \bar{p}_L} \tag{4-30}$$

3) 阀芯在 $\bar{U} < \bar{x}_v \leqslant 1 - \bar{U}$ 范围内时,阀的流量公式

当 $\bar{U} < \bar{x}_v < 1 - \bar{U}$ 时,阀口 1、3 关闭,该阀口没有工作液流过。阀口 2、4 打开,全部负载流量流经这两个阀口,则负载流量

$$\bar{q}_L = (\bar{U} + \bar{x}_v)\sqrt{1 - \bar{p}_L} \tag{4-31}$$

4) 阀芯在其全部运动行程内阀的流量公式

阀芯在其全部运动行程内,则 $\bar{U} - 1 < \bar{x}_v < 1 - \bar{U}$,即 $U - x_{vmax} < x_v < x_{vmax} - U$。

将式(4-28)、式(4-30)和式(4-31)综合在一起,得到全程流量公式(4-32)。

$$\bar{q}_{\mathrm{L}}=\begin{cases}(\bar{U}+\bar{x}_{\mathrm{v}})\sqrt{1-\bar{p}_{\mathrm{L}}}, & \bar{U}<\bar{x}_{\mathrm{v}}\leqslant 1-\bar{U}\\ (\bar{U}+\bar{x}_{\mathrm{v}})\sqrt{1-\bar{p}_{\mathrm{L}}}-(\bar{U}-\bar{x}_{\mathrm{v}})\sqrt{1+\bar{p}_{\mathrm{L}}}, & -\bar{U}\leqslant\bar{x}_{\mathrm{v}}\leqslant\bar{U}\\ -(\bar{U}-\bar{x}_{\mathrm{v}})\sqrt{1+\bar{p}_{\mathrm{L}}}, & \bar{U}-1\leqslant\bar{x}_{\mathrm{v}}<-\bar{U}\end{cases} \tag{4-32}$$

式(4-32)是理想四通滑阀的数学模型。它描述了各种阀芯直径、各种流量压力规格的零开口($\bar{U}=0$)和正开口($0<\bar{U}\leqslant 1$)四通滑阀的负载流量情况。

**2. 理想零开口四通滑阀的静态特性**

理想零开口四通滑阀没有预开口量,故令$\bar{U}=0$,式(4-32)可以简写为式(4-33),它就是理想滑阀的压力-流量方程,描述了理想零开口四通滑阀的静态特性。

$$\bar{q}_{\mathrm{L}}=\begin{cases}\bar{x}_{\mathrm{v}}\sqrt{1-\bar{p}_{\mathrm{L}}}, & 0\leqslant\bar{x}_{\mathrm{v}}\leqslant 1\\ \bar{x}_{\mathrm{v}}\sqrt{1+\bar{p}_{\mathrm{L}}}, & -1\leqslant\bar{x}_{\mathrm{v}}<0\end{cases} \tag{4-33}$$

理想零开口四通滑阀的静态特性可以采用曲线图方式加以形象地描述。通常描述四通滑阀静态特性的曲线图有三种,压力-流量曲线、流量特性曲线和压力特性曲线等。

1) 压力-流量曲线

滑阀的压力-流量曲线是指阀芯位移$\bar{x}_{\mathrm{v}}$一定时,负载流量$\bar{q}_{\mathrm{L}}$与负载压降$\bar{p}_{\mathrm{L}}$之间关系的图形描述。

在恒压源情况下,以阀口开度$\bar{x}_{\mathrm{v}}$为阀开口状态条件变量,选定一系列阀开口量,利用式(4-33)绘制在阀芯全部行程范围内压力-流量曲线如图4-11所示。

为了描述阀口开度很小时的负载压力与负载流量关系,图 4-11 中$\bar{x}_{\mathrm{v}}$分别取 0.06、0.03、0、−0.03、−0.06绘制了五条阀芯中位附近(阀小开口量)的曲线。

图 4-11 的中部放大图见图 4-12。它清楚地展示了阀芯中位附近(阀口开度较小时)负载流量随负载压力变化的趋势。从图中可以看出:阀口开度为零($\bar{x}_{\mathrm{v}}=0$)时,压力-流量曲线是一条水平线。阀口开度$|\bar{x}_{\mathrm{v}}|$越小,压力-流量曲线越趋近水平线。

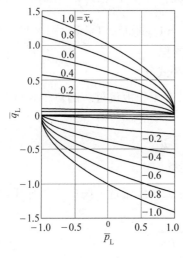

图 4-11　零开口四通滑阀的压力-流量曲线

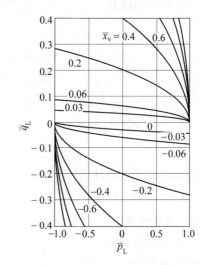

图 4-12　零开口四通滑阀的压力-流量曲线局部

　　上述规律说明：理想零开口四通滑阀在阀口开度较小时，负载压力对负载流量影响较小，理想零开口四通滑阀的液压刚度较大。

　　阀芯最大位移（$\bar{x}_v = \pm 1$）时的压力-流量曲线（见图 4-11 中最外侧曲线）描述了该阀能够控制负载的范围，可以表示该阀的工作能力和规格。其含义为：只有当负载所需要的负载压力和负载流量轨迹能够被该曲线所包围时，液压阀才能对这个负载进行控制。

　　其他阀口开度的压力-流量曲线描述了该阀在某一阀口开度时，该阀的负载压力与负载流量变化关系。

　　2）流量特性曲线

　　阀的流量特性是指负载压降等于常数时，负载流量与阀芯位移之间的关系，即 $q_L |_{p_L = \text{constant}} = f_q(x_v)$。这个函数关系的图形表示即为流量特性曲线。

　　负载压降 $p_L = 0$ 时的流量特性称为空载流量特性，相应的曲线为空载流量特性曲线。可以取 $\bar{p}_L = 0$，将其代入式（4-33），可得空载流量特性公式（4-34），据此可绘制空载流量特性曲线如图 4-13 所示。

$$\bar{q}_L = \bar{x}_v \tag{4-34}$$

　　3）压力特性曲线

　　阀的压力特性是指负载流量等于常数时，负载压降与阀芯位移之间的关系，即 $p_L |_{p_L = \text{constant}} = f_p(x_v)$。这个函数关系的图形表示即为压力特性曲线。

　　通常，压力特性是指负载流量化 $q_L = 0$ 时的压力特性。可以取 $\bar{q}_L = 0$，将其代入式（4-33），可得式（4-35），并可绘制压力特性曲线如图 4-14 所示。

$$\bar{p}_L = \begin{cases} 1, & 0 < \bar{x}_v \leqslant 1 \\ 0, & \bar{x}_v = 0 \\ -1, & -1 \leqslant \bar{x}_v < 0 \end{cases} \tag{4-35}$$

　　在上述三种曲线图中，压力-流量曲线族（见图 4-11）描述了负载压力、负载流量和控制阀芯位移三个参数的变化关系，它能够更全面描述阀的静态特性。利用压力-流量曲线族可以推知流量特性曲线和压力特性曲线。

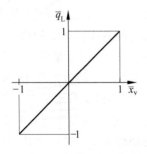

图 4-13　零开口四通滑阀流量特性曲线

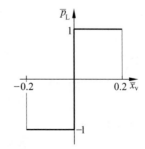

图 4-14　理想零开口四通滑阀压力特性曲线

　　例如，当将负载压力 $\bar{p}_L$ 选取为某一恒定值时，可以利用压力-流量曲线族绘制出该负载压力下流量特性曲线。若取 $\bar{p}_L = 0$，则得到空载流量特性曲线，如图 4-13 所示。

　　当将负载流量 $\bar{q}_L$ 选取为某一恒定值时，可以利用压力-流量曲线族绘制出该负载流量下压力特性曲线。

### 3. 实际零开口四通滑阀的静态特性

实际能够加工制造出来的滑阀称为实际滑阀。实际滑阀采用气动配磨或液压配磨,阀芯与阀套间隙 $1.4\sim3\mu m$,配合表面粗糙度小于 $0.1\mu m$,阀芯圆柱度优于 $0.25\mu m$,以使阀芯能在阀套内运动;实际阀口工作锐边无法实现绝对锐边,必然存在小圆角(通常不大于 $R\,0.5\mu m$),显微镜下新阀芯锐边如图 4-15 所示;轴向制造误差很难实现阀套与阀芯对应尺寸完全一致,即很难实现完全零重叠,往往阀口会有很小正重叠或负重叠。磨损后阀口锐边圆角更大,磨损后的阀芯锐边如图 4-16 所示。

图 4-15　新阀阀口

图 4-16　磨损后阀口

实际滑阀与理想滑阀有所不同,它们的主要结构区别是理想滑阀的阀芯与阀套之间无间隙;阀口锐边无圆角;理想滑阀无泄漏。而实际滑阀的阀芯与阀套之间有间隙;阀口锐边有圆角;实际滑阀有泄漏。

阀口锐边圆角、阀芯与阀套间隙等因素会产生阀口泄漏现象。滑阀泄漏流量与阀芯位移关系可以用泄漏流量曲线表示。

1) 泄漏流量曲线

滑阀的泄漏流量曲线(见图 4-17)可以通过实验测定。保持供油压力 $p_s$ 为一定值,改变阀芯位移 $x_v$,测出滑阀泄漏流量 $q_1$,即可绘制泄漏流量曲线。

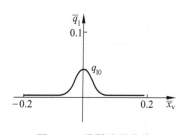

图 4-17　泄漏流量曲线

由泄漏流量曲线可以看出,阀芯在中位时的泄漏流量 $q_{10}$ 最大,随着阀芯位移增大,泄漏流量急剧下降至很小数值(几乎为零)。这是因为阀芯中位时阀的密封长度最短,随着阀芯位移回油密封长度增大,泄漏流量急剧减小。

尽管中位时的泄漏流量 $q_{10}$ 的数值很小,但是阀口开度很小或阀口关闭时,流过阀口负载流量应该很小或者几乎没有流量。相比较而言,这时阀口泄漏量对滑阀特性的影响凸显出来。因此与理想零开口滑阀相比,实际零开口滑阀具有不同特性。

当实际滑阀阀芯位移较大时,密封长度增加,泄漏量会减少,同时流过阀口的负载流量较大,与之相比,实际滑阀的泄漏可以忽略不计。这时,实际零开口滑阀特性与理想零开口滑阀特性相一致。

另外,泄漏流量曲线还可用来度量阀芯在中位时的液压功率损失大小。

2）压力特性曲线

可以用实验方法测定实际零开口四通滑阀压力特性曲线。方法是保持供油压力 $p_s$ 为一定值，改变阀芯位移 $x_v$，测出相应的负载压力 $p_L$，根据测得的结果可作出压力特性曲线，如图 4-18 所示。由图看出：原点附近，曲线斜率很大，阀芯只要有一个很小的位移 $x_v$，负载压力 $p_L$ 很快就上升到供油压力 $p_s$。

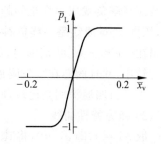

图 4-18　实际零开口四通滑阀
压力特性曲线

**4. 理想正开口四通滑阀的静态特性**

按照预开口量不同，理想正开口阀可分为两类：一类是小正开口阀，这类阀的预开口量较小，$0 < U \leqslant x_{v\max}$，只有阀芯位于中位附近时，第一类正开口滑阀在正开口状态（四个阀口同时工作）工作；另一类是全程正开口阀，这类阀的预开口量等于阀行程，$U = x_{v\max}$，即 $\overline{U} = 1$。也就是说在阀芯行程范围内，第二类正开口滑阀始终在正开口状态工作。

两类理想正开口四通滑阀的压力-流量方程都可以用式（4-32）描述，只是预开口量 $U$ 或 $\overline{U}$ 取值不同。

下面以小正开口阀为主，探讨理想正开口四通滑阀的静态特性。采用压力-流量曲线、流量特性曲线和压力特性曲线等可以形象地描述理想正开口四通滑阀的静态特性。

1）小正开口理想四通滑阀的压力-流量曲线

在小正开口条件下，故令 $0 < \overline{U} < 1$，以阀口开度为条件变量，利用式（4-32）绘制在阀芯全部行程范围内压力-流量曲线如图 4-19 所示（为了使曲线表达清晰，这里略夸大选取了阀口预开度 $\overline{U}$，取 $\overline{U} = 0.06$）。

将图 4-19 与图 4-11 对比，可以看出：在预开口范围外，理想正开口四通滑阀与理想零开口四通滑阀的压力-流量特性基本一致。

图 4-19 中部放大图如图 4-20 所示。它清楚地展示了阀芯中位附近（阀口开度较小时）

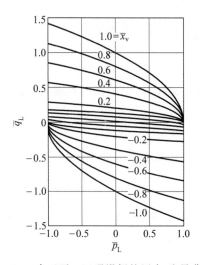

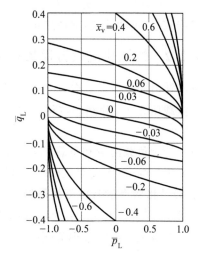

图 4-19　小正开口四通滑阀的压力-流量曲线　　　图 4-20　小正开口四通滑阀的压力-流量曲线局部

负载流量随负载压力变化的趋势。从图中可以看出：在滑阀预开口范围内（$-\overline{U}<\overline{x}_v<\overline{U}$）时,压力-流量曲线是一族负斜率曲线。这些曲线的线性度比零开口四通滑阀要好得多。这说明在$-\overline{U}<\overline{x}_v<\overline{U}$范围内,负载压力变化对负载流量影响较大,正开口四通滑阀的液压刚度较小,并且阀芯在零位附近,负载压力和负载流量有较好的线性关系。

正开口四通滑阀是比较理想的线性元件,这是四个桥臂高度对称的结果。

2）压力特性曲线

取$\overline{q}_L=0$,即$q_L=0$,将其代入式(4-32),绘制理想小正开口四通滑阀的压力特性曲线如图 4-21 所示。

3）流量特性曲线

取$\overline{p}_L=0$,即$p_L=0$,将其代入式(4-32),知$\overline{q}_L=\overline{x}_v$。绘制理想小正开口四通滑阀的空载流量特性曲线如图 4-22 所示。

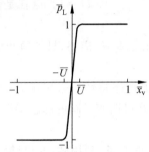
图 4-21　正开口四通滑阀压力特性曲线

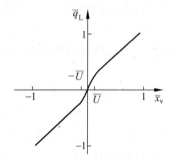
图 4-22　正开口四通滑阀流量特性曲线

4）全程正开口理想四通滑阀的压力-流量曲线

全程正开口理想四通滑阀的预开口量是阀的全部行程,即$\overline{U}=1$,则负载流量方程写作式(4-36)。它描述了四个阀口全部有工作液流过时的四通阀的负载流量方程。

$$\overline{q}_L=(1+\overline{x}_v)\sqrt{1-\overline{p}_L}-(1-\overline{x}_v)\sqrt{1+\overline{p}_L} \tag{4-36}$$

依据式(4-36)可以绘制理想正开口滑阀的压力-流量曲线如图 4-23 所示。

### 4.2.2　线性化流量方程及阀系数

由四通滑阀负载流量公式(4-22)可知：在恒压源供油时,控制滑阀的负载流量$q_L$可以描述为负载压力$p_L$和阀芯位移$x_v$的函数,见式(4-37)。

$$q_L=f(x_v,p_L) \tag{4-37}$$

由于滑阀负载流量和负载压力的关系是非线性的,不便于用线性系统理论进行液压控制系统分析与综合,因此对式(4-37)进行线性化。

**1. 线性化阀流量方程与阀系数**

假设在工作点$A(x_{vA},p_{LA},q_{LA})$处,$q_L(x_v,p_L)$对变元$x_v$和$p_L$的各阶偏导数均存在。则可在该工作点附近小范围内,将式(4-37)展开成泰勒级数。

$$q_L=q_{LA}+\frac{\partial q_L}{\partial x_v}\bigg|_A \Delta x_v+\frac{\partial q_L}{\partial p_L}\bigg|_A \Delta p_L+\cdots \tag{4-38}$$

忽略高阶无穷小,负载流量增量写作式(4-39)。

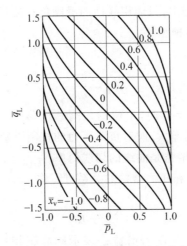

图 4-23 全程正开口四通滑阀的压力-流量曲线

$$\Delta q_L = q_L - q_{LA} = \frac{\partial q_L}{\partial x_v}\bigg|_A \Delta x_v + \frac{\partial q_L}{\partial p_L}\bigg|_A \Delta p_L \tag{4-39}$$

流量增益 $K_q$ 定义为式(4-40)。

$$K_q = \frac{\partial q_L}{\partial x_v} \tag{4-40}$$

流量增益表示负载压降一定时,阀芯单位输入位移所引起的负载流量变化的大小。流量增益越大,阀对负载流量的控制就越灵敏。

流量特性曲线上,流量增益是在工作点 $A$ 处的曲线切线斜率。

流量-压力系数 $K_c$ 为

$$K_c = -\frac{\partial q_L}{\partial p_L} \tag{4-41}$$

对任何结构型式的阀来说,$\partial q_L / \partial p_L$ 都是负的,为了使流量-压力系数 $K_c$ 总为正值,添加一个负号。

流量-压力系数表示阀开度一定时,负载压降变化所引起的负载流量变化大小。流量-压力系数越大,负载力变化引起的负载流量变化越大,即阀的刚度小。

在流量-压力曲线上,流量-压力系数 $K_c$ 是在工作点 $A$ 处的曲线切线斜率的绝对值。

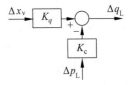

图 4-24 液压控制阀线性化模型

负载流量增量公式可以简洁写作见式(4-42),或用方块图表示为图 4-24。

$$\Delta q_L = K_q \Delta x_v - K_c \Delta p_L \tag{4-42}$$

式(4-42)就是线性化滑阀负载流量方程。

由于式(4-37)适用于所有液压控制阀,在方程线性化过程中,要求阀负载流量方程对于阀的控制量和负载压力的各阶偏导数都存在,满足这一条件简称为负载流量是可线性化的。

因此线性化滑阀负载流量方程(4-42)适用于负载流量可线性化的所有液压控制阀,它们可以是各种结构的。

在线性液压控制系统模型中,只能用线性的滑阀负载流量方程。因此,液压控制系统中常用式(4-42)作控制阀的数学模型。

压力增益定义为

$$K_p = \frac{\partial p_L}{\partial x_v} \tag{4-43}$$

通常,压力增益是指在 $q_L = 0$ 时,单位输入阀芯位移产生的负载压力变化量。压力增益也称作压力灵敏度。压力增益大,阀对负载压力的控制灵敏度高。

在压力特性曲线上,压力增益是曲线的切线斜率。

流量增益、流量-压力系数和压力增益的关系可写作

$$K_p = \frac{K_q}{K_c} \tag{4-44}$$

流量增益、流量-压力系数和压力增益是表示阀静态特性的重要参数,它们被称为阀系数。

### 2. 阀系数作用和零位阀系数

1) 阀系数作用

若流量增益数值较大,则在一定负载压降条件下,阀芯位移对负载流量的控制能力也较强,反之亦然。

在液压反馈控制系统中,流量增益是反馈控制系统开环增益的组成部分。阀流量增益增大,则系统开环增益亦成比例增大,因而流量增益对系统的稳定性、响应特性、稳态误差有直接影响。流量增益稳定是反馈控制系统性能稳定的条件。

液压控制系统设计希望阀的流量增益比较大和比较稳定,即阀有很好的控制能力,且控制能力比较稳定。

压力增益反映了负载压力对阀芯位移变化的敏感情况,表示液压阀控制大压力负载的能力。

在液压反馈控制系统中,压力增益不直接显现出来,它是通过流量-压力系数影响控制系统的。压力增益变大,则流量-压力系数变小。

流量-压力系数反映了负载压力变化对负载流量的影响程度,流量-压力系数值大,负载压降变化对负载流量有较大影响。

在液压反馈控制系统中,干扰力和力矩是通过流量-压力系数影响系统的。从减小干扰力和力矩是对控制系统影响考虑,希望阀的流量-压力系数比较小,控制系统容易有较高的刚度和精度。

同时,流量-压力系数也与液压控制系统的阻尼比关系密切,流量-压力系数减小,将会促进系统阻尼比减小。

从增大系统阻尼角度考虑,液压控制系统设计希望阀的流量-压力系数比较大。对于经常是欠阻尼系统的液压控制系统来说是十分必要的。

2) 零位阀系数

阀系数的数值可能因阀的工作点不同而不同。由于反馈控制的滑阀经常工作在零位(即 $x_v = 0, p_L = 0, q_L = 0$)附近,零位附近的滑阀特性对反馈控制系统更为重要。在零位为工作点的阀系数称为零位阀系数,分别以 $K_{q0}, K_{p0}, K_{c0}$ 表示。

零位是压力-流量曲线、压力特性曲线和空载流量特性曲线的原点。在这些曲线图上，零位阀系数是相关曲线在原点处斜率。

对于矩形阀口伺服阀而言，零位流量增益最大，因而系统的开环增益也最高；但阀的流量-压力系数最小，所以系统的阻尼比也最低。因此压力-流量特性的原点对系统稳定性来说是稳定性最差的点。一个系统在零位工作点能稳定工作，则在其他的工作点也能稳定工作。故通常在进行系统分析时是以原点处的静态放大系数作为阀的性能参数。

**3. 理想零开口四通滑阀的零位阀系数**

理想零开口四通滑阀 $U=0$。

在零位(即 $x_v=0$, $p_L=0$, $q_L=0$)对式(4-22)求导，可知理想零开口四通滑阀的零位阀系数见式(4-45)、式(4-46)和式(4-47)。

$$K_{q0} = C_d W \sqrt{\frac{p_s}{\rho}} \tag{4-45}$$

$$K_{c0} = 0 \tag{4-46}$$

$$K_{p0} = +\infty \tag{4-47}$$

**4. 实际零开口四通滑阀的零位阀系数**

中位泄漏流量曲线除可用来判断阀的加工配合质量外，还可用来确定阀的零位流量-压力系数。由式(4-22)和式(4-29)可得式(4-48)。

$$\frac{\partial q_s}{\partial p_s} = -\frac{\partial q_L}{\partial p_L} = K_c \tag{4-48}$$

这个结果对任何一个匹配和对称的阀都是适用的。在切断负载时，泄漏流量 $q_1$ 就是供油流量 $q_s$，因为中位泄漏流量曲线是在($x_v=0$, $p_L=0$, $q_L=0$)的情况下测出的，由式(4-48)可知，在特定供油压力下的中位泄漏流量曲线的切线斜率就是阀在该供油压力下的零位流量-压力系数。

上面介绍了用实验方法来测定阀的零位压力增益和零位流量-压力系数。下面利用式(4-48)的关系给出实际零开口四通滑阀 $K_{c0}$ 和 $K_{p0}$ 的近似计算公式。

层流状态下，液体通过锐边小缝隙的流量公式可写为式(4-49)。

$$q = \frac{\pi r_c^2 W}{32\mu} \Delta p \tag{4-49}$$

式中，$r_c$ 为阀芯与阀套间的径向间隙，m；$\mu$ 为工作液的动力黏度，Pa·s；$\Delta p$ 为节流口两边的压力差，Pa。

阀的零位泄漏流量为两个窗口(见图 4-9 中的 3、4 两个窗口)泄漏流量之和。零位时每个窗口的压降为 $p_s/2$，泄漏流量为 $q_c/2$。在层流状态下，零位泄漏流量可写为式(4-50)。

$$q_c = q_s = \frac{\pi r_c^2 W}{32\mu} p_s \tag{4-50}$$

由式(4-48)和式(4-50)可求得实际零开口四通滑阀的零位流量-压力系数，见式(4-51)。

$$K_{c0} = \frac{q_c}{p_s} = \frac{\pi r_c^2 W}{32\mu} \tag{4-51}$$

实际零开口四通滑阀的零位压力增益可由式(4-45)和式(4-51)求得式(4-52)。

$$K_{p0} = \frac{K_{q0}}{K_{c0}} = \frac{32\mu C_d \sqrt{p_s/\rho}}{\pi r_c^2} \tag{4-52}$$

式(4-52)表明,实际零开口阀的零位压力增益主要取决于阀的径向间隙值,而与阀的面积梯度无关。

由于阀芯与阀套的径向间隙很小,实际零开口四通滑阀的零位压力增益可以达到很大的数值。

式(4-51)和式(4-52)只是近似的计算公式,但试验研究证明,由此得到的计算值与实验测试值是比较吻合的。

**5. 正开口四通滑阀的零位阀系数**

理想正开口阀,$0 < U$。

在零位($x_v = 0, p_L = 0, q_L = 0$)对式(4-22)微分,即可求得正开口四通滑阀的零位系数,见式(4-53)、式(4-54)和式(4-55)。

$$K_{q0} = 2C_d W \sqrt{\frac{p_s}{\rho}} \tag{4-53}$$

$$K_{c0} = \frac{C_d W U}{\sqrt{p_s \rho}} \tag{4-54}$$

$$K_{p0} = \frac{2p_s}{U} \tag{4-55}$$

将式(4-53)与式(4-45)对比可知:正开口四通滑阀的零位流量增益值是理想零开口四通滑阀的两倍,这是因为负载流量同时受两个节流窗口的控制,而且它们是差动变化的。

## 4.2.3　滑阀的作用力

在液压滑阀控制过程中,为了实现液压滑阀的控制功能,需要在阀芯上施加主动力克服各种阻力,移动阀芯至某一位置;或保持阀芯上处于某一位置,不因干扰力而出现位置变化。

阀芯上的作用力可分为两类,一类是主动力,通常是电磁力、机械力、人力、气动力等;另一类是阻力或干扰力,阀芯受到阻力主要包括六类力,它们是惯性力、黏性摩擦力、液压卡紧力、稳态液动力、瞬态液动力、弹簧力。

惯性力是与阀芯质量有关的力,阀芯速度变化则产生惯性力。减小惯性力的措施是减小阀芯质量。

黏性摩擦力是因工作液黏度而产生的摩擦力。在理想情况下,黏性摩擦力与阀芯速度成正比,比例系数为黏性摩擦系数,黏性摩擦系数与工作液黏度、阀芯与阀套间隙、阀芯直径、阀芯凸肩总长度有关。减小黏性摩擦力的措施是控制工作液黏度和阀芯与阀套间隙,减少阀芯直径和阀芯凸肩总长度。

液压卡紧力是由于阀芯受到侧向液压,而造成阀芯卡滞阻力。通常可以在阀芯凸肩上开3~5个均压槽,减少液压侧向力,有效减少液压卡紧力。

稳态液动力是当阀口不变,阀腔内液流平稳时,液流流过阀口改变流速和方向,致使进出阀腔的液体动量改变,在阀芯上产生的作用力。减小稳态液动力的方法有径向小孔法、回流凸肩阀、负力窗口法、压降法等。

瞬态液动力是阀口改变时,阀腔内液体液流波动,液流惯性力作用在阀芯上产生的作用力。瞬态液动力方向与阀腔内液体加速方向相反。瞬态液动力有可能产生正阻尼,也有可能产生负阻尼。通常,在进行液压控制阀结构设计时,通过阀芯与阀套结构设计,使阀芯上作用的瞬态液动力的合力产生正阻尼特性。

弹簧力是若控制滑阀中设有弹簧对中定位(或复位),阀芯移动时受到定位弹簧作用力。定位弹簧的作用力也是阀芯移动的一种干扰力。合理设计定位弹簧刚度、预压缩量和阀芯行程,将弹簧力控制在一定范围内。

上述六种干扰力中,稳态液动力数值较大,是阀芯位置控制的主要干扰力。

在液压控制系统中,滑阀常用作功率级放大元件。在两级电液伺服阀中,滑阀阀芯被第一级液压放大器驱动。直径 5mm 阀芯的驱动力大于 270N,直径 8mm 阀芯的驱动力大于 700N。在三级电液伺服阀中,第三级功率滑阀被两级流量电液伺服阀驱动。通常,电液伺服阀中,功率控制阀的滑阀阀芯上作用的驱动力非常大,远远大于各种干扰力之和。

若电液伺服阀的第一级液压放大器采用了圆柱滑阀,通常采用较小直径、轴肩总长度较小的滑阀结构,减少阀芯与阀套接触面积,高质量加工的阀芯与阀套,控制阀芯与阀套的间隙,以便减小阀芯上作用的阻力或干扰力。

在直驱阀中,滑阀阀芯被大功率线性马达驱动。尽管如此,相比较而言,直驱阀线性位移力马达驱动能力是较弱的。通常直驱阀的阀套与阀芯结构设计更注重滑阀液动力的抵消或平衡。

在机液伺服系统中,驱动阀芯运动的机械力可以非常大,在任何情况下都能够有效地驱动阀芯运动。

综上所述,相比较而言,作用滑阀阀芯上的驱动力会很大,远远超过阀芯上作用的各种干扰力之和。

后续液压控制内容学习可以知道:在阀芯位置闭环控制系统中,各种阻力都是干扰力,驱动力必须远大于干扰力,干扰力太大将危害阀芯位置控制精度。

关于滑阀阀芯上各种力计算,可参阅相关文献,如液压设计手册。

### 4.2.4　阀控系统的功率及效率

四通滑阀控系统是具代表性的阀控液压系统。四通滑阀经常在阀控系统中被用作功率级控制元件。下面讲述四通滑阀控制系统内的功率分配和系统效率。

液压系统的能量损失发生在液压系统的各处,它们以沿程压力损失和局部压力损失的存在。这里主要探讨在控制阀作用下功率分配与流向,因而可以忽略管路、滤清器等沿程压力瞬时和局部损失,以及执行元件效率带来的能量损失。忽略滤清器等液压辅件的液压系统如图 4-25 所示。

在阀控液压反馈系统中,控制阀利用阀口节流作用对流量和压力进行调节,实现控制作用。阀口节流控制作用的机理是通过改变阀口通流截面积改变阀口液阻,从而改变系统内工作液的流动情况,实现控制作用与效果。

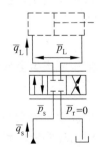

图 4-25　阀控液压系统
原理简图

为了使问题探讨具有普遍性,用归一化参数探讨。用 $\bar{p}_s$ 表示归一化液压源压力(供油压力)。泵控系统常用恒压源,则 $\bar{p}_s$ 按式(4-56)定义。

$$\bar{p}_s = 1 \tag{4-56}$$

液压源流量用归一化参数 $\bar{q}_s$ 表示,则 $\bar{q}_s$ 取值范围为 $0\sim1$, $\bar{q}_s$ 依据液压源类型不同而不同。

探讨控制阀的驱动能力,假设阀口全开,阀芯处于最大位移 $x_{vmax}$,控制阀的压力-流量特性用式(4-57)表示。

$$q_L = C_d W x_{vmax} \sqrt{\frac{1}{\rho}(p_s - p_L)} \tag{4-57}$$

式中,$q_L$ 为负载流量;$p_L$ 为负载压力;$C_d$ 为阀口系数;$W$ 为面积梯度。

从式(4-57)看出:阀口全开情况下,当负载压力 $p_L = 0$ 时,负载流量取得最大值 $q_{Lmax}$,见式(4-58)。

$$q_{Lmax} = C_d W x_{vmax} \sqrt{\frac{1}{\rho}(p_s)} \tag{4-58}$$

用 $\bar{p}_L$ 表示归一化负载压力,按式(4-59)计算。

$$\bar{p}_L = \frac{p_L}{p_s} \tag{4-59}$$

用 $\bar{q}_L$ 表示归一化负载流量,按式(4-60)计算。

$$\bar{q}_L = \frac{q_L}{q_{Lmax}} = \sqrt{1 - \bar{p}_L} \tag{4-60}$$

控制阀压降 $\bar{p}_{sv}$ 为式(4-61),这是实现控制作用的必要条件。

$$\bar{p}_{sv} = \bar{p}_s - \bar{p}_L = 1 - \bar{p}_L \tag{4-61}$$

当控制阀最大开度时,阀控系统负载功率 $\bar{E}_L$ 见式(4-62)。

$$\bar{E}_L = \bar{p}_L \bar{q}_L = \bar{p}_L \sqrt{1 - \bar{p}_L} \tag{4-62}$$

控制阀消耗功率(归一化)$\bar{E}_{sv}$ 见式(4-63)。

$$\bar{E}_{sv} = \bar{p}_{sv} \bar{q}_L = (1 - \bar{p}_L)\sqrt{1 - \bar{p}_L} = \sqrt{1 - \bar{p}_L} - \bar{p}_L \sqrt{1 - \bar{p}_L} \tag{4-63}$$

1) 恒压定量泵液压源情况

若液压阀控系统采用恒压定量液压源供油,归一化液压源流量 $\bar{q}_s$ 按式(4-64)定义。也就是液压源流量按控制阀可实现的最大负载流量确定,即 $q_s = q_{Lmax}$,而且液压源流量保持不变。

$$\bar{q}_s = 1 \tag{4-64}$$

液压源产生全部液压能功率 $\bar{E}_s$ 见式(4-65)。

$$\bar{E}_s = \bar{p}_s \bar{q}_s = 1 \tag{4-65}$$

全部液压能功率除去伺服阀消耗功率 $\bar{E}_{sv}$,再除去负载消耗功率 $\bar{E}_L$,剩余的是液压源溢流阀消耗能量功率式(4-66)。

$$\bar{E}_{rv} = \bar{E}_s - \bar{E}_{sv} - \bar{E}_L = 1 - \bar{E}_{sv} - \bar{E}_L \tag{4-66}$$

液压阀控系统采用恒压定量泵液压源供油时,阀控液压系统各个部分消耗功率情况如

图 4-26 所示。负载压力 $\bar{p}_L = 2/3$ 处,控制系统负载消耗功率 $\bar{E}_L$ 最高。为了使液压控制系统具备较高的控制能力(控制功率),经常按照式(4-67)和式(4-68)确定最大负载压力 $p_{Lmax}$ 和公称控制阀压降 $p_{svn}$。

$$\bar{p}_{Lmax} = \frac{2}{3}p_s \tag{4-67}$$

$$\bar{p}_{svn} = \frac{1}{3}p_s \tag{4-68}$$

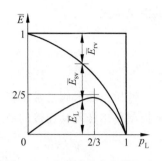

图 4-26　负载功率与负载压力
关系(恒压定量)

采用恒压定量泵液压源供油,且液压源流量按控制阀可实现的最大负载流量确定时,阀控系统效率按式(4-69)计算。

$$\eta = \frac{\bar{E}_L}{\bar{E}_s} \times 100\% = \bar{E}_L \times 100\% = \bar{p}_L\sqrt{1-\bar{p}_L} \times 100\% \tag{4-69}$$

那么,最大控制功率点处,$\bar{p}_L = 2/3$。将其代入式(4-69),计算系统最大效率为

$$\eta_{max} = \eta\big|_{\bar{p}_L=2/3} = \bar{p}_L\sqrt{1-\bar{p}_L} \times 100\%\big|_{\bar{p}_L=2/3} = 38.5\% \tag{4-70}$$

2) 恒压变量泵液压源情况

若阀控系统采用恒压变量泵液压源供油,液压源流量随负载流量变化,即 $q_s = q_L$,则按式(4-71)定义 $\bar{q}_s$。

$$\bar{q}_s = \bar{q}_L \tag{4-71}$$

液压源产生全部液压能功率 $\bar{E}_s$ 见式(4-72)。

$$\bar{E}_s = \bar{p}_s\bar{q}_L = \bar{p}_s\sqrt{1-\bar{p}_L} = \sqrt{1-\bar{p}_L} \tag{4-72}$$

阀控系统采用恒压变量泵液压源时,阀控液压系统各个部分消耗功率情况如图 4-27 所示。采用恒压变量泵液压源时,阀控系统效率按式(4-73)计算。

$$\eta = \frac{\bar{E}_L}{\bar{E}_s} \times 100\% = \frac{\bar{p}_L\sqrt{1-\bar{p}_L}}{\sqrt{1-\bar{p}_L}} = \bar{p}_L \times 100\% \tag{4-73}$$

那么,在最大控制功率点处($\bar{p}_L = 2/3$ 时),采用恒压变量泵液压源的阀控系统获得最大功率输出效率为

$$\eta_{max} = \eta\big|_{\bar{p}_L=2/3} = \bar{p}_L \times 100\%\big|_{\bar{p}_L=2/3} = 66.7\% \tag{4-74}$$

通过上述阀控系统功率分配和系统效率分析,可以看出系统效率普遍偏低。为了保障液压控制阀正常工作,阀压降必须保证足够大,则系统供油压力不能降低。若系统流量能够依据负载实际最大流量需求有所降低,则可以一定程度提高系统效率。

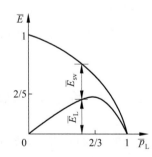

图 4-27　负载功率与负载压力
关系(恒压变量)

一般来说,与动力传动系统相比,控制系统的动态响应速度较高,能量损失较大,效率较低。主要原因是由于控制系统的动态性能指标要求较高,远高于普通动力传动系统的动态响应速度。很高的动态性能要求,提高了控制系统的功率储备,造成其功率利用情况较差。

阀控方式属于节流控制。节流控制的优点是响应快;节流控制的副作用就是产生较多

的能量损失。

## 4.3   三 通 滑 阀

液压三通滑阀是常用在机液伺服系统中的控制阀,三通滑阀通常有两个控制阀口,常用来控制单出杆差动连接的液压缸,如图 4-28 所示。

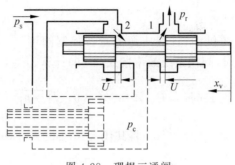

图 4-28   理想三通阀

液压三通滑阀用于反馈控制,其原理是节流控制。

优点:结构简单,只有两个控制阀口,配合尺寸少,制造容易;阀口油路窗口是矩形时,流量增益线性好。

缺点:只有两个控制阀口,控制能力较弱。

### 4.3.1   三通滑阀的静态特性

为了使活塞在两个方向上具有相同的控制特性、相同的速度及加速度,通常按如下原则开展设计,令工作点处控制压力满足式(4-75)。

$$p_c = p_s/2 \tag{4-75}$$

**1. 压力-流量方程表达式**

为了推导三通滑阀的压力-流量方程,建立理想三通滑阀的一般模型,这个模型适用于零开口阀(可令预开口量 $U=0$)和正开口阀($0<U\leqslant x_{max}$ 时,$x_{max}$ 是相对于零位的最大阀芯行程)。

为了简化分析,作如下假设:

(1)液压能源是理想的恒压源,供油压力 $p_s$ 为常数。另外,假设回油压力 $p_r$ 为零,如果回油压力不为零可把 $p_s$ 看成是供油压力与回油压力之差。

(2)忽略管道和阀腔内的压力损失。因为管道和阀腔内的压力损失与阀口处的节流损失相比很小,所以可以忽略不计。

(3)工作液是不可压缩的。因为考虑的是稳态情况,工作液密度变化量很小,可以忽略不计。

(4)各节流阀口流量系数相等,即 $C_{d1}=C_{d2}=C_d$。

(5)各阀口的油路窗口是矩形的,滑阀结构上阀口是匹配与对称的。

阀芯位移在 $-U\leqslant x_v\leqslant U$ 范围内,三通滑阀内部各处流量和压力关系可以等效为如

图 4-29 所示的液压桥路。三通阀的两个可变节流的阀口等效为两个可变的液阻,依据三通滑阀结构连接两个液阻,构成一个两臂半桥。

令 $q_i(i=1,2)$ 表示通过液阻(也即阀口)的流量;$p_i(i=1,2)$ 表示通过液阻的产生压降;$q_L$ 表示负载流量;$p_L$ 表示负载压降,$q_s$ 为供油流量。

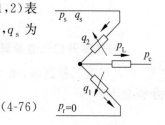

阀口 1 的流量方程写为式(4-76)。

$$q_1 = C_d W(U - x_v) \sqrt{\frac{2p_c}{\rho}} \qquad (4\text{-}76)$$

图 4-29　带差动缸理想
三通阀桥路

阀口 2 的流量方程写为式(4-77)。

$$q_2 = C_d W(U + x_v) \sqrt{\frac{2(p_s - p_c)}{\rho}} \qquad (4\text{-}77)$$

当阀芯位移为 $-U \leqslant x_v \leqslant U$ 时,负载流量方程写为式(4-78)。

$$q_L = q_2 - q_1 = C_d W(U + x_v) \sqrt{\frac{2(p_s - p_c)}{\rho}} - C_d W(U - x_v) \sqrt{\frac{2p_c}{\rho}} \qquad (4\text{-}78)$$

将上式除以 $C_d W x_{v\max} \sqrt{2p_s/\rho}$,归一化处理得式(4-79)。

$$\frac{q_L}{C_d W x_{v\max} \sqrt{2p_s/\rho}} = \left(\frac{U + x_v}{x_{v\max}}\right) \sqrt{1 - \frac{p_c}{p_s}} - \left(\frac{U - x_v}{x_{v\max}}\right) \sqrt{1 + \frac{p_c}{p_s}} \qquad (4\text{-}79)$$

令 $\bar{q}_L$ 表示归一化的负载流量,则

$$\bar{q}_L = \frac{q_L}{C_d W x_{v\max} \sqrt{2p_s/\rho}} \qquad (4\text{-}80)$$

令 $\bar{p}_c$ 表示归一化的控制压力,则

$$\bar{p}_c = p_c/p_s \qquad (4\text{-}81)$$

令 $\bar{x}_v$ 表示归一化的阀芯位移,则

$$\bar{x}_v = x_v/x_{v\max} \qquad (4\text{-}82)$$

令 $\bar{U}$ 表示归一化的预开口量,则

$$\bar{U} = U/x_{v\max} \qquad (4\text{-}83)$$

式(4-79)可以写作式(4-84)。

$$\bar{q}_L = (\bar{U} + \bar{x}_v) \sqrt{1 - \bar{p}_c} - (\bar{U} - \bar{x}_v) \sqrt{\bar{p}_c} \qquad (4\text{-}84)$$

当阀芯位移为 $\bar{U} < \bar{x}_v \leqslant 1 - \bar{U}$,阀口 1 关闭,仅阀口 2 工作,负载流量方程写为式(4-85)。

$$\bar{q}_L = (\bar{U} + \bar{x}_v) \sqrt{1 - \bar{p}_c} \qquad (4\text{-}85)$$

当阀芯位移为 $\bar{U} - 1 \leqslant x_v < -\bar{U}$,阀口 2 关闭,仅阀口 1 工作,负载流量方程写为式(4-86)。

$$\bar{q}_L = -(\bar{U} - \bar{x}_v) \sqrt{\bar{p}_c} \qquad (4\text{-}86)$$

在 $U - x_{v\max} \leqslant x_v \leqslant x_{v\max} - U$ 即 $\bar{U} - 1 \leqslant \bar{x}_v \leqslant 1 - \bar{U}$ 时,归一化负载流量一般方程。

$$\bar{q}_{L}=\begin{cases}(\bar{U}+\bar{x}_{v})\sqrt{1-\bar{p}_{c}}, & \bar{U}<\bar{x}_{v}\leqslant 1-\bar{U}\\(\bar{U}+\bar{x}_{v})\sqrt{1-\bar{p}_{c}}-(\bar{U}-\bar{x}_{v})\sqrt{\bar{p}_{c}}, & -\bar{U}\leqslant\bar{x}_{v}\leqslant\bar{U}\\-(\bar{U}-\bar{x}_{v})\sqrt{\bar{p}_{c}}, & \bar{U}-1\leqslant\bar{x}_{v}<-\bar{U}\end{cases} \qquad (4\text{-}87)$$

**2. 理想零开口三通滑阀的静态特性**

零开口液压控制阀,则令 $\bar{U}=0$,式(4-87)可以化简为式(4-88),这就是理想滑阀的压力-流量方程。

$$\bar{q}_{L}=\begin{cases}\bar{x}_{v}\sqrt{1-\bar{p}_{c}}, & 0\leqslant\bar{x}_{v}\leqslant 1\\\bar{x}_{v}\sqrt{\bar{p}_{c}}, & -1\leqslant\bar{x}_{v}<0\end{cases} \qquad (4\text{-}88)$$

以阀口开度为条件变量,利用式(4-88)绘制压力-流量曲线如图 4-30 所示。

为了描述阀口开度很小时的负载压力与负载流量关系,图 4-30 中 $\bar{x}_{v}$ 分别取 0.06,0.03,0,−0.03,−0.06 绘制了五条阀芯中位附近(阀小开口量)的曲线。

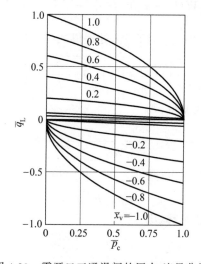

图 4-30　零开口三通滑阀的压力-流量曲线

**3. 理想正开口三通滑阀的静态特性**

按照预开口量不同,理想正开口三通阀可分为两类:第一类是小正开口阀,这类阀的预开口量较小,$0<U\leqslant x_{v\max}$,只有阀芯位于中位附近时,第一类正开口滑阀在正开口状态(两个阀口同时工作)工作;第二类是全程正开口阀,这类阀的预开口量等于阀行程,$U=x_{v\max}$,即 $\bar{U}=1$。也就是说在阀芯行程范围内,第二类正开口滑阀始终在正开口状态工作。

两类理想正开口三通滑阀的压力-流量方程都可以用式(4-87)描述。只是预开口量 $U$ 或 $\bar{U}$ 取值不同。同样,采用压力-流量曲线、流量特性曲线和压力特性曲线等可以形象地描述理想正开口三通滑阀的静态特性。

1) 小正开口理想三通滑阀的压力-流量曲线

小正开口理想三通滑阀,故令 $0<\bar{U}<1$,式(4-87)就是理想小正开口三通滑阀的负载流量方程。

　　以阀口开度为条件变量,利用式(4-87)绘制压力-流量曲线如图 4-31 所示(为了使曲线表达清晰,这里略夸大选取了阀口预开度 $\overline{U}$,取 $\overline{U}=0.06$)。

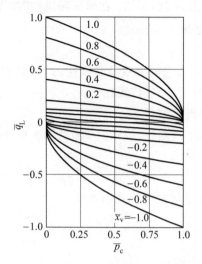

图 4-31　小正开口三通滑阀的压力-流量曲线

　　为了描述阀口开度很小时的负载压力与负载流量关系,图 4-31 中 $\overline{x}_{\mathrm{v}}$ 分别取 0.06, 0.03, 0, −0.03, −0.06 绘制了五条阀芯中位附近(阀小开口量)的曲线。

　　2) 全程正开口理想三通滑阀的压力-流量曲线

　　全程正开口理想四通滑阀的预开口量是阀的全部行程,即 $\overline{U}=1$,代入式(4-84)得到式(4-89),它就是理想全程正开口三通滑阀的负载流量方程。它描述了两个阀口全部有工作液流过时的四通阀的负载流量方程。

$$\overline{q}_{\mathrm{L}}=(1+\overline{x}_{\mathrm{v}})\sqrt{1-\overline{p}_{\mathrm{c}}}-(1-\overline{x}_{\mathrm{v}})\sqrt{\overline{p}_{\mathrm{c}}} \tag{4-89}$$

　　以阀口开度为条件变量,利用式(4-89)绘制压力-流量曲线如图 4-32 所示。

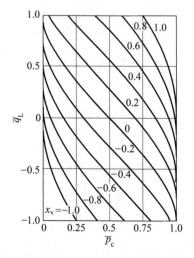

图 4-32　全程正开口三通滑阀的压力-流量曲线

### 4.3.2 线性化流量方程及阀系数

由三通滑阀负载流量公式(4-78)可知：在恒压源供油时，控制滑阀的负载流量 $q_L$ 可以描述为控制压力 $p_c$ 和阀芯位移 $x_v$ 的函数，见式(4-90)。

$$q_L = f(x_v, p_c) \tag{4-90}$$

由于滑阀负载流量和控制压力的关系是非线性的，不便于用线性系统理论进行液压控制系统分析与综合，因此对式(4-90)进行线性化。

**1. 线性化阀流量方程与阀系数**

在工作点 $N(x_{vN}, p_{cN}, q_{LN})$ 附近，将式(4-90)展开成泰勒级数。

$$q_L = q_{LN} + \frac{\partial q_L}{\partial x_v}\bigg|_N \Delta x_v + \frac{\partial q_L}{\partial p_c}\bigg|_N \Delta p_c + \cdots \tag{4-91}$$

忽略高阶无穷小，负载流量增量写作式(4-92)。

$$\Delta q_L = q_L - q_{L_N} = \frac{\partial q_L}{\partial x_v}\bigg|_N \Delta x_v + \frac{\partial q_L}{\partial p_c}\bigg|_N \Delta p_c \tag{4-92}$$

流量增益 $K_q$ 定义为式(4-93)。

$$K_q = \frac{\partial q_L}{\partial x_v} \tag{4-93}$$

流量-压力系数 $K_c$ 定义为式(4-94)。流量-压力系数 $K_c$ 总为正值。

$$K_c = -\frac{\partial q_L}{\partial p_c} \tag{4-94}$$

负载流量增量可以简洁写作式(4-95)，或用方块图表示为图 4-33。

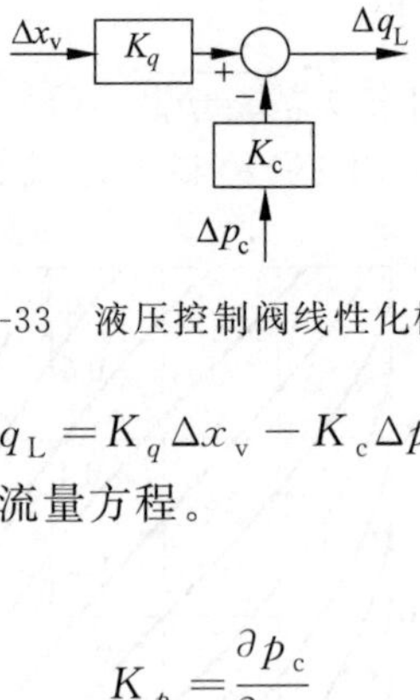

图 4-33 液压控制阀线性化模型

$$\Delta q_L = K_q \Delta x_v - K_c \Delta p_c \tag{4-95}$$

式(4-95)就是线性化滑阀负载流量方程。

压力增益定义为式(4-96)。

$$K_p = \frac{\partial p_c}{\partial x_v} \tag{4-96}$$

流量增益、流量-压力系数和压力增益的关系可写作式(4-97)。

$$K_p = \frac{K_q}{K_c} \tag{4-97}$$

阀系数的数值可能因阀的工作点不同而不同。用于反馈控制的滑阀经常工作在零位（即 $x_v = 0, p_c = p_s/2, q_L = 0$）附近，零位附近的滑阀特性对反馈控制系统更为重要。零位是压力-流量曲线、压力特性曲线和空载流量特性曲线的原点。

在零位为工作点的阀系数称为零位阀系数，分别以 $K_{q0}, K_{p0}, K_{c0}$ 表示。

**2. 理想零开口三通阀的阀系数**

理想零开口阀,$U=0$。

在零位 $N(x_v=0,p_c=p_s/2,q_L=0)$ 处,按照定义使用式(4-78)求流量增益系数见式(4-98)。

$$K_{q0}=\frac{\partial q_L}{\partial x_v}\bigg|_N=C_dW\sqrt{\frac{p_s}{\rho}} \tag{4-98}$$

类似,使用式(4-78)求零位压力灵敏度系数见式(4-99)。

$$K_{p0}=\frac{\partial p_c}{\partial x_v}\bigg|_N=\infty \tag{4-99}$$

则,零位流量-压力系数可写为式(4-100)。

$$K_{c0}=\frac{K_{q0}}{K_{p0}}=0 \tag{4-100}$$

**3. 实际零开口三通阀的阀系数**

实际零开口三通阀的零位流量增益系数与式(4-98)相同。

零位流量-压力系数为 $K_{c0}>0$,则零位压力灵敏度系数 $K_{p0}=K_{q0}/K_{c0}$。

**4. 正开口三通阀的阀系数**

理想正开口阀,$0<U$。

在零位 $N(x_v=0,p_c=p_s/2,q_L=0)$ 处,按照流量增益系数定义对式(4-78)微分,求得流量增益系数式(4-101)。

$$K_{q0}=\frac{\partial q_L}{\partial x_v}\bigg|_N=2C_dW\sqrt{\frac{p_s}{\rho}} \tag{4-101}$$

类似地,零位压力灵敏度系数见式(4-102)。

$$K_{p0}=\frac{\partial p_c}{\partial x_v}\bigg|_N=\frac{p_s}{U} \tag{4-102}$$

则,零位流量-压力系数可写为式(4-103)。

$$K_{c0}=\frac{K_{q0}}{K_{p0}}=\frac{2C_dWU}{\sqrt{\rho p_s}} \tag{4-103}$$

## 4.4 三通滑阀与节流孔组合

在滑阀用作一级控制阀的电液伺服阀中,经常采用两凸肩三通滑阀与两个固定节流孔配合控制二级滑阀阀芯位置。三通滑阀与节流孔构成一个组合,具备四通液压控制阀功能。

三通滑阀与节流孔组合用于反馈控制,其原理是节流控制。

优点:能够成全桥结构,可以控制液压执行元件双向运动;只有两个控制阀口,配合尺寸少,制造工艺性好;阀口油路窗口是矩形时,流量增益线性好。

缺点:只有两个控制阀口,控制能力较弱;运动质量大;正开口阀,负载刚度低;结构摩擦力大,阀芯运动阻力大。

### 4.4.1 工作原理及设计方案

1）工作原理

三通滑阀具有两个控制阀口,连接有对称液压缸的三通滑阀与节流孔组合如图 4-34 所示,通过液压油路设计,可将三通滑阀与两个固定节流孔组合成液压网络,构成一个全桥,如图 4-35 所示。三通滑阀与节流孔组合的功能相当于四通阀,但不是完整的全桥,只有两个阀口可控。与完整全桥相比,图 4-35 桥路的控制能力减半,即三通阀与节流孔组合的控制能力只有四通阀的一半。

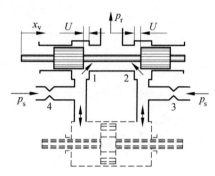

图 4-34 三通滑阀与节流孔组合

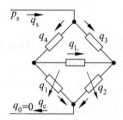

图 4-35 三通滑阀与节流孔组合的桥路

2）设计方案

依据四通滑阀分析经验,三通滑阀与节流孔组合的阀口与固定节流孔不是随意组合的。需进行如下设计规划:固定节流孔 3 与固定节流孔 4 一致,即 $C_{d3}=C_{d4}=C_{d0}$。三通滑阀须是正开口滑阀,且阀口流量系数相等,即 $C_{d1}=C_{d2}=C_d$。三通滑阀中位时,三通滑阀与节流孔构成的组合相当于正开口四通滑阀中位状态,即要求三通滑阀两个阀口与两个固定节流孔相对应匹配,满足式(4-104)。

$$C_{d1}A_{v10}=C_{d2}A_{v20}=C_{d3}A_{03}=C_{d4}A_{04}=C_dWU \tag{4-104}$$

式中,$C_{d1}$ 为阀口 1 阀口系数;$C_{d2}$ 为阀口 2 阀口系数;$C_{d3}$ 为固定节流孔 3 阀口系数;$C_{d4}$ 为固定节流孔 4 阀口系数;$A_{v10}$ 为阀口 1 中位状态通流面积;$A_{v20}$ 为阀口 2 中位状态通流面积;$A_{03}$ 为固定节流孔 3 通流面积;$A_{04}$ 为固定节流孔 4 通流面积。

如上设计三通阀与节流孔的组合,以使图 4-35 液压桥能够较高效率地发挥控制作用。以使阀芯中位状态时,液压缸各腔压力符合式(4-105)。

$$p_{10}=p_{20}=p_s/2 \tag{4-105}$$

式中,$p_{10}$ 为液压缸左腔压力;$p_{20}$ 为液压缸右腔压力。

### 4.4.2 静态特性分析

**1. 压力-流量方程表达式**

在前面所述设计方案下,进一步作如下假设:

（1）液压能源是理想的恒压源,供油压力 $p_s$ 为常数,回油压力 $p_0$ 为零;

（2）忽略管道和阀腔内的压力损失,因为管道和阀腔内的压力损失与阀口处的节流损失相比很小,所以可以忽略不计;

（3）工作液是不可压缩的，因为考虑的是稳态情况，工作液密度变化量很小，可以忽略不计；

（4）各阀口的油路窗口是矩形的。

阀芯位移范围为 $-U \leqslant x_v \leqslant U$。

令 $q_i (i=1,2,3,4)$ 表示工作液通过阀口和固定节流孔的流量；$p_i (i=1,2,3,4)$ 表示工作液通过阀口和固定节流孔产生压降；$q_L$ 表示负载流量；$p_L$ 表示负载压降，$q_s$ 表示供油流量。

根据桥路的压力平衡，可得

$$p_1 + p_4 = p_s \tag{4-106}$$

$$p_2 + p_3 = p_s \tag{4-107}$$

$$p_1 - p_2 = p_L \tag{4-108}$$

$$p_3 - p_4 = p_L \tag{4-109}$$

根据桥路流量平衡，可得

$$q_1 + q_2 = q_s \tag{4-110}$$

$$q_3 + q_4 = q_s \tag{4-111}$$

$$q_4 - q_1 = q_L \tag{4-112}$$

$$q_2 - q_3 = q_L \tag{4-113}$$

各固定节流孔的流量方程为

$$q_i = C_{d0} A_{0i} \sqrt{\frac{2p_i}{\rho}}, \quad i=3,4 \tag{4-114}$$

各阀口的流量方程为

$$q_i = C_d A_{vi} \sqrt{\frac{2p_i}{\rho}}, \quad i=1,2 \tag{4-115}$$

在流量系数 $C_d$ 和工作液密度 $\rho$ 一定条件下，通过阀口的流量 $q_i (i=1,2)$ 是阀口开口面积 $A_{vi}(x_v)$ 和阀口压降 $p_i (i=1,2)$ 的函数。而阀口开口面积 $A_{vi}(x_v)$ 是阀芯位移的函数，其变化规律取决于阀套油路窗口的几何形状。依据假设，阀套各油路窗口是矩形的，面积梯度为 $W$，滑阀结构上阀口是匹配与对称的，阀芯位移为 $x_v$ 时，则

$$A_{v1}(x_v) = W(U - x_v) \tag{4-116}$$

$$A_{v2}(x_v) = W(U + x_v) \tag{4-117}$$

在恒压源的情况下，阀芯位移为 $x_v$ 时，由式（4-112）、式（4-114）、式（4-115）、式（4-116）可得负载流量为

$$q_L = q_4 - q_1 = C_{d4} A_{04} \sqrt{\frac{2}{\rho}(p_s - p_1)} - C_d A_{v1} \sqrt{\frac{2}{\rho}(p_1)}$$

$$= C_{d4} A_{04} \sqrt{\frac{2}{\rho}(p_s - p_1)} - C_d W(U - x_v) \sqrt{\frac{2}{\rho}(p_1)} \tag{4-118}$$

由式（4-113）、式（4-114）、式（4-115）、式（4-117）可得负载流量为

$$q_L = q_2 - q_3 = C_d A_{v2} \sqrt{\frac{2}{\rho}(p_2)} - C_{d3} A_{03} \sqrt{\frac{2}{\rho}(p_s - p_2)}$$

$$= C_d W(U + x_v) \sqrt{\frac{2}{\rho}(p_2)} - C_{d3} A_{03} \sqrt{\frac{2}{\rho}(p_s - p_2)} \tag{4-119}$$

设以中位为参考,阀芯向两侧移动最大位移为 $U$。

将式(4-118)除以 $C_d W U \sqrt{p_s/\rho}$,归一化处理得

$$\frac{q_L}{C_d W U \sqrt{p_s/\rho}} = \sqrt{2\left(1 - \frac{p_1}{p_s}\right)} - \left(1 - \frac{x_v}{U}\right)\sqrt{\frac{2p_1}{p_s}} \tag{4-120}$$

将式(4-119)除以 $C_d W U \sqrt{p_s/\rho}$,归一化处理得

$$\frac{q_L}{C_d W U \sqrt{p_s/\rho}} = \left(1 + \frac{x_v}{U}\right)\sqrt{\frac{2p_2}{p_s}} - \sqrt{2\left(1 - \frac{p_2}{p_s}\right)} \tag{4-121}$$

令 $\bar{q}_L$ 表示归一化的负载流量,即

$$\bar{q}_L = \frac{q_L}{C_d W U \sqrt{p_s/\rho}} \tag{4-122}$$

令 $\bar{p}_L$ 表示归一化的负载压力,即

$$\bar{p}_L = p_L / p_s \tag{4-123}$$

令 $\bar{p}_1$ 表示归一化的阀口 1 压降,即

$$\bar{p}_1 = p_1 / p_s \tag{4-124}$$

令 $\bar{p}_2$ 表示归一化的阀口 2 压降,即

$$\bar{p}_2 = p_2 / p_s \tag{4-125}$$

令 $\bar{x}_v$ 表示归一化的阀芯位移,即

$$\bar{x}_v = x_v / U \tag{4-126}$$

式(4-120)可以写作式(4-127)。

$$\bar{q}_L = \sqrt{2(1 - \bar{p}_1)} - (1 - \bar{x}_v)\sqrt{2\bar{p}_1} \tag{4-127}$$

式(4-121)可以写作式(4-128)。

$$\bar{q}_L = (1 + \bar{x}_v)\sqrt{2\bar{p}_2} - \sqrt{2(1 - \bar{p}_2)} \tag{4-128}$$

式(4-108)写成归一化形式为式(4-129)。

$$\bar{p}_L = \bar{p}_1 - \bar{p}_2 \tag{4-129}$$

联立式(4-127)、式(4-128)和式(4-129)可以求取三通阀与节流孔组合的静态特性。绘制压力-流量特性和压力特性等曲线图。

**2. 静态特性分析**

由于式(4-127)和式(4-128)较为复杂,可以借助软件工具如 MATLAB 的方程求解功能,并按照如下程序可大幅度降低求解难度。

第一步,选定 $\bar{q}_L$ 和 $\bar{x}_v$。

第二步,利用式(4-127)求解 $\bar{p}_1$;利用式(4-128)求解 $\bar{p}_2$。

第三步,利用式(4-129)求解 $\bar{p}_L$,则获得一组数值 $(\bar{x}_v, \bar{p}_L, \bar{q}_L)$,表示在阀口开度 $\bar{x}_v$ 和负载压力 $\bar{p}_L$ 下,负载流量 $\bar{q}_L$。

重复如上三步,获取所需数据(需注意数值须在合理范围),绘制压力-流量曲线如图 4-36 所示。绘制压力特性曲线,如图 4-37 所示。

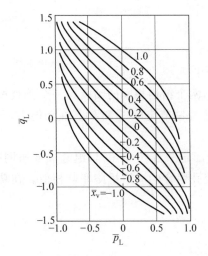
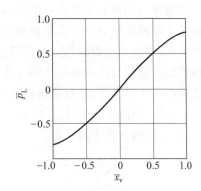

图 4-36　三通阀与节流孔组合的压力-流量曲线　　　图 4-37　三通阀与节流孔组合的压力特性曲线

### 3. 线性化流量方程及阀系数

三通滑阀与两个固定节流孔的组合实现了四通阀的功能,而且阀芯经常在中位附近工作。

在零位($x_v = 0$, $p_L = 0$, $q_L = 0$)附近,三通阀与固定节流孔组合的线性化方程也是式(4-42)。

在零位处,使用式(4-118)、式(4-119)及式(4-108),按照定义求取流量增益系数

$$K_{q0} = \frac{\partial q_L}{\partial x_v}\bigg|_0 = C_d W \sqrt{\frac{p_s}{\rho}} \tag{4-130}$$

类似,使用式(4-118)、式(4-119)及式(4-108),按照定义求取零位压力增益系数

$$K_{p0} = \frac{\partial p_L}{\partial x_v}\bigg|_0 = \frac{p_s}{U} \tag{4-131}$$

则

$$K_{c0} = \frac{K_{q0}}{K_{p0}} = \frac{C_d W U}{\sqrt{p_s \rho}} \tag{4-132}$$

## 4.5　双喷嘴挡板阀

双喷嘴挡板阀是差动工作的两个喷嘴挡板与两个固定节流孔构成的一个组合,它具备四通液压控制阀的功能。常用作双喷嘴挡板力反馈两级电液伺服阀的第一级液压控制元件,用于控制二级滑阀阀芯位置。

双喷嘴挡板阀是依据节流控制原理设计的。

优点:结构简单,体积小;运动部件质量小,响应快;压力增益大;挡板位移很小;需要驱动力小;无摩擦,灵敏度高。

缺点:挡板与喷嘴间隙小,固定节流孔间隙小,易堵塞;阀堵塞后,被控制阀二级芯偏向一侧。泄漏量稍大;输出流量小,驱动功率有限;中位时阀口常开,负载刚度差。

### 4.5.1　工作原理及设计方案

1）工作原理

一个喷嘴与挡板只能构成一个控制节流口。

连接对称液压缸的双喷嘴挡板阀如图 4-38 所示,两个结构相同的喷嘴与一个挡板按差动方式工作,则构成三通阀,它具有匹配和对称的两个控制节流口(1 和 2)。在功能上,上述双喷嘴挡板三通阀与正开口两凸肩三通滑阀相似。

通过液压油路设计,将双喷嘴挡板三通阀与两个固定节流孔(3 和 4)组合成液压网络,构成一个全桥,如图 4-39 所示。它与三通滑阀与节流孔组合的液压桥路非常相似。在功能上,双喷嘴挡板阀相当于四通阀。

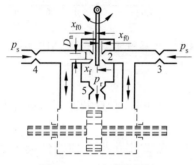

图 4-38　双喷嘴挡板阀

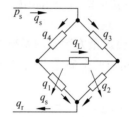

图 4-39　双喷嘴挡板阀的桥路

2）设计方案

为了使双喷嘴挡板阀能按照上述原理正常工作,阀设计按如下方案进行。

(1) 双喷嘴挡板阀结构上两个喷嘴是匹配与对称的,且按差动方式工作。阀口流量系数相等,即 $C_{df1} = C_{df2} = C_{df}$;

(2) 固定节流孔 3 与固定节流孔 4 一致,即 $C_{d3} = C_{d4} = C_{d0}$;

(3) 对应匹配,$C_{df1} A_{f10} = C_{df2} A_{f20} = C_{d3} A_{03} = C_{d4} A_{04} = C_{d0} A_0$。

按照上述设计方案,可以实现 $p_{10} = p_{20} = p_s/2$。

例如,喷嘴孔径为 0.25~0.6mm,喷嘴挡板间隙为 0.035~0.045mm。固定节流孔 3 和 4 孔径为 0.15~0.3mm。供油压力 $p_s$ 为 21MPa 时,压力 $p_{10}$ 和 $p_{20}$ 通常在 9~13MPa 内。

节流口 5 孔径为 0.35~0.55mm,它起到稳定喷嘴挡板阀流量系数,改善工作环境的作用。

### 4.5.2　静态特性分析

**1. 压力-流量方程表达式**

在前面所述设计准则条件下,进一步作如下假设:

(1) 液压能源是理想的恒压源,供油压力 $p_s$ 为常数,回油压力 $p_0$ 为零;

(2) 忽略管道和阀腔内的压力损失,管道和阀腔内的压力损失与阀口处的节流损失相比很小;

（3）工作液是不可压缩的，因为考虑的是稳态情况，工作液密度变化量很小，可以忽略不计。

挡板位移范围为 $-x_{f0} \leqslant x_v \leqslant x_{f0}$。

令 $q_i(i=1,2,3,4)$ 表示工作液通过喷嘴和固定节流孔的流量；$p_i(i=1,2,3,4)$ 表示工作液通过喷嘴和固定节流孔产生压降；$q_L$ 表示负载流量；$p_L$ 表示负载压降，$q_s$ 表示供油流量。

根据桥路的压力平衡可得

$$p_1 + p_4 = p_s \tag{4-133}$$

$$p_2 + p_3 = p_s \tag{4-134}$$

$$p_1 - p_2 = p_L \tag{4-135}$$

$$p_3 - p_4 = p_L \tag{4-136}$$

根据桥路流量平衡可得

$$q_1 + q_2 = q_s \tag{4-137}$$

$$q_3 + q_4 = q_s \tag{4-138}$$

$$q_4 - q_1 = q_L \tag{4-139}$$

$$q_2 - q_3 = q_L \tag{4-140}$$

各固定节流孔的流量方程为

$$q_i = C_{di} A_{0i} \sqrt{\frac{2p_i}{\rho}}, \quad i = 3,4 \tag{4-141}$$

各喷嘴的流量方程为

$$q_i = C_{df} A_{fi} \sqrt{\frac{2p_i}{\rho}}, \quad i = 1,2 \tag{4-142}$$

在流量系数 $C_d$ 和工作液密度 $\rho$ 一定条件下，通过喷嘴的流量 $q_i(i=1,2)$ 是喷嘴开口面积 $A_{vi}(x_v)$ 和喷嘴压降 $p_i(i=1,2)$ 的函数，而阀口开口面积 $A_{vi}(x_v)$ 是挡板位移的函数，两个喷嘴相同，双喷嘴挡板差动工作，则挡板位移为 $x_f$ 时，

$$A_{f1}(x_f) = \pi D_n (x_{f0} - x_f) \tag{4-143}$$

$$A_{f2}(x_f) = \pi D_n (x_{f0} + x_f) \tag{4-144}$$

在恒压源的情况下，由式（4-139）、式（4-141）和式（4-142）可得负载流量为

$$q_L = q_4 - q_1 = C_{d4} A_{04} \sqrt{\frac{2}{\rho}(p_s - p_1)} - C_{df} A_{f1} \sqrt{\frac{2}{\rho}(p_1)}$$

$$= C_{d4} A_{04} \sqrt{\frac{2}{\rho}(p_s - p_1)} - \pi D_n (x_{f0} - x_f) \sqrt{\frac{2}{\rho}(p_1)} \tag{4-145}$$

由式（4-140）、式（4-141）和式（4-142）可得负载流量为

$$q_L = q_2 - q_3 = C_{df} A_{f2} \sqrt{\frac{2}{\rho}(p_2)} - C_{d3} A_{03} \sqrt{\frac{2}{\rho}(p_s - p_2)}$$

$$= \pi D_n (x_{f0} + x_f) \sqrt{\frac{2}{\rho}(p_2)} - C_{d3} A_{03} \sqrt{\frac{2}{\rho}(p_s - p_2)} \tag{4-146}$$

设以中位为参考，挡板向两侧移动最大位移为 $x_{f0}$。

将式(4-145)除以 $C_{d0}A_0\sqrt{p_s/\rho}$，归一化处理得

$$\frac{q_L}{C_{d0}A_0\sqrt{p_s/\rho}}=\sqrt{2\left(1-\frac{p_1}{p_s}\right)}-\left(1-\frac{x_f}{x_{f0}}\right)\sqrt{\frac{2p_1}{p_s}} \tag{4-147}$$

将式(4-146)除以 $C_{d0}A_0\sqrt{p_s/\rho}$，归一化处理得

$$\frac{q_L}{C_{d0}A_0\sqrt{p_s/\rho}}=\left(1+\frac{x_f}{x_{f0}}\right)\sqrt{\frac{2p_2}{p_s}}-\sqrt{2\left(1-\frac{p_2}{p_s}\right)} \tag{4-148}$$

令 $\bar{q}_L$ 表示归一化的负载流量，即

$$\bar{q}_L=\frac{q_L}{C_{d0}A_0\sqrt{p_s/\rho}} \tag{4-149}$$

令 $\bar{p}_L$ 表示归一化的负载压力，即

$$\bar{p}_L=p_L/p_s \tag{4-150}$$

令 $\bar{p}_1$ 表示归一化的阀口 1 压降，即

$$\bar{p}_1=p_1/p_s \tag{4-151}$$

令 $\bar{p}_2$ 表示归一化的阀口 2 压降，即

$$\bar{p}_2=p_2/p_s \tag{4-152}$$

令 $\bar{x}_f$ 表示归一化的阀芯位移，即

$$\bar{x}_f=x_f/x_{f0} \tag{4-153}$$

式(4-147)可以写作式(4-154)。

$$\bar{q}_L=\sqrt{2(1-\bar{p}_1)}-(1-\bar{x}_f)\sqrt{2\bar{p}_1} \tag{4-154}$$

式(4-148)可以写作式(4-155)。

$$\bar{q}_L=(1+\bar{x}_f)\sqrt{2\bar{p}_2}-\sqrt{2(1-\bar{p}_2)} \tag{4-155}$$

式(4-135)写成归一化形式为式(4-156)。

$$\bar{p}_L=\bar{p}_1-\bar{p}_2 \tag{4-156}$$

联立式(4-127)、式(4-128)和式(4-129)可以求取双喷嘴挡板阀的静态特性。绘制压力-流量曲线和压力特性曲线等。

**2. 静态特性分析**

由于式(4-154)与式(4-127)相同,式(4-155)与式(4-128)相同,因此双喷嘴挡板阀的压力-流量曲线与图 4-36 相同,只是需要将阀芯归一位移 $\bar{x}_v$ 换成挡板归一位移 $\bar{x}_f$。喷嘴挡板阀的压力特性曲线与图 4-37 相同。

**3. 线性化流量方程及阀系数**

双喷嘴挡板阀实现了四通阀的功能,而且阀芯经常在中位附近工作。

在零位($x_v=0,p_L=0,q_L=0$)附近,双喷嘴挡板阀的线性化方程也是式(4-42)。

在零位处,按照定义使用式(4-145)或式(4-146)求流量增益系数

$$K_{q0}=\left.\frac{\partial q_L}{\partial x_f}\right|_0=C_{df}\pi D_n\sqrt{\frac{p_s}{\rho}} \tag{4-157}$$

类似,使用式(4-145)、式(4-146)和式(4-135)求零位压力灵敏度系数

$$K_{p0} = \frac{\partial p_L}{\partial x_f}\bigg|_0 = \frac{p_s}{x_{f0}} \tag{4-158}$$

则

$$K_{c0} = \frac{K_{q0}}{K_{p0}} = \frac{C_{df}\pi D_n x_{f0}}{\sqrt{p_s \rho}} \tag{4-159}$$

### 4.5.3　挡板液流力

双喷嘴挡板阀常用作两级电液伺服阀的第一级控制阀,挡板是力矩马达的负载。

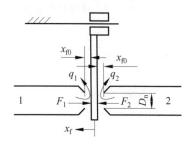

图 4-40　双喷嘴挡板阀液流力

在双喷嘴挡板力反馈电液伺服阀中,力矩马达接收控制电流信号,驱动衔铁,带动两喷嘴间的挡板运动,使之产生平动位移 $x_f$,并构成位置力反馈闭环控制。对于挡板位移控制来说,挡板上受到的液流力是干扰力,这个干扰力会影响挡板位移的控制精度,因而影响伺服阀的性能。

双喷嘴挡板阀结构对称,因此挡板上的液流力相对较小。

这里不加推导给出双喷嘴挡板阀挡板上受到的液流力见式(4-160),其中符号如图 4-40 所示。

$$F = F_1 - F_2 = \frac{\pi D_n^2 p_L}{4} - 8\pi C_{df}^2 x_{f0} p_s x_f \tag{4-160}$$

## 4.6　射　流　管　阀

射流管阀常用作两级电液伺服阀的第一级控制阀,控制第二级滑阀的阀芯位置,实现滑阀阀口开度精密控制。

射流管阀是依据动量转换原理设计的。

优点:阀结构简单;压力增益大;抗污染能力强,无微小孔径和配合间隙,对工作液污染较为不敏感,从而获得较高可靠性和长寿命,且具备阀被堵塞后无输出,被控制对象自动回归中位,往往可使被控对象处于安全状态。

缺点:理论分析较困难,过去多依靠实验研究,现在也用仿真分析研究;与双喷嘴挡板阀比较,运动部件质量稍大,响应稍慢;加工调试难度大;保持较小泄漏时,驱动功率有限。

### 4.6.1　结构与工作原理

浸没在液体中的射流管能产生如图 4-41 所示的液体射流,液体射流具有动量,当射流射入密封容腔,如图 4-42 所示,流量 $q$ 的射流将在密封容腔中产生压力 $p$。

射流管阀由一个射流口和两个接收口 1 和 2 组成,射流管阀结构如图 4-43 所示,射流管可以相对于接收口平动。当射流口处于阀的中间位置,射流被两个接收口均匀接收,则两个接收器内产生液体的压力相等($p_1 = p_2$)。当射流口偏离中位,从而在两个接收口接收射流情况发生变化,接收射流多的接收口内产生较高压力,接收射流少的接收口内产生较小压力。上述压差可以用于驱动负载液压缸运动。

当关闭射流管压力油,或射流管口堵塞时,没有射流输出,两个接收口压力均为零。

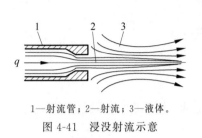

1—射流管；2—射流；3—液体。

图 4-41　浸没射流示意

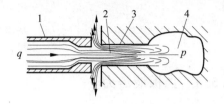

1—射流管；2—射流；3—接收口；4—密封容腔。

图 4-42　射向密封容腔的射流示意

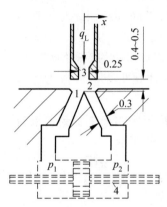

1—接收口 1；2—接收口 2；3—射流管；4—负载液压缸。

图 4-43　射流管伺服阀结构图

## 4.6.2　静态特性分析

选择合适的结构参数是射流管阀研制开发的关键,确定射流管阀的性能与结构参数的关系是射流管伺服阀特性研究中的一个关键问题。

**1. 静态特性研究方法**

流动控制方程(Navier-Stokes 方程,简称 N-S 方程)是一组非线性偏微分方程组,其复杂性使得理论分析相当困难。在计算机技术尚未发达的年代,物理实验研究曾经是射流管阀研究与设计的唯一手段。

物理实验研究方法是制作射流管阀的样机,构建实验台,在实验台上开展一系列实验研究。实验研究往往费时、费力、高成本。例如,针对射流管阀某个参数的物理实验研究,往往需要按尺寸规格系列制作多个样机,并进行实验测试,才能获取这个参数变化对射流管阀的影响关系。物理实验研究存在周期长、成本高、影响因素复杂等缺点。物理实验研究的突出优点是研究结论真实性强、可信性高。

近年来计算机仿真技术发展迅速,并在流体动力学仿真分析等领域获得应用。采用计算流体动力学(computational fluid dynamics,CFD)软件模拟射流管放大器的流场。计算流体动力学仿真分析研究方法分为前处理、仿真计算、后处理三个步骤。前处理是利用软件建立射流管阀的数字样机或仿真模型,划分网格以便采用有限元方法计算。仿真计算是将真实射流管阀的工作条件通过设定边界条件方法加到仿真模型,启动仿真程序进行有限元计算,计算后会得到大量数据。后处理是采用后处理程序分析仿真计算数据,并用图形方法等多种方法展示计算结果。

无论实验研究还是模拟仿真研究,都可以得到不同射流管位移条件下的负载压力(两接收口内压差)特性和流量特性,并进一步得到射流管阀的压力-流量特性曲线。

**2. 静态特性**

静态特性的数值与射流管阀的大小等密切相关。某射流管阀曲线图如图 4-44 和图 4-45 所示。

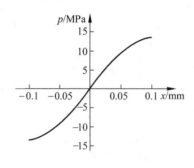
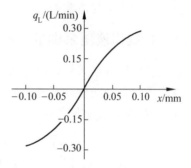

图 4-44　压力特性曲线　　　　　　　　图 4-45　流量特性曲线

**3. 线性化流量方程及阀系数**

射流管阀实现了四通阀的功能,而且阀芯经常在零位附近工作。

在零位($q_L = 0$,$p_L = 0$,$x = 0$)附近,射流管阀的线性化方程也可以用式(4-42)描述。阀系数也可以用式(4-40)、式(4-41)和式(4-43)定义。

在零位处,阀系数 $K_{q0}$ 可以从实验测取的流量特性曲线上获取,$K_{p0}$ 可以从实验测取的压力特性曲线上获取,然后 $K_{c0}$ 则可使用式(4-44)求取。

## 4.7　控制用液压泵

用作控制元件的液压泵按其功能可分为变量液压泵和定量液压泵。

控制系统综合对用作控制元件的液压泵要求不同于液压传动对液压泵的要求。

在液压传动中,液压泵的高速性能好,低速性能较差,因此经常将其设计在某一较高固定转速下工作。液压泵经常用动力电动机(或发动机等动力装置)驱动,经常是单向旋转的,它的内部结构也按单旋向设计,不适合改用作双旋向。变量液压泵也经常工作在排量较大的状态。它的斜盘摆角是采用机械调节机构或受压力或流量控制的伺服机构控制,它们只控制变量泵的输出流量或压力实现恒流量或恒压力输出,并不用作位置或速度等反馈控制系统的控制元件。

在液压控制系统中,用作控制元件的定量液压泵则需要在大范围内变化的速度下工作,特别是变转速泵控位置控制系统需要定量泵经常在零角速度附近工作,因而要求液压泵的低速性能和高速性能均好。用作控制元件的定量液压泵需要双旋向设计。用作控制元件的变量液压泵的斜盘摆角或控制斜盘的液压缸活塞行程常采用小功率电液伺服系统或机电伺服系统控制。从而变量液压泵可以接受电信号控制,可以构建电液反馈控制系统。

因此,区别于普通液压泵,将用作控制元件的液压泵称为控制用液压泵。

在现实工程中,依据对理想的控制用液压泵的特性期望,在液压泵制造商的现有产品目录中,选取性能更为接近控制系统综合需求的液压泵产品即可。

排量是液压泵的一个重要参数,液压泵的排量品质对液压控制系统性能有很大影响;液压泵的泄漏特性是影响液压控制系统性能的重要特性,负载压力通过泄漏影响液压泵的输出流量。

用作控制元件的液压泵结构多采用斜盘式轴向柱塞泵型式,下面以这种柱塞泵为例,探讨控制用液压泵的排量与泄漏等。

### 4.7.1　控制用液压泵排量分析

以斜盘式轴向柱塞泵为例,分析其瞬时排量随转子转速变化规律。

一个柱塞的斜盘轴向柱塞泵模型如图 4-46 所示。图中定义转子转角 $\varphi$,斜盘摆角 $\psi$,柱塞直径 $d$,柱塞在转子上分布直径 $D$ 和柱塞位移 $l$。

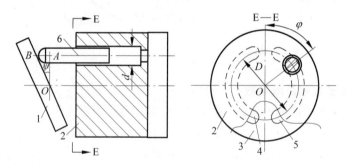

1—斜盘;2—转子;3—配流盘;4—吸油窗口;5—排油窗口;6—柱塞。

图 4-46　柱塞容腔变化关系推导

柱塞行程 $s$ 与转子转角 $\varphi$ 和斜盘摆角 $\psi$ 的空间几何关系如图 4-47 所示。以柱塞最大伸出位置为柱塞行程零点,柱塞行程 $s$ 可以写作式(4-161),则柱塞速度 $v$ 写作式(4-162)。柱塞速度和行程的关系曲线如图 4-48 所示。

$$s = \frac{D}{2}\tan\psi(1 - \cos\varphi) \tag{4-161}$$

$$v = \frac{D}{2}\tan\psi\cos\varphi\,\frac{\mathrm{d}\varphi}{\mathrm{d}t} = \frac{D}{2}\omega\tan\psi\sin\varphi \tag{4-162}$$

假设液压泵各处密封可靠,无泄漏,柱塞截面积 $A_s$,单个柱塞瞬时排量见式(4-163)。依据柱塞液压泵原理,在 $0 \leqslant \varphi \leqslant \pi$ 内柱塞处于排油过程;在 $\pi \leqslant \varphi \leqslant 2\pi$ 内柱塞处于吸油过程。

$$q_{\mathrm{ps}} = A_s v = \pi\frac{d^2}{4} \times \frac{D}{2}\omega\tan\psi\sin\varphi = C\sin\varphi \tag{4-163}$$

若泵的柱塞数目 $z$,柱塞均布,则柱塞间角 $\theta = 2\pi/z$。

在 $0 \leqslant \varphi \leqslant 2\pi/z$,若排油区柱塞数目 $n$,则参与油泵排油的各个排油的柱塞瞬时排量如下。

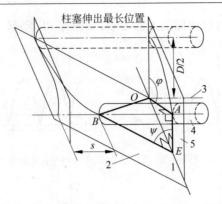

1—斜盘轴线；2—斜盘平面；3—泵轴线；4—柱塞；5—泵轴线垂直面。

图 4-47　柱塞行程与转子转角的关系

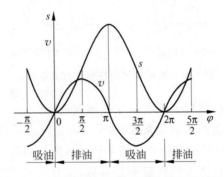

图 4-48　斜盘固定泵恒转速时柱塞行程与速度

$$q_{p1} = C\sin\varphi$$

$$q_{p2} = C\sin(\varphi + \theta)$$

$$q_{p3} = C\sin(\varphi + 2\theta)$$

$$\vdots$$

$$q_{pn} = C\sin[\varphi + (n-1)\theta]$$

将上述各个柱塞瞬时排量累计，则柱塞泵瞬时排量见式(4-164)，也可写作式(4-165)。

$$q_p = q_{p1} + q_{p2} + q_{p3} + \cdots + q_{pn}$$

$$= C\sum_{i=1}^{n}\sin[\varphi + (i-1)\theta]$$

$$= C\frac{\sin\dfrac{n\pi}{z}\sin\left(\varphi + \dfrac{n-1}{z}\pi\right)}{\sin\dfrac{\pi}{z}} \tag{4-164}$$

柱塞泵排量是以 $2\pi/z$ 为周期，以式(4-165)为数值的周期函数。

$$q_p = \pi\frac{d^2}{4} \times \frac{D}{2}\omega\tan\psi\,\frac{\sin\dfrac{n\pi}{z}\sin\left(\varphi + \dfrac{n-1}{z}\pi\right)}{\sin\dfrac{\pi}{z}}, \quad 0 \leqslant \varphi \leqslant \frac{2\pi}{z} \tag{4-165}$$

柱塞泵的瞬时排量也可以用图示方法表示,如图 4-49 所示。

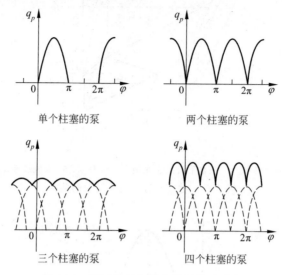

图 4-49　瞬时排量与柱塞数目关系示意

定量泵采用变转速控制,则转子转速 $\omega$ 是控制变量。

针对定量柱塞泵,其斜盘摆角 $\psi$ 是常数,转子输入轴转速 $\omega$ 可以作为控制变量。

式(4-165)表明每一个柱塞的容腔变化量是转子转角的函数,与转子转角 $\varphi$ 的正弦成正比。因此,定量式斜盘轴向柱塞泵的排量不是常数,而且是转子转角 $\varphi$ 的函数。这种情况导致液压泵输入轴转速恒定情况下,输出流量仍然是波动的。波动的频率与液压泵转速和柱塞数目成正比。

针对变量泵,其转子转速 $\omega$ 是常数,变量机构可以作为控制变量。

从式(4-165)可以看出每一个柱塞的容腔变化量是转子转角的函数,与转子转角的正弦成正比。说明变量式斜盘轴向柱塞泵在斜盘转角 $\psi$ 保持常数时,输出流量不是常数,而且是转子转角 $\varphi$ 的函数。这种情况导致液压泵斜盘转角恒定情况下,输出流量仍然是波动的。波动的频率与液压泵转速和柱塞数目成正比。

控制用液压泵输出流量波动对控制非常不利。改进措施是在液压泵设计时可以通过增加柱塞数目和采用奇数个柱塞缓解泵输出流量波动。

### 4.7.2　控制用液压泵泄漏与阻力矩

实际柱塞泵不可避免存在泄漏现象。如图 4-50 所示,滑靴与斜盘之间 $a$ 处,柱塞与转子之间 $b$ 处,转子与配流盘之间 $c$ 处等都是轴向柱塞泵发生泄漏的主要位置。可以看出上述泄漏处均为相对运动接触面,因此液压泵泄漏量与油泵输出压力和转速都有关系,它们的关系可以用图 4-51 示意。

由于液压泵泄漏间隙非常小,可以假定液压泵的内外泄漏部位液流状态均为层流。随着技术进步,泵泄漏量在减小。因此即便在额定压力和较高转速下,液压泵泄漏量也是有限的。液压泵容积效率与油泵输出压力和转速都有关系,可以用图 4-52 示意。

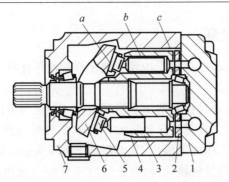

1—端盖；2—配流盘；3—转子；4—柱塞；5—滑靴；6—斜盘；7—壳体。

图 4-50　轴向柱塞泵主要泄漏部位

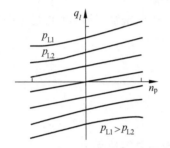

图 4-51　泄漏量与转速和压力的关系

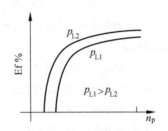

图 4-52　容积效率与转速和压力的关系

　　对于定量液压泵而言，当它用于位置控制系统时，它经常在零转速附近工作。当液压泵转速为零或接近零时，液压泵理论上输出工作液流量很小，这时泵泄漏量相对较大，造成液压泵实际没有工作液输出，液压泵负载流量-速度曲线出现死区非线性，如图 4-53 所示。这种死区非线性对控制系统设计与性能都非常不利。

　　在变转速泵控系统中，定量液压泵是控制电动机的负载。液压泵产生的阻力矩是负载压差引起的力矩与摩擦等引起的阻力矩之和。其中负载压差产生的力矩是实现控制的做功力矩，阻力矩则只是消耗能量。

　　由于液压泵内部接触表面较多，相对滑动表面亦较多，而且液压泵工作时压力较大，一些零件间作用压强较大，油膜形成条件恶劣，造成摩擦阻力矩与压力和转速的关系复杂，可以用图 4-54 示意。

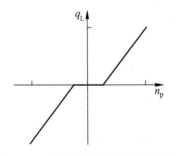

图 4-53　定量泵输出流量与转速关系

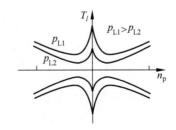

图 4-54　摩擦阻力力矩与转速和压力的关系

### 4.7.3　控制用定量泵

定量液压泵用作控制元件,可用于构建变转速泵控液压反馈控制系统。

**1. 概述**

定量泵用于反馈控制,通过控制液压定量泵的输入转速与方向,从而控制液压泵输出工作液的流量与方向,进一步实现对液压执行元件的速度与方向的控制。负载压力通过影响液压泵泄漏改变了液压泵工作液的输出,从而影响了液压泵的控制能力。

定量液压泵只是一种能量转换元件,与定量液压泵配合使用的控制电动机是功率放大元件和能量转换元件。

在变转速泵控液压反馈控制系统中,控制用定量液压泵的输入轴往往受控于电气伺服系统,从而接受转速电控制信号,构成电液反馈控制系统。

目前,用于液压控制的定量泵种类尚少,仅有内啮合齿轮泵、轴向柱塞泵等少数几种结构型式。这里从液压控制需求提出理想控制用定量泵模型。

**2. 基本假设**

为得到理想的定量泵流量方程,作如下假设:

(1) 工作液密度和黏度为常数;

(2) 工作液是不可压缩的;

(3) 液压泵泄漏的液流状态均为层流,且泄漏量与油泵转速无关;

(4) 液压泵的泄油腔压力为大气压;

(5) 液压定量泵排量恒定,转速-流量曲线无死区。

**3. 流量方程**

控制定量液压泵如图 4-55 所示。依据假设,定量泵泄漏为层流,且泄漏量与定量泵转速无关,则流量连续性方程为式(4-166)。

$$q_L - p_2 C_{ep} = D_p \omega_p - C_{ip}(p_1 - p_2) - p_1 C_{ep} \tag{4-166}$$

式中,$D_p$ 为变量泵的弧度排量,$\mathrm{m^3/rad}$;$\omega_p$ 为变量泵输入轴转速,$\mathrm{rad/s}$;$C_{ip}$ 为定量泵内泄漏系数,$\mathrm{m^3/(s \cdot Pa)}$;$C_{ep}$ 为定量泵外泄漏系数,$\mathrm{m^3/(s \cdot Pa)}$。

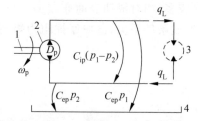

1—控制输入轴;2—变量泵;3—负载;4—泄油腔。

图 4-55　控制用定量泵示意

则定量泵流量方程可以写为式(4-167)。

$$q_L = D_p \omega_p - C_{ip}(p_1 - p_2) - C_{ep}(p_1 - p_2) \tag{4-167}$$

若以 $p_L$ 表示负载压力,$p_L = p_1 - p_2$。用 $C_{tp}$ 表示液压泵总流量系数,$C_{tp} = C_{ip} + C_{ep}$。则定量泵流量方程可以写为式(4-168)。

$$q_{\mathrm{L}} = D_{\mathrm{p}}\omega_{\mathrm{p}} - C_{\mathrm{tp}}p_{\mathrm{L}} \tag{4-168}$$

控制用液压泵的控制能力取决于它可正常工作的压力、排量和速度范围。定量液压泵仅进行能量转换，即将机械能转换为液压能，而不具有功率放大作用。

### 4.7.4　控制用变量泵

变量液压泵用作控制元件，可用于构建变排量泵控液压反馈控制系统。

**1. 概述**

液压变量泵用于反馈控制，通常其输入转速保持不变，通过变量机构输入量（如变量柱塞泵的斜盘倾角）控制液压泵输出工作液的流量与方向，从而实现对液压执行元件的速度与方向的控制。负载压力通过影响液压泵泄漏改变了工作液的输出。

控制用变量液压泵既是一种能量转换元件，又是一种功率放大元件。驱动液压变量泵的（动力能源的）电动机是（动力能源的）能量转换元件。

控制用变量液压泵的变量机构往往受控于小型阀控缸电液伺服位置控制系统。

**2. 基本假设**

为得到理想的变量泵流量方程，作如下假设：

（1）工作液密度和黏度为常数；

（2）工作液是不可压缩的；

（3）液压泵连接管路泄漏的液流状态均为层流；

（4）液压泵泄油腔压力为大气压；

（5）对于每一确定斜盘摆角 $\psi$，液压变量泵排量恒定；

（6）输入转速恒定。

**3. 流量方程**

控制变量液压泵如图 4-56 所示。依据假设，变量泵泄漏为层流，且泄漏量变量泵转速无关，则流量连续性方程为式（4-169）。

$$q_{\mathrm{L}} - p_2 C_{\mathrm{ep}} = D_{\mathrm{p}}\omega_{\mathrm{p}}\lambda - C_{\mathrm{ip}}(p_1 - p_2) - p_1 C_{\mathrm{ep}} \tag{4-169}$$

式中，$D_{\mathrm{p}}$ 为变量泵的弧度排量，$\mathrm{m}^3/\mathrm{rad}$；$\omega_{\mathrm{p}}$ 为变量泵输入轴转速，$\mathrm{rad/s}$；$\lambda$ 为变量泵的变量梯度；$C_{\mathrm{ip}}$ 为变量泵内泄漏系数，$\mathrm{m}^3/(\mathrm{s} \cdot \mathrm{Pa})$；$C_{\mathrm{ep}}$ 为变量泵外泄漏系数，$\mathrm{m}^3/(\mathrm{s} \cdot \mathrm{Pa})$。

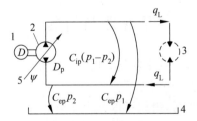

1—驱动电动机；2—变量泵；3—负载；4—泄油腔；5—变量机构。

图 4-56　控制用变量泵示意

则变量泵流量方程可以写为式（4-170）。

$$q_{\mathrm{L}} = D_{\mathrm{p}}\omega_{\mathrm{p}}\lambda - C_{\mathrm{ip}}(p_1 - p_2) - C_{\mathrm{ep}}(p_1 - p_2) \tag{4-170}$$

若以 $p_{\mathrm{L}}$ 表示负载压力，则 $p_{\mathrm{L}} = p_1 - p_2$。以 $C_{\mathrm{tp}}$ 表示液压泵总流量系数，则 $C_{\mathrm{tp}} =$

$C_{ip} + C_{ep}$。定量泵流量方程可以写为式(4-171)。

$$q_L = D_p \omega_p \lambda - C_{tp} p_L \tag{4-171}$$

控制用液压泵的控制能力取决于它可正常工作的压力和速度范围。变量液压泵不仅进行能量转换,还具有功率放大作用。

## 4.8　本章小结

液压伺服控制元件是液压伺服控制系统中最小控制结构单元,液压伺服控制元件接受位移、转角、转速等机械量控制信号,将其转换为受控液压流量和压力,从而能够驱动液压执行元件实现对机械对象的控制。

按照功能与原理不同,液压伺服控制元件分为液压控制阀和控制用液压泵。

本章以四通滑阀为主,介绍了四通滑阀、三通滑阀、三通滑阀与节流孔的组合、双喷嘴挡板阀、射流管阀等液压控制阀的静态特性、阀线性化方程、阀系数等,也简明介绍了控制用液压泵。

滑阀和喷嘴挡板阀等的工作原理是节流控制原理;射流管阀的工作原理是动量转换原理。

四通滑阀是一种常用的和基本的控制阀型式。它构成全液压桥结构,且具有四个控制阀口,因此四通滑阀控制能力良好。方便通过设计阀口预开口量构成正开口、零开口和负开口型式,获取不同的零位特性。

三通滑阀只能构成半桥结构,且只有两个控制阀口。三通阀与节流孔组合、双喷嘴挡板阀虽然能够构成全桥,但只有两个控制阀口。这几种液压控制阀的控制能力都不及四通滑阀。

控制用液压泵是另一类控制元件。控制用液压泵可分为变量液压泵、定量液压泵。

控制用变量泵输入轴转速通常固定不变,变量机构是控制量输入装置。

控制用定量泵输入轴是控制量输入装置,其排量不变。

液压泵是液压能源的制造者,因此液压泵每一时刻只有一个油口输出高压力油,另一个油口是回油口。

## 思考题与习题

4-1　液压控制元件在控制系统中功能如何?

4-2　液压控制元件有几类,举例说明?

4-3　按照进出阀的油路数目,滑阀可以分为几类?

4-4　在分析四通滑阀静态特性时,作何种假设?

4-5　为何要将阀的流量方程线性化?如何线性化?

4-6　正开口四通滑阀静态特性与零开口四通滑阀静态特性相比,有何异同?

4-7　四通滑阀的阀系数有哪些?它们物理含义如何?

4-8　为什么说零位阀系数很重要?

4-9　简述在滑阀上作用的阻力以及减少阻力的措施。

4-10　三通滑阀静态特性与四通滑阀的有何异同?

4-11　三通滑阀与节流孔组合的静态特性与四通滑阀的有何异同?

4-12　双喷嘴挡板阀的静态特性与三通滑阀与节流孔组合的有何异同?

4-13　射流管阀依据何种物理原理工作?

4-14　滑阀的最大功率点在哪里?最大控制功率是多少?

4-15　控制用定量液压泵与液压传动系统使用的液压泵是否可以相互替代?

4-16　控制系统对用作控制元件的变量泵的性能要求与液压传动系统对变量泵的要求是否相同?

# 主要参考文献

[1]　GEBBEN V D. Pressure model of a four-way spool valve for simulation electrohydraulic control systems [R]. Washington D C：National Aeronautics and Space Administration,1976.

[2]　CHAPPLE P J. Principles of hydraulic system design [M]. Oxford：Coxmoor Publishing Company,2001.

[3]　田源道.电液伺服阀技术[M].北京：航空工业出版社,2008.

[4]　成大先.机械设计手册：液压控制(单行本)[M].北京：化学工业出版社,2004.

[5]　谢志刚.射流管伺服阀的流场仿真研究[C]//第三届中国 CAE 工程分析技术年会论文集.大连：大连理工大学,2007：383-388.

[6]　张仲升,朱德孚.液压伺服机构[M].北京：国防工业出版社,1975.

[7]　李玉琳.液压元件与系统设计[M].北京：北京航空航天大学出版社,1991.

[8]　LEWIS E E,STERN H. Design of hydraulic control systems[M]. New York：McGraw-Hill Book Company,Inc. ,1962.

# 第 5 章　液压动力元件

## 5.1　概　　述

液压动力元件位于闭环控制系统前向通道的末端,如图 5-1 所示。它是由大功率控制元件(通常是控制滑阀或控制用液压泵)控制进出液压执行元件工作液的压力与流量,进而实现对被控对象的控制,上述各部分构成的一个组合,称之为液压动力元件,也称为液压动力机构。

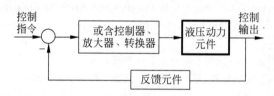

图 5-1　液压控制系统中液压动力元件

液压动力元件的特性通常决定了反馈系统的性能,因此液压动力元件的分析与设计是液压控制系统分析与设计的关键。

依据液压控制元件的不同类别和液压执行元件的不同类别,液压动力元件通常可分为四种基本形式:阀控液压缸、阀控液压马达、泵控液压缸、泵控液压马达,如图 5-2 所示。同一类液压元件还可依据结构类型等作更细致分类,因此每一基本类型的液压动力元件都具有非常丰富的内涵。

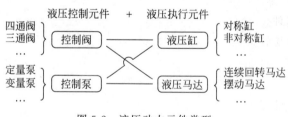

图 5-2　液压动力元件类型

本章将以四通阀控液压缸动力元件为主,探讨几种具有代表性的液压动力元件。

## 5.2　四通阀控对称缸

四通阀控对称缸是常见的一类液压动力元件。除了外表可以直接看得出来的四通阀控对称缸应用案例,四通阀控对称缸的一些应用案例还暗含在某些液压元件内部,如两级电液伺服阀的前置级液压控制阀与第二级控制滑阀就构成了四通阀控对称缸液压动力元件。

这里,四通阀是液压四通伺服控制阀的简称,是指阀内部液压桥路可以用全桥描述且其流量方程可以线性化的一类液压阀。它能够控制液压执行元件,产生往复运动。然而对四通阀的工作原理与构造没有限制,它可以是滑阀,也可以是射流管阀,还可以是多个协同工作的阀构成的一个组合,如三通阀与节流孔的组合。相比较,滑阀式四通伺服控制阀在液压控制系统中更为常见。

对称缸是对称液压缸简称,指双向有效作用面积相同的液压缸,常见的并且结构较为简单的对称缸是双出杆对称液压缸。对称液压缸的突出优点是在同样的压力和流量液压油作用下,活塞双向出力和双向运动速度相同。因此液压对称缸常用于液压反馈控制系统。

为理解方便起见,这里以滑阀式四通阀控对称缸为例展开四通阀控对称缸液压动力元件问题的探讨。但是除特别说明外,所获得的各个结论对多种结构的四通阀控对称缸液压动力元件都是适用的。

四通阀控对称缸液压动力元件结构可以用图 5-3 示意,其液压原理图如图 5-4 所示。液压动力元件主要包含三个部分:液压控制元件、液压执行元件和负载。

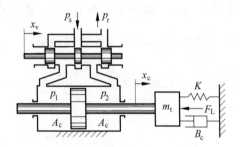 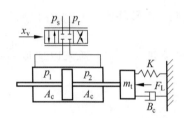

图 5-3　四通阀控对称缸结构示意图　　　图 5-4　四通阀控对称缸原理图

## 5.2.1　基本假设

为了明晰液压动力元件中的主要参数关系,作如下假设:

(1) 工作液温度、黏度和体积模量为常数;

(2) 液压源采用理想恒压源,回油压力为大气压;

(3) 液压缸及连接管路泄漏处的液流状态均为层流;

(4) 四通阀与液压缸间连接管路短,且管路通径足够大,可以忽略管道内工作液动态和压力损失;

(5) 四通阀负载流量方程是可线性化的(即零开口或正开口特性);

(6) 各个阀口是匹配和对称的;

(7) 液压缸每个工作腔内压力处处相等。

理想恒压液压源满足式(5-1):

$$\frac{\mathrm{d}p_s}{\mathrm{d}t}=0 \tag{5-1}$$

式中,$p_s$ 为供油压力,Pa。

## 5.2.2　数学建模

在液压伺服控制元件章节探讨了液压控制阀的输入控制量(阀芯位移等)、负载流量和负载压力的关系,它可以作为液压控制阀的数学模型。

阀控对称缸液压动力元件中液压执行元件与负载的数学模型可以从流量连续性方程和负载力平衡关系两个方面建立。

**1. 滑阀的流量方程**

依据假设条件,零位附近的四通阀是能够线性化的。用变量符号表示四通阀的流量方程(4-42)中的变量增量,则

$$q_L = K_q x_v - K_c p_L \tag{5-2}$$

**2. 液压缸流量连续性方程**

流量连续性方程,简称连续性方程,其实质是质量守恒定律在流体运动学中的一种表现形式。

带连接控制阀管的液压对称缸如图 5-5 所示,其中液流流量去向大致分为如下几种情况。为了讲述方便,不妨假设当前时刻液压缸 1 腔进油 $q_1$,2 腔回油 $q_2$,则 1 腔压力 $p_1$ 高,2 腔压力 $p_2$ 低。因存在外泄漏,则 1 腔损失流量 $C_{ec}p_1$,2 腔损失流量 $C_{ec}p_2$;因存在内泄漏,1 腔向 2 腔转移流量 $C_{ic}(p_1 - p_2)$;因流体具有可压缩性,则 1 腔多存储流量 $\dfrac{V_1}{\beta_e}\dfrac{dp_1}{dt}$,2 腔多存储流量 $\dfrac{V_2}{\beta_e}\dfrac{dp_2}{dt}$;活塞以速度 $\dfrac{dx_c}{dt}$ 运动相当于 1 腔流出流量 $A_c\dfrac{dx_c}{dt}$,2 腔流入流量 $A_c\dfrac{dx_c}{dt}$。

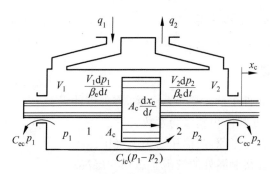

图 5-5　对称缸液流流量分布示意图

1) 阀口流向液压缸的流量

液压缸 1 腔进油口为界,界前流量等于界后流量之和。可以表述为

从阀口进入液压缸 1 腔的流量=驱动活塞移动等效的流量+缸 1 腔向 2 腔内泄漏流量
　　　　　　　　　　　　　+缸 1 腔外泄漏流量+腔体变形和液体压缩而存储流量

上述关系式用参数符号表示为式(5-3)。

$$q_1 = A_c \frac{dx_c}{dt} + C_{ic}(p_1 - p_2) + C_{ec}p_1 + \frac{V_1}{\beta_e}\frac{dp_1}{dt} \tag{5-3}$$

式中,$q_1$ 为从阀口进入液压缸 1 腔的流量,$m^3/s$;$A_c$ 为液压缸有效作用面积,$m^2$;$x_c$ 为液压缸活塞位移,m;$C_{ic}$ 为内泄漏系数,$m^3/(s \cdot Pa)$;$C_{ec}$ 为外泄漏系数,$m^3/(s \cdot Pa)$;$p_1$ 为液压缸 1 腔压力,Pa;$p_2$ 为液压缸 2 腔压力,Pa;$V_1$ 为与液压缸 1 腔连通的密闭容腔容积

（包括液压缸 1 腔、控制阀一部分容腔和管路容腔等），$m^3$；$\beta_e$ 为工作液体积模量（包含了腔壁、管壁弹性变形的效应），$N/m^2$。

2）液压缸流回阀口的流量

液压缸 2 腔活塞为界，界前流量之和等于界后流量之和。可以表述为

驱动活塞移动等效的流量＋缸 1 腔向 2 腔内泄漏流量

＝液压缸 2 腔流向阀口的流量＋缸 1 腔外泄漏流量＋腔体变形和液体压缩而存储流量

上述关系式用参数符号表示为式(5-4)。

$$A_c \frac{dx_c}{dt} + C_{ic}(p_1 - p_2) = q_2 + C_{ec}p_2 + \frac{V_2}{\beta_e}\frac{dp_2}{dt} \tag{5-4}$$

式中，$q_2$ 为液压缸 2 腔流向阀口的流量，$m^3/s$；$V_2$ 为与液压缸 2 腔连通的密闭容腔容积（包括液压缸 2 腔、控制阀一部分容腔和管路容腔等），$m^3$。

3）负载流量连续性方程

分析式(5-3)和式(5-4)可知：液压缸外泄漏和工作液可压缩性等因素可能造成阀口流向液压缸的流量 $q_1$ 和液压缸流回阀口的流量 $q_2$ 是不同的。

由于密封技术的发展，液压执行元件（液压缸或马达）的外泄漏量已经很小，但是普通液压控制系统没有特别措施保障液压工作液中融入较低气体量，也不采用加压油箱，因此工作液可压缩性明显偏大。再考虑到液压元件腔壁、管壁受压后弹性变形产生的效应等同工作液可压缩性增大。据经验，若工作液为石油基工作液，则体积模量 $\beta_e$ 取 $7 \times 10^8 N/m^2$，远低于石油基工作液 $\beta_e$ 理论数据 $1.4 \sim 2 \times 10^9 N/m^2$。在动态过程时，液压缸各腔压力波动较大，阀口流向液压缸的流量和液压缸流回阀口的流量是不同的，这种情况也给理论分析造成了极大困难。

为了简化分析，假设液压缸内压力连续变化，无剧烈波动；四通阀各个阀口是匹配和对称的，取四通阀的控制阀口的平均流量作为负载流量，写为式(5-5)。

$$q_L = \frac{q_1 + q_2}{2} \tag{5-5}$$

联立式(5-3)、式(5-4)和式(5-5)，知负载流量方程可写为式(5-6)。

$$q_L = \frac{q_1 + q_2}{2} = A_c \frac{dx_c}{dt} + C_{ic}(p_1 - p_2) + \frac{C_{ec}}{2}(p_1 - p_2) + \frac{1}{2}\left(\frac{V_1}{\beta_e}\frac{dp_1}{dt} - \frac{V_2}{\beta_e}\frac{dp_2}{dt}\right) \tag{5-6}$$

为简化问题分析，不妨取活塞位于液压缸中部位置附近，并取压缩容腔（控制容腔）（包括连接管路）$V_1$ 和 $V_2$ 的容积相等，分别等于总压缩容腔 $V_t$ 的一半，见式(5-7)。

$$V_1 = V_2 = V_t/2 \tag{5-7}$$

上述取液压缸活塞位于中位情况作为阀控对称缸液压动力元件分析与设计依据是偏向安全的。液压刚度与活塞位置关系，如图 5-6 所示。液压缸活塞位于中位附近时，液压缸封闭液体形成液压弹簧的弹簧刚度最小，阀控对称缸液压动力元件的固有频率最低，依据液压控制技术的一项经验：若液压动力元件固有频率较低，通常液压控制系统较难获得很好的性能，包括稳定性、快速性和准确性。

由 $p_L = p_1 - p_2$，可知负载流量连续性方程(5-8)。

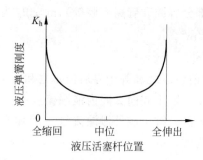

图 5-6　液压缸刚度与活塞伸出量的关系示意

$$q_L = A_c \frac{dx_c}{dt} + \left( C_{ic} + \frac{C_{ec}}{2} \right) p_L + \frac{V_t}{4\beta_e} \frac{dp_L}{dt} \qquad (5\text{-}8)$$

用式(5-9)定义总泄漏系数 $C_{tc}$

$$C_{tc} = C_{ic} + \frac{C_{ec}}{2} \qquad (5\text{-}9)$$

负载流量连续性方程简写为式(5-10)。

$$q_L = A_c \frac{dx_c}{dt} + C_{tc} p_L + \frac{V_t}{4\beta_e} \frac{dp_L}{dt} \qquad (5\text{-}10)$$

**3. 对称液压缸和负载的力平衡方程**

对称液压缸运动部分与负载的等效质量是 $m_t$，弹性负载等效弹簧刚度为 $K$，等效黏性阻尼系数为 $B_c$，等效力负载为 $F_L$，如图 5-7 所示。

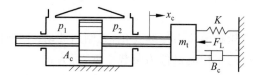

图 5-7　活塞与负载受力分析

依据牛顿定律，列写液压缸活动部分与负载的力平衡方程见式(5-11)。

$$A_c p_L = m_t \frac{d^2 x_c}{dt^2} + B_c \frac{dx_c}{dt} + K x_c + F_L \qquad (5\text{-}11)$$

式中，$m_t$ 为总惯性负载(包括活塞、活塞杆等质量)，kg；$B_c$ 为总黏性负载系数(包括活塞、活塞杆等处密封产生的阻力，折合为黏性负载)，N/(m/s)；$K$ 为弹性负载，N/m；$F_L$ 为以力形式出现的负载，N。

式(5-2)、式(5-10)和式(5-11)构成了微分方程组。它是阀控对称缸液压动力元件的数学模型。它描述了阀控对称缸液压动力元件工作机理所遵循的基本原理。

## 5.2.3　方块图与解表达式

在时间域上，直接对四通阀控液压缸的微分方程组模型求解比较困难。

惯用的方法是采用拉普拉斯变换将数学模型从时间域微分方程(组)转换为 $s$ 域上的代数方程(组)，对代数方程(组)求解。甚至后续系统分析与综合都可以在 $s$ 域上进行。必要时再采用拉普拉斯反变换将 $s$ 域上的代数方程解变换回时间域。显然,这是一种比较简便的方法。

工程上,动态系统分析常用方块图和传递函数,它们之间可以相互转换。

**1. 基本方程**

将四通阀控对称液压缸的基本方程式(5-2)、式(5-10)和式(5-11)进行拉普拉斯变换得到如下三个方程,它们是 $s$ 域上的四通阀控对称缸液压动力元件的数学模型。

$$Q_L = K_q X_v - K_c P_L \tag{5-12}$$

$$Q_L = A_c s X_c + C_{tc} P_L + \frac{V_t}{4\beta_e} s P_L \tag{5-13}$$

$$A_c P_L = m_t s^2 X_c + B_c s X_c + K X_c + F_L \tag{5-14}$$

**2. 系统方块图**

$s$ 域上的四通阀控对称液压缸的三个基本方程也可以分别用方块图形象地描述,进而可以用方块图描述阀控对称缸液压动力元件系统。

在位置反馈控制系统等许多情况下,液压缸活塞杆位移被作为液压动力元件的输出变量。

1) 依据因负载压力产生活塞杆位移观念

一种观念:力是使物体运动发生改变的原因。液压缸活塞位移被看作由负载压力产生的,也即四通阀输出量是液压力,液压力驱动液压缸活塞和被控对象组成的质量-阻尼-弹簧系统产生对称缸活塞位移。这是因负载压力产生活塞位移观念。

依据这种观念将式(5-12)改写为式(5-15),式(5-14)改写为式(5-16),式(5-13)改写为式(5-17)。并将式(5-15)、式(5-16)和式(5-17)分别用方块图表示,并相互连接成网络图,如图 5-8 所示。这就是依据因负载压力产生活塞位移观念构建起来的四通阀控对称缸液压动力元件方块图。

$$K_c P_L = K_q X_v - Q_L \tag{5-15}$$

$$(m_t s^2 + B_c s + K) X_c = A_c P_L - F_L \tag{5-16}$$

$$Q_L = A_c s X_c + \left( C_{tc} + \frac{V_t}{4\beta_e} s \right) P_L \tag{5-17}$$

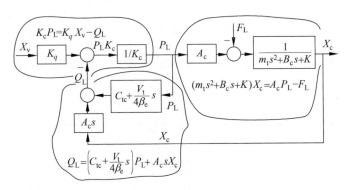

图 5-8　四通阀控对称缸液压动力元件方块图一

为了清晰起见,需要利用方块图化简方法对图 5-8 整理。整理后液压动力元件方块图如图 5-9 所示。

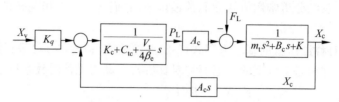

图 5-9　四通阀控对称缸液压动力元件方块图二

2) 依据因负载流量产生活塞杆位移观念

另一种观念:液压系统驱动方式是容积驱动。液压控制阀输出工作液流量,液压缸活塞位移可看作流量作用效应的结果。也就是说四通阀输出受控流量液体,对称缸将液体流量变成活塞杆位移。这是因负载流量产生活塞位移观念。

依据这种观念可将式(5-13)改写为式(5-18),式(5-14)改写为式(5-19)。进一步将式(5-12)、式(5-18)和式(5-19)分别用方块图表示,并相互连接成网络图,如图 5-10 所示。这就是因负载流量产生活塞位移观念构建起来的四通阀控对称缸液压动力元件方块图。

$$A_c s X_c = Q_L - \left(C_{tc} + \frac{V_t}{4\beta_e} s\right) P_L \tag{5-18}$$

$$A_c P_L = (m_t s^2 + B_c s + K) X_c + F_L \tag{5-19}$$

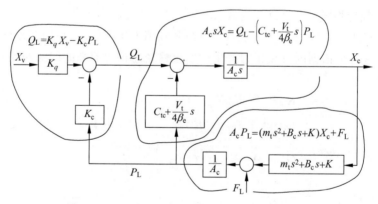

图 5-10　四通阀控对称缸液压动力元件方块图三

同样,利用方块图化简方法对图 5-10 整理。整理后的液压动力元件方块图如图 5-11 所示。

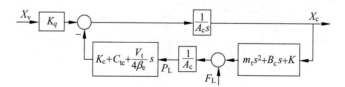

图 5-11　四通阀控对称缸液压动力元件方块图四

3）两种系统方块图的关系

对比图 5-9 与图 5-11,它们都用闭环系统结构描述了四通阀控对称缸液压动力元件,且构成闭环系统的要素是相同的。不同的是两个闭环系统的信号流动方向是不同的,也反映了各个组成环节的原因变量和结果变量的不同观念和不同选择。

用动力学观念看:液压控制过程是液流体动力学过程,是动态过程。压力和流量是描述同一过程状态的两个物理量。动态过程的状态发生变化,两个物理量同时发生变化,它们互为因果,没有先后之别。因而图 5-9 与图 5-11 描述的四通阀控对称缸的系统工作机理是相同的。

液压动力元件的方块图数学模型清晰描述了四通阀控对称液压缸动力元件内部参数间的作用关系和作用机理。

**3. 解表达式**

化简方块图,或者联立式(5-12)、式(5-13)和式(5-14),取总的流量-压力系数 $K_{ce} = K_c + C_{tc}$,则求解出液压缸活塞杆位移,见式(5-20)。

$$X_c = \cfrac{\dfrac{K_q}{A_c}X_v - \dfrac{K_{ce}}{A_c^2}\left(1 + \dfrac{V_t}{4\beta_e K_{ce}}s\right)F_L}{\dfrac{V_t m_t}{4\beta_e A_c^2}s^3 + \left(\dfrac{K_{ce} m_t}{A_c^2} + \dfrac{V_t B_c}{4\beta_e A_c^2}\right)s^2 + \left(1 + \dfrac{K_{ce} B_c}{A_c^2} + \dfrac{V_t K}{4\beta_e A_c^2}\right)s + \dfrac{K_{ce} K}{A_c^2}} \tag{5-20}$$

液压动力元件内部液压控制阀、液压执行元件、负载的综合作用产生活塞位移。这种综合作用过程是动力学过程,可以用一个三阶常系数微分方程描述。活塞位移表达式就是这个微分方程的解。

综上所述,液压动力元件的数学模型可以用式(5-12)、式(5-13)和式(5-14)组成的方程组描述。也可以用方块图 5-9 和图 5-11 描述,或者用解析表达式(5-20)描述。这几种表示方法的液压动力元件的前提假设条件是相同的,它们之间可以相互转化,因此它们是等效的。

上述三种数学模型都可以利用计算分析软件(如 MATLAB/Simulink 等)进行分析处理。尽管如此,如果能够针对特定的工程问题,充分利用已知条件,对液压动力元件数学模型进行适当化简,从而获得反映实际工程问题主要特点的简单数学模型。

下面探讨液压动力元件的模型化简与模型分析。

## 5.2.4　四通阀控对称缸动力元件的固有频率

假设液压缸、活塞、活塞杆及管路为刚体,伺服控制过程中阀口等效为截止状态,如图 5-12 所示。与刚体相比,工作液具有明显的可压缩性,体积模量用符号 $\beta_e$ 表示。工作液可压缩性表现为液压缸 1、2 腔中密封的受压液体刚度,相当于液压弹簧。刚度系数分别写为式(5-21)和式(5-22)。

$$K_{h1} = \beta_e \frac{A_c^2}{V_1} \tag{5-21}$$

$$K_{h2} = \beta_e \frac{A_c^2}{V_2} \tag{5-22}$$

液压缸两腔密封液体的等效刚度(俗称等效液压弹簧)联接关系可以用图 5-13 示意,是两液压弹簧并联。液压缸活塞上的受压液体等效刚度可以表达为式(5-23)。

$$K_h = K_{h1} + K_{h2} \tag{5-23}$$

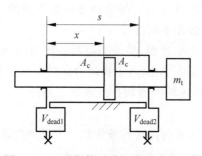

图 5-12　四通阀控对称缸液压动力元件
　　　　固有频率分析

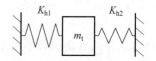

图 5-13　阀控液压缸等效液压弹簧
　　　　系统示意

阀控对称缸液压动力元件的液压刚度可以写为式(5-24)。

$$K_h = \beta_e A_c^2 \left( \frac{1}{V_1} + \frac{1}{V_2} \right) \tag{5-24}$$

液压缸行程为 $s$。当液压缸活塞位移为 $x$ 时,考虑死腔容积,两腔受压工作液的体积可写为式(5-25)。

$$\begin{cases} V_1 = A_c x + V_{dead1} \\ V_2 = A_c(s - x) + V_{dead2} \end{cases} \tag{5-25}$$

阀控对称缸液压动力元件的液压刚度公式可以详细写为式(5-26)。若忽略死腔容积差别,认为它们相等,即 $V_{dead1} = V_{dead2}$,液压刚度与活塞位移变化规律可以用图 5-6 示意。

$$K_h = \beta_e A_c^2 \left( \frac{1}{A_c x + V_{dead1}} + \frac{1}{A_c(s - x) + V_{dead2}} \right) \tag{5-26}$$

用 $V_t$ 表示受压容腔总体积,则 $V_t = A_c s + 2V_{dead1}$。当活塞处于中位时,$x = s/2$,阀控对称缸液压动力元件的液压刚度最小,见式(5-27)。

$$K_h = \frac{4\beta_e A_c^2}{V_t} \tag{5-27}$$

套用机械系统固有频率概念和计算公式,阀控对称缸液压动力元件的固有频率可以写为式(5-28)。

$$\omega_h = \sqrt{\frac{K_h}{m_t}} = \sqrt{\frac{\beta_e A_c^2}{m_t} \left( \frac{1}{A_c x + V_{dead1}} + \frac{1}{A_c(s - x) + V_{dead2}} \right)} \tag{5-28}$$

当活塞处于中位时,$x = s/2$,阀控对称缸液压动力元件的固有频率取得最小值。阀控对称缸液压动力元件最小固有频率可写为式(5-29)。

$$\omega_h = \sqrt{\frac{4\beta_e A_c^2}{V_t m_t}} \tag{5-29}$$

## 5.2.5　模型化简与模型分析

从液压动力元件的应用实际情况看:有些案例的负载系统中不包含弹性负载;有些案

例中,与其他负载相比,弹性负载很小,可以忽略弹性负载。也就是说:弹性负载并不是总是存在于液压动力元件的负载之中。因此,探讨液压动力元件的简化模型可以从无弹性负载情况开始。

**1. 无弹性负载液压动力元件模型化简**

一些情况下,四通阀控液压缸动力元件没有明显弹性负载,如飞机作动器。

无弹性负载时,即 $K=0$。

通常情况下,被控对象机械机构应运动灵活,无卡滞现象,则 $B_c$ 数值很小。在液压机构中,$K_{ce}$ 很小,所以式(5-30)描述条件几乎总能够满足。

$$\frac{K_{ce}B_c}{A_c^2} \ll 1 \tag{5-30}$$

在满足式(5-30)条件下,则式(5-20)可以化简为式(5-31)。

$$X_c = \frac{\dfrac{K_q}{A_c}X_v - \dfrac{K_{ce}}{A_c^2}\left(1 + \dfrac{V_t}{4\beta_e K_{ce}}s\right)F_L}{s\left[\dfrac{V_t m_t}{4\beta_e A_c^2}s^2 + \left(\dfrac{K_{ce}m_t}{A_c^2} + \dfrac{V_t B_c}{4\beta_e A_c^2}\right)s + 1\right]} \tag{5-31}$$

式(5-31)简写作式(5-32)。

$$X_c = \frac{\dfrac{K_q}{A_c}X_v - \dfrac{K_{ce}}{A_c^2}\left(1 + \dfrac{V_t}{4\beta_e K_{ce}}s\right)F_L}{s\left(\dfrac{s^2}{\omega_h^2} + \dfrac{2\zeta_h}{\omega_h}s + 1\right)} \tag{5-32}$$

式中,$\omega_h$ 为液压动力元件固有频率,见式(5-29),rad/s;$\zeta_h$ 为液压动力元件阻尼比,见式(5-33)或式(5-34)。

$$\zeta_h = \frac{K_{ce}}{A_c}\sqrt{\frac{\beta_e m_t}{V_t}} + \frac{B_c}{4A_c}\sqrt{\frac{V_t}{\beta_e m_t}} \tag{5-33}$$

若 $B_c$ 很小,趋近于 0,则式(5-33)可化简为式(5-34)。

$$\zeta_h = \frac{K_{ce}}{A_c}\sqrt{\frac{\beta_e m_t}{V_t}} \tag{5-34}$$

式(5-32)可表述为图 5-14 所示方块图。即在无弹性负载条件下,以活塞杆位移为输出变量的四通阀控对称缸液压动力元件模型可以用图 5-14 表示。

液压缸活塞位移 $X_c$ 对控制信号输入 $X_v$ 的传递函数写作式(5-35)。

$$\frac{X_c}{X_v} = \frac{\dfrac{K_q}{A_c}}{s\left(\dfrac{s^2}{\omega_h^2} + \dfrac{2\zeta_h}{\omega_h}s + 1\right)} \tag{5-35}$$

液压缸活塞位移 $X_c$ 对负载压力输入 $F_L$ 的传递函数写作式(5-36)。

$$\frac{X_c}{F_L} = \frac{-\dfrac{K_{ce}}{A_c^2}\left(1 + \dfrac{V_t}{4\beta_e K_{ce}}s\right)}{s\left(\dfrac{s^2}{\omega_h^2} + \dfrac{2\zeta_h}{\omega_h}s + 1\right)} \tag{5-36}$$

在阀控对称缸速度控制系统中,以活塞杆速度作为液压动力元件输出物理量。对图 5-14 进行处理,去掉一个积分环节,得到图 5-15。它是在无弹性负载条件下,以活塞杆速度为输出变量的四通阀控对称缸液压动力元件模型。

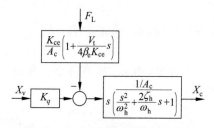

图 5-14  无弹性负载四通阀控对称缸
位移简化方块图

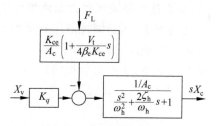

图 5-15  无弹性负载四通阀控对称缸
速度简化方块图

液压缸活塞速度 $sX_c$ 对控制信号输入 $X_v$ 的传递函数写作式(5-37)。

$$\frac{sX_c}{X_v} = \frac{\dfrac{K_q}{A_c}}{\dfrac{s^2}{\omega_h^2} + \dfrac{2\zeta_h}{\omega_h}s + 1} \tag{5-37}$$

液压缸活塞速度 $sX_c$ 对负载压力输入 $F_L$ 的传递函数写作式(5-38)。

$$\frac{sX_c}{F_L} = \frac{-\dfrac{K_{ce}}{A_c^2}\left(1 + \dfrac{V_t}{4\beta_e K_{ce}}s\right)}{\dfrac{s^2}{\omega_h^2} + \dfrac{2\zeta_h}{\omega_h}s + 1} \tag{5-38}$$

若负载中黏性阻力很小,$B_c$ 趋近于 0;且负载质量略小,液压动力元件固有频率高于液压反馈控制系统动态频率 3 倍以上,则液压缸活塞位移 $X_c$ 对控制信号输入 $X_v$ 的传递函数化简为式(5-39)。

$$\frac{X_c}{X_v} = \frac{\dfrac{K_q}{A_c}}{s\left(\dfrac{K_{ce}m_t}{A_c^2}s + 1\right)} = \frac{\dfrac{K_q}{A_c}}{s\left(\dfrac{s}{\omega_1} + 1\right)} \tag{5-39}$$

式中,$\omega_1$ 为惯性环节转折频率,见式(5-40),rad/s。

$$\omega_1 = \frac{A_c^2}{K_{ce}m_t} \tag{5-40}$$

若负载中黏性阻力很小,$B_c$ 趋近于 0;且惯性负载很小,$m_t$ 趋近于 0,液压动力元件固有频率远高于液压反馈控制系统动态频率,则液压缸活塞位移 $X_c$ 对控制信号输入 $X_v$ 的传递函数化简为式(5-41)。

$$\frac{X_c}{X_v} = \frac{\dfrac{K_q}{A_c}}{s} \tag{5-41}$$

液压缸活塞位移 $X_c$ 对控制信号输入 $X_v$ 的传递函数也可用伯德图表示,如图 5-16 所示。为了清晰表达 a、b、c 三条曲线,将幅频特性的低频段这三条重合的线分开画。曲线 a 表示传递函数(5-35),曲线 b 表示传递函数(5-39),曲线 c 表示传递函数(5-41)。

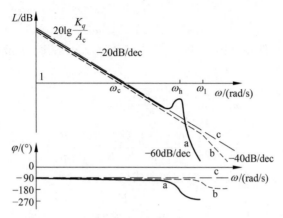

图 5-16　无弹性负载四通阀控对称缸伯德图

从图 5-16 中可以看出,曲线 a 更精确和详尽地刻画了无弹性负载情况下四通阀控对称缸液压动力元件的动态特性;曲线 c 更粗略地刻画了无弹性负载情况下四通阀控对称缸液压动力元件的动态特性,也更明显表示出:无弹性负载和液压动力元件固有频率很高的情况下,四通阀控对称缸液压动力元件的动态特性本质性质是积分特性。

阀控对称缸液压动力元件中,影响伯德图的主要参数是 $K_q/A_c$、$\omega_h$、$\zeta_h$。其中,$A_c$ 是液压动力元件的结构尺寸参数,当液压动力元件尺寸确定以后,$A_c$ 是定值常数。但是,工作点变化(阀芯位置变化,液压动力元件的活塞处于不同位置,负载变化),$K_q$、$\omega_h$ 与 $\zeta_h$ 则可能不相同,会在一定范围内变化。

**2. 存在弹性负载液压动力元件模型化简**

在一些情况,如轧机液压控制系统和材料试验机液压控制系统,弹性负载是液压动力元件的主要负载。

弹性负载是主要负载之一时,$K \neq 0$,通常黏性阻尼 $B_c$ 很小,$K_{ce}B_c/A_c^2$ 更小,它与 1 相比可以忽略,则式(5-20)化简为式(5-42)。

$$X_c = \dfrac{\dfrac{K_q}{A_c}X_v - \dfrac{K_{ce}}{A_c^2}\left(1 + \dfrac{V_t}{4\beta_e K_{ce}}s\right)F_L}{\dfrac{V_t m_t}{4\beta_e A_c^2}s^3 + \left(\dfrac{K_{ce}m_t}{A_c^2} + \dfrac{V_t B_c}{4\beta_e A_c^2}\right)s^2 + \left(1 + \dfrac{V_t K}{4\beta_e A_c^2}\right)s + \dfrac{K_{ce}K}{A_c^2}} \tag{5-42}$$

式(5-42)还可进一步简写为式(5-43)。

$$X_c = \dfrac{\dfrac{K_q}{A_c}X_v - \dfrac{K_{ce}}{A_c^2}\left(1 + \dfrac{V_t}{4\beta_e K_{ce}}s\right)F_L}{\dfrac{s^3}{\omega_h^2} + \dfrac{2\zeta_h}{\omega_h}s^2 + \left(1 + \dfrac{K}{K_h}\right)s + \dfrac{K_{ce}K}{A_c^2}} \tag{5-43}$$

简写为

$$X_c = \frac{\dfrac{K_q}{A_c}X_v - \dfrac{K_{ce}}{A_c^2}\left(1 + \dfrac{V_t}{4\beta_e K_{ce}}s\right)F_L}{\left[\left(1 + \dfrac{K}{K_h}\right)s + \dfrac{K_{ce}K}{A_c^2}\right]\left(\dfrac{s^2}{\omega_0^2} + \dfrac{2\zeta_0}{\omega_0}s + 1\right)} \tag{5-44}$$

式中,$\omega_0$ 为液压动力元件综合固有频率,见式(5-45),rad/s;$\zeta_0$ 为液压动力元件综合阻尼比,见式(5-38)。

$$\omega_0 = \omega_h \sqrt{1 + \frac{K}{K_h}} \tag{5-45}$$

$$\zeta_0 = \frac{1}{2\omega_0}\left(\frac{4\beta_e K_{ce}}{V_t(1 + K/K_h)} + \frac{B_c}{m_t}\right) \tag{5-46}$$

若 $B_c$ 很小,趋近于 0,则式(5-46)化简为式(5-47)。

$$\zeta_0 = \frac{2\beta_e K_{ce}}{\omega_0 V_t(1 + K/K_h)} \tag{5-47}$$

式(5-44)可近似写作式(5-48)。

$$X_c = \frac{\dfrac{K_q A_c}{K_{ce}K}X_v - \dfrac{1}{K}\left(1 + \dfrac{V_t}{4\beta_e K_{ce}}s\right)F_L}{\left(\dfrac{s}{\omega_r} + 1\right)\left(\dfrac{s^2}{\omega_0^2} + \dfrac{2\zeta_0}{\omega_0}s + 1\right)} \tag{5-48}$$

式中,$\omega_r$ 为惯性环节的转折频率,见式(5-49),rad/s。

$$\omega_r = \frac{K_{ce}K}{A_c^2\left(1 + \dfrac{K}{K_h}\right)} = \frac{K_{ce}}{A_c^2\left(\dfrac{1}{K} + \dfrac{1}{K_h}\right)} \tag{5-49}$$

液压缸活塞位移 $X_c$ 对控制信号输入 $X_v$ 的传递函数写作式(5-50)。

$$\frac{X_c}{X_v} = \frac{\dfrac{K_q A_c}{K_{ce}K}}{\left(\dfrac{s}{\omega_r} + 1\right)\left(\dfrac{s^2}{\omega_0^2} + \dfrac{2\zeta_0}{\omega_0}s + 1\right)} \tag{5-50}$$

液压缸活塞位移 $X_c$ 对负载压力输入 $F_L$ 的传递函数写作式(5-51)。

$$\frac{X_c}{F_L} = \frac{-\dfrac{1}{K}\left(1 + \dfrac{V_t}{4\beta_e K_{ce}}s\right)}{\left(\dfrac{s}{\omega_r} + 1\right)\left(\dfrac{s^2}{\omega_0^2} + \dfrac{2\zeta_0}{\omega_0}s + 1\right)} \tag{5-51}$$

若负载弹簧刚度远小于液压弹簧刚度时,即 $K/K_h \ll 1$,则式(5-48)可简化为式(5-52)。

$$X_c = \frac{\dfrac{K_q}{A_c}X_v - \dfrac{K_{ce}}{A_c^2}\left(1 + \dfrac{V_t}{4\beta_e K_{ce}}s\right)F_L}{\left(s + \dfrac{K_{ce}K}{A_c^2}\right)\left(\dfrac{s^2}{\omega_h^2} + \dfrac{2\zeta_h}{\omega_h}s + 1\right)} \tag{5-52}$$

若负载中黏性阻力很小,$B_c$ 趋近于 0;且惯性负载很小,$m_t$ 趋近于 0,液压动力元件固有频率远高于液压反馈控制系统动态频率,则液压缸活塞位移 $X_c$ 对控制信号输入 $X_v$ 的传递函数化简为式(5-53)。

$$\frac{X_{\mathrm{c}}}{X_{\mathrm{v}}}=\frac{\dfrac{K_q}{A_{\mathrm{c}}}}{\left(1+\dfrac{K}{K_{\mathrm{h}}}\right)s+\dfrac{K_{\mathrm{ce}}K}{A_{\mathrm{c}}^2}}=\frac{\dfrac{A_{\mathrm{c}}K_q}{K_{\mathrm{ce}}K}}{\dfrac{s}{\omega_{\mathrm{r}}}+1} \tag{5-53}$$

式中，$\omega_{\mathrm{r}}$ 为惯性环节转折频率，见式(5-49)，rad/s。

液压缸活塞位移 $X_{\mathrm{c}}$ 对控制信号输入 $X_{\mathrm{v}}$ 的传递函数也可用伯德图表示，如图 5-17 所示。为了清晰表达 a、b、c 三条曲线，将幅频特性的低频段这三条重合的线分开画。曲线 a 表示传递函数(5-50)，曲线 b 表示式(5-52)对应的传递函数，曲线 c 表示传递函数(5-53)。

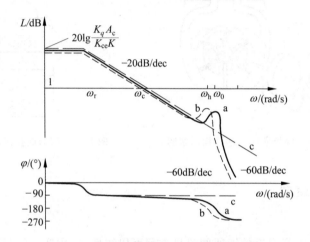

图 5-17　有弹性负载四通阀控对称缸伯德图

从图 5-17 中可以看出，曲线 a 更精确和详尽地刻画了有弹性负载情况下四通阀控对称缸液压动力元件的动态特性；曲线 c 更粗略地刻画了有弹性负载情况下四通阀控对称缸液压动力元件的动态特性，也更明显表示出：有弹性负载和液压动力元件固有频率很高的情况下，四通阀控对称缸液压动力元件的动态特性本质性质是一阶惯性特性。

## 5.3　四通阀控液压马达

液压马达是能够实现摆动或旋转的液压执行元件。用于伺服控制的马达是双向液压伺服马达。通常，马达两个工作油腔结构与尺寸是相同的。

在负载作机械旋转运动时，四通阀控马达是常见的液压动力元件。

### 5.3.1　基本假设

为了易于理解，不失一般性，用单作用叶片马达形象表示的四通阀控马达液压动力元件结构，如图 5-18 所示。四通阀控液压马达动力元件原理图如图 5-19 所示。

为了明晰液压动力元件中的主要参数关系，作如下假设：

(1) 工作液温度、黏度和体积模量为常数；

(2) 液压源采用理想恒压源，回油压力为大气压；

（3）液压马达及连接管路泄漏处的液流状态均为层流；

（4）四通阀与液压马达间连接管路短，且管路通径足够大，可以忽略管道内工作液动态和压力损失；

（5）四通阀负载流量方程是可线性化的（即零开口或正开口特性）；

（6）各个阀口是匹配和对称的；

（7）液压缸每个工作腔内压力处处相等。

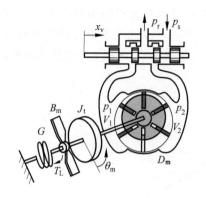 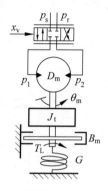

图 5-18　四通阀控液压马达结构示意图　　　图 5-19　四通阀控液压马达原理图

### 5.3.2　数学模型

**1. 基本方程**

依据假设条件，零位附近的四通阀流量方程可以线性化，用变量符号表示流量线性化方程(4-42)，然后对其进行拉普拉斯变换，结果如下：

$$Q_L = K_q X_v - K_c P_L \tag{5-54}$$

依据质量守恒定律，列马达 1 腔和 2 腔的流量方程，然后合并这两方程得到负载流量连续性方程，对其进行拉普拉斯变换处理，得到式(5-55)。

$$Q_L = D_m s\theta_m + C_{tm} P_L + \frac{V_t}{4\beta_e} s P_L \tag{5-55}$$

式中，$Q_L$ 为负载流量，$m^3/s$；$P_L$ 为负载压力，$Pa$；$D_m$ 为液压马达弧度排量，$m^3/rad$；$\theta_m$ 为液压马达输出轴转角，$rad$；$C_{tm}$ 为总泄漏系数，$m^3/(s \cdot Pa)$；$V_t$ 为与液压马达容腔 1 和 2 连通的密闭容腔容积（包括液压马达 1 和 2 腔、控制阀一部分容腔和管路容腔等），$m^3$；$\beta_e$ 为工作液体积模量（包含了腔壁、管壁弹性变形的效应），$N/m^2$。

依据牛顿定律，列写液压缸活动部分与负载的力平衡方程，并进行拉普拉斯变换，见式(5-56)。

$$P_L D_m = J_t s^2 \theta_m + B_m s\theta_m + G\theta_m + T_L \tag{5-56}$$

式中，$J_t$ 为总惯性负载（包括转子、联接轴等惯量），$kg \cdot m^2$；$B_m$ 为总黏性负载系数（包括转子、轴等密封产生的阻力矩，折合为黏性负载），$N \cdot m/(rad/s)$；$G$ 为弹性负载，$N \cdot m/rad$；$T_L$ 为以力矩形式出现的负载，$N \cdot m$。

**2. 系统方块图**

若液压马达输出轴转角被作为液压动力元件的输出变量。马达输出轴转角被看作由负载压力产生的,也即四通阀输出量是液压力,液压力驱动液压马达和被控对象组成的惯量-阻尼-弹簧系统产生液压马达输出轴转角。

利用基本方程(5-54)、方程(5-55)和方程(5-56),绘制阀控液压马达动力机构方块图,如图 5-20 所示。

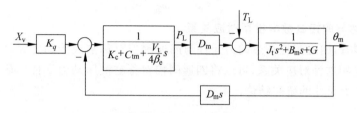

图 5-20　四通阀控液压马达液压动力元件方块图

### 3. 传递函数

以马达输出轴转角 $\theta_\mathrm{m}$ 为输出变量。求解基本方程(5-54)、方程(5-55)和方程(5-56),或者求解阀控液压马达动力机构方块图(见图 5-20)。则

$$\theta_\mathrm{m}=\cfrac{\dfrac{K_q}{D_\mathrm{m}}X_\mathrm{v}-\dfrac{K_\mathrm{ce}}{D_\mathrm{m}^2}\left(1+\dfrac{V_\mathrm{t}}{4\beta_\mathrm{e}K_\mathrm{ce}}s\right)T_\mathrm{L}}{\dfrac{V_\mathrm{t}J_\mathrm{t}}{4\beta_\mathrm{e}D_\mathrm{m}^2}s^3+\left(\dfrac{K_\mathrm{ce}J_\mathrm{t}}{D_\mathrm{m}^2}+\dfrac{V_\mathrm{t}B_\mathrm{m}}{4\beta_\mathrm{e}D_\mathrm{m}^2}\right)s^2+\left(1+\dfrac{K_\mathrm{ce}B_\mathrm{m}}{D_\mathrm{m}^2}+\dfrac{V_\mathrm{t}G}{4\beta_\mathrm{e}D_\mathrm{m}^2}\right)s+\dfrac{K_\mathrm{ce}G}{D_\mathrm{m}^2}} \tag{5-57}$$

从实际阀控液压马达系统应用情况看,没有弹性负载是常见的情况。在 $G=0$ 的条件下,式(5-57)可以进一步简化为式(5-58)。

$$\theta_\mathrm{m}=\cfrac{\dfrac{K_q}{D_\mathrm{m}}X_\mathrm{v}-\dfrac{K_\mathrm{ce}}{D_\mathrm{m}^2}\left(1+\dfrac{V_\mathrm{t}}{4\beta_\mathrm{e}K_\mathrm{ce}}s\right)T_\mathrm{L}}{s\left(\dfrac{s^2}{\omega_\mathrm{h}^2}+\dfrac{2\zeta_\mathrm{h}}{\omega_\mathrm{h}}s+1\right)} \tag{5-58}$$

式中,$\omega_\mathrm{h}$ 为液压动力元件固有频率,见式(5-59),rad/s;$\zeta_\mathrm{h}$ 为液压动力元件阻尼比,见式(5-60)或式(5-61)。

$$\omega_\mathrm{h}=\sqrt{\frac{4\beta_\mathrm{e}D_\mathrm{m}^2}{V_\mathrm{t}J_\mathrm{t}}} \tag{5-59}$$

$$\zeta_\mathrm{h}=\frac{K_\mathrm{ce}}{D_\mathrm{m}}\sqrt{\frac{\beta_\mathrm{e}J_\mathrm{t}}{V_\mathrm{t}}}+\frac{B_\mathrm{m}}{4D_\mathrm{m}}\sqrt{\frac{V_\mathrm{t}}{\beta_\mathrm{e}J_\mathrm{t}}} \tag{5-60}$$

若 $B_\mathrm{m}$ 很小或 $B_\mathrm{m}=0$,则式(5-60)简化为式(5-61)。

$$\zeta_\mathrm{h}=\frac{K_\mathrm{ce}}{D_\mathrm{m}}\sqrt{\frac{\beta_\mathrm{e}J_\mathrm{t}}{V_\mathrm{t}}} \tag{5-61}$$

马达输出转角 $\theta_\mathrm{m}$ 对输入阀芯位移 $X_\mathrm{v}$ 的传递函数见式(5-62)。

$$\frac{\theta_\mathrm{m}}{X_\mathrm{v}}=\cfrac{\dfrac{K_q}{D_\mathrm{m}}}{s\left(\dfrac{s^2}{\omega_\mathrm{h}^2}+\dfrac{2\zeta_\mathrm{h}}{\omega_\mathrm{h}}s+1\right)} \tag{5-62}$$

马达输出转角 $\theta_m$ 对负载力矩 $T_L$ 的传递函数见式(5-63)。

$$\frac{\theta_m}{T_L} = \frac{-\dfrac{K_{ce}}{D_m^2}\left(1 + \dfrac{V_t}{4\beta_e K_{ce}}s\right)}{s\left(\dfrac{s^2}{\omega_h^2} + \dfrac{2\zeta_h}{\omega_h}s + 1\right)} \tag{5-63}$$

**4. 阀控马达与阀控缸数学模型对应关系**

从数学模型看,四通阀控马达动力元件与四通阀控对称缸液压动力元件有明显对应关系,见表5-1。利用这种对应关系,可以将四通阀控对称缸液压动力元件的研究结果变换为四通阀控马达动力元件的研究结论。

表 5-1　　阀控马达与阀控缸数学模型对应关系

| 四通阀控马达 | | 四通阀控对称缸 | |
| --- | --- | --- | --- |
| 变量名 | 符号 | 变量名 | 符号 |
| 马达轴转角 | $\theta_m$ | 活塞杆位移 | $x_c$ |
| 马达排量 | $D_m$ | 活塞有效面积 | $A_c$ |
| 马达及负载惯量 | $J_t$ | 活塞及负载运动质量 | $m_t$ |
| 扭转黏性阻力矩系数 | $B_m$ | 黏性阻力系数 | $B_c$ |
| 负载扭转弹簧刚度 | $G$ | 负载弹簧刚度 | $K$ |

### 5.3.3　四通阀控马达动力元件的特点

与四通阀控对称缸动力元件相比,四通阀控马达动力元件的特点如下:

(1) 四通阀控马达动力元件的传递函数与四通阀控对称缸动力元件的传递函数具有相似的形式;

(2) 四通阀控马达动力元件与四通阀控对称缸液压动力元件有直接对应关系;

(3) 通常,液压伺服马达的泄漏系数大于液压对称缸泄漏系数,四通阀控马达系统静刚度略小。

## 5.4　三通阀控非对称缸

在机液伺服机构中,如液压助力系统,三通阀控非对称缸是较为常见的液压动力元件。三通液压控制阀具有结构简单,轴向配合尺寸少,制造容易的优点。

非对称液压缸指单出杆活塞缸,它的优点是结构简单、空间占用小、布置方便。但是单出杆活塞缸的两腔有效作用面积不同。在同样压力和流量的液压油作用下,活塞产生的力和速度不同。因此常将其与液压三通阀组合使用,并将有杆腔和无杆腔的有效作用面积比设计为1∶2,以便在液压油压力和流量相同时,非对称缸差动连接方式获得的活塞出力和速度等同于有杆腔单独供油时的活塞出力和速度。

以滑阀形式三通阀控对称缸液压动力元件结构可以用图 5-21 表示。三通阀控非对称缸液压动力元件的液压原理图如图 5-22 所示。

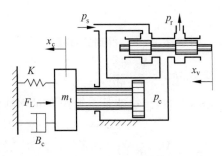

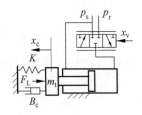

图 5-21　三通阀控非对称缸结构示意图　　　　　图 5-22　三通阀控非对称缸原理图

### 5.4.1　基本假设

为了明晰液压动力元件中的主要参数关系,作如下假设:

(1) 工作液温度、黏度和体积模量为常数;

(2) 液压源采用理想恒压源,回油压力为大气压;

(3) 液压缸及连接管路泄漏处的液流状态均为层流;

(4) 三通阀与液压缸间连接管路短,且管路通径足够大,可以忽略管道内工作液动态和压力损失;

(5) 三通阀负载流量方程是可线性化的(即零开口或正开口特性);

(6) 各个阀口是匹配和对称的;

(7) 液压缸每个工作腔内压力处处相等。

### 5.4.2　数学模型

#### 1. 基本方程

用变量符号表示三通控制阀流量公式(4-95)中的变量增量,其拉普拉斯变换式见式(5-64)。

$$Q_L = K_q X_v - K_c P_c \tag{5-64}$$

式中,$Q_L$ 为负载流量,$m^3/s$; $K_q$ 为流量系统,$m^2/s$; $K_c$ 为流量-压力系数,$m^3/(s \cdot Pa)$; $P_c$ 为液压缸控制腔压力,$Pa$; $X_v$ 为阀芯位移,$m$。

控制腔指与液压缸无杆腔连通的密闭容腔容积(包括液压缸无杆腔、控制阀一部分容腔和管路容腔等)。

控制腔流量连续性方程见式(5-65)。

$$q_L + C_{ic}(p_s - p_c) = A_h \frac{\mathrm{d}x_c}{\mathrm{d}t} + \frac{V_c}{\beta_e} \frac{\mathrm{d}p_c}{\mathrm{d}t} \tag{5-65}$$

式中,$q_L$ 为负载流量,$m^3/s$; $C_{ic}$ 为内泄漏系数,$m^3/(s \cdot Pa)$; $p_s$ 为供油压力,$Pa$; $A_h$ 为液压缸无杆腔有效作用面积,$m^2$; $x_c$ 为液压缸活塞位移,$m$; $C_{ec}$ 为外泄漏系数,$m^3/(s \cdot Pa)$; $V_c$ 为控制腔容积,$m^3$; $\beta_e$ 为工作液体积模量(包含了腔壁、管壁弹性变形的效应),$N/m^2$。

控制腔容积 $V_c$ 用式(5-66)计算。

$$V_c = V_0 + A_h x_c \tag{5-66}$$

式中，$V_0$ 为控制腔的初始容积，$m^3$。

将式(5-66)代入式(5-65)。假设 $V_0 \gg A_h x_c$，则忽略 $A_h x_c$，得到式(5-67)。

$$q_L + C_{ic} p_s = A_h \frac{dx_c}{dt} + C_{ic} p_c + \frac{V_0}{\beta_e} \frac{dp_c}{dt} \tag{5-67}$$

对式(5-67)的增量式进行拉普拉斯变换，得式(5-68)。这就是三通阀非对称缸的负载流量方程。

$$Q_L = A_h s X_c + C_{ic} P_c + \frac{V_0}{\beta_e} s P_c \tag{5-68}$$

建立活塞力平衡方程，见式(5-69)，其增量式的拉普拉斯变换式见式(5-70)。

$$p_c A_h - p_s A_r = m_t \frac{d^2 x_c}{dt^2} + B_c \frac{dx_c}{dt} + K x_c + F_L \tag{5-69}$$

式中，$A_r$ 为液压缸有杆腔有效作用面积，$m^2$；$m_t$ 为总惯性负载（包括活塞、活塞杆等质量），kg；$B_c$ 为总黏性负载系数（包括活塞、活塞杆等密封产生的阻力，折合为黏性负载），N/(m/s)；$K$ 为弹性负载，N/m；$F_L$ 为以力形式出现的负载，N。

$$P_c A_h = m_t s^2 X_c + B_c s X_c + K X_c + F_L \tag{5-70}$$

式(5-64)、式(5-68)和式(5-70)构成 $s$ 域三通阀控非对称缸液压动力元件模型。

**2. 系统方块图**

若液压缸活塞位移被作为液压动力元件的输出变量。液压缸活塞位移被看作由负载压力产生的，也即三通阀输出液压力驱动液压缸活塞和被控对象组成的惯量-阻尼-弹簧系统产生液压缸活塞位移。依据上述观点建立三通阀控非对称缸液压动力元件方块图，如图 5-23 所示。

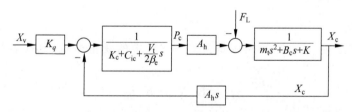

图 5-23　三通阀控非对称缸动力元件方块图

**3. 传递函数**

以液压缸活塞位移 $x_c$ 为输出变量。求解基本方程式(5-54)、式(5-55)和式(5-56)，或者求解方块图 5-23，得到式(5-71)。

$$X_c = \frac{\dfrac{K_q}{A_h} X_v - \dfrac{K_{ce}}{A_h^2}\left(1 + \dfrac{V_0}{\beta_e K_{ce}} s\right) F_L}{\dfrac{V_0 m_t}{\beta_e A_h^2} s^3 + \left(\dfrac{K_{ce} m_t}{A_h^2} + \dfrac{V_0 B_c}{\beta_e A_h^2}\right) s^2 + \left(1 + \dfrac{K_{ce} B_c}{A_h^2} + \dfrac{V_0 K}{\beta_e A_h^2}\right) s + \dfrac{K_{ce} K}{A_h^2}} \tag{5-71}$$

式中，$K_{ce} = K_c + C_{ic}$，为总流量压力系数。

若 $B_p K_{ce}/A_h^2 \ll 1$，式(5-71)可化简为式(5-72)。

$$X_c = \frac{\dfrac{K_q}{A_h}X_v - \dfrac{K_{ce}}{A_h^2}\left(1 + \dfrac{V_0}{\beta_e K_{ce}}s\right)F_L}{\dfrac{s^3}{\omega_h^2} + \dfrac{2\zeta_h}{\omega_h}s^2 + \left(1 + \dfrac{K}{K_h}\right)s + \dfrac{K_{ce}K}{A_h^2}} \tag{5-72}$$

式中，$K_h$ 为液压弹簧刚度，见式(5-73)，N/m；$\omega_h$ 为液压动力元件固有频率，见式(5-74)，rad/s；$\zeta_h$ 为液压动力元件阻尼比，见式(5-75)。

$$K_h = \frac{\beta_e A_h^2}{V_0} \tag{5-73}$$

$$\omega_h = \sqrt{\frac{K_h}{m_t}} = \sqrt{\frac{\beta_e A_h^2}{V_0 m_t}} \tag{5-74}$$

$$\zeta_h = \frac{K_{ce}}{2A_h}\sqrt{\frac{\beta_e m_t}{V_0}} + \frac{B_c}{2A_h}\sqrt{\frac{V_0}{\beta_e m_t}} \tag{5-75}$$

若 $\dfrac{K}{K_h} \ll 1$ 且 $\left[\dfrac{K_{ce}\sqrt{m_t K}}{A_h^2}\right]^2 \ll 1$ 时，式(5-72)可简化为式(5-76)，也可简写为式(5-77)。

$$X_c = \frac{\dfrac{K_q}{A_h}X_v - \dfrac{K_{ce}}{A_h^2}\left(1 + \dfrac{V_0}{\beta_e K_{ce}}s\right)F_L}{\left(s + \dfrac{K_{ce}K}{A_h^2}\right)\left(\dfrac{s^2}{\omega_h^2} + \dfrac{2\zeta_h}{\omega_h}s + 1\right)} \tag{5-76}$$

$$X_c = \frac{\dfrac{K_q A_h}{K_{ce}K}X_v - \dfrac{1}{K}\left(1 + \dfrac{V_0}{\beta_e K_{ce}}s\right)F_L}{\left(\dfrac{s}{\omega_r} + 1\right)\left(\dfrac{s^2}{\omega_h^2} + \dfrac{2\zeta_h}{\omega_h}s + 1\right)} \tag{5-77}$$

式中，$\omega_r$ 为一阶惯性环节转折频率，见式(5-78)，rad/s。

$$\omega_r = \frac{K_{ce}K}{A_h^2} \tag{5-78}$$

当负载刚度 $K=0$ 时，式(5-72)化简式(5-79)，则液压动力元件控制信号输入 $X_v$ 传递函数见式(5-80)。

$$X_c = \frac{\dfrac{K_q}{A_h}X_v - \dfrac{K_{ce}}{A_h^2}\left(1 + \dfrac{V_0}{\beta_e K_{ce}}s\right)F_L}{s\left(\dfrac{s^2}{\omega_h^2} + \dfrac{2\zeta_h}{\omega_h}s + 1\right)} \tag{5-79}$$

$$\frac{X_c}{X_v} = \frac{\dfrac{K_q}{A_h}}{s\left(\dfrac{s^2}{\omega_h^2} + \dfrac{2\zeta_h}{\omega_h}s + 1\right)} \tag{5-80}$$

### 5.4.3　三通阀控非对称缸动力元件的特点

与四通阀控对称缸动力元件相比,三通阀控非对称缸动力元件的特点如下:

(1) 三通阀控非对称缸动力元件的传递函数与四通阀控对称缸动力元件的传递函数具有相似的形式;

(2) 三通阀控非对称缸动力元件的固有频率较低,只有同规格的四通阀控对称缸动力元件固有频率的 $1/\sqrt{2}$;

(3) 三通阀控非对称缸动力元件的阻尼比也较低,若不考虑负载黏性阻力,它也只有同规格的四通阀控对称缸动力元件阻尼比的 $1/\sqrt{2}$。

# 5.5　四通阀控非对称缸

非对称液压缸指两腔有效作用面积不同的活塞缸。由于非对称液压缸的两腔有效作用面积不同,在同样大小的压力和流量的液压油作用下,活塞产生的力和速度不同。这种情况对于液压反馈控制是非常不利的。因此在高性能四通阀控缸系统中,通常避免采用阀控非对称缸液压动力元件。

常见的非对称液压缸是单杆活塞缸,它的优点是结构简单,空间占用小,布置方便。因此,当主机空间结构受限情况,单出杆活塞缸用于反馈控制是不可避免的选择。

以滑阀形式的四通阀为例,四通阀控非对称缸液压动力元件结构可以用图 5-24 表示。

由于非对称缸的两腔有效作用面积不同,与之配合使用的四通阀常常也是不对称的,即控制两腔的阀口有不同的阀系数。

四通阀控非对称缸液压动力元件的液压原理图如图 5-25 所示。

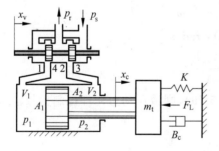
　　图 5-24　四通阀控非对称缸结构示意图

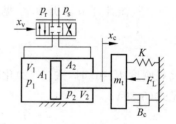
　　图 5-25　四通阀控非对称缸原理图

### 5.5.1　基本假设

为了明晰液压动力元件中的主要参数关系,作如下假设:

(1) 工作液温度、黏度和体积模量为常数;

(2) 液压源采用理想恒压源,回油压力为大气压;

(3) 液压缸及连接管路泄漏的液流状态均为层流;

(4) 四通阀与液压缸间连接管路短,且管路通径足够大,可以忽略管道内工作液动态和压力损失；

(5) 四通阀流量特性是能够线性化的(即零开口或正开口特性，$U>0$ 或 $U=0$)；

(6) 液压缸每个工作腔内压力处处相等；

(7) 阀套各过油窗口是矩形的，且阀口面积梯度有如下关系 $W_1=W_4$，$W_2=W_3$；

(8) 阀芯移动在每个阀口上产生的开口量是相同的，$x_{v1}=x_{v2}=x_{v3}=x_{v4}=x_v$。

用符号 $R_v$ 表示滑阀节流窗口的面积梯度之比，即

$$R_v=W_2/W_1 \tag{5-81}$$

则对称阀 $R_v=1$；非对称阀 $R_v\neq1$。

用符号 $R_c$ 表示液压缸的有效作用面积之比，即

$$R_c=A_2/A_1 \tag{5-82}$$

则对称缸 $R_c=1$；非对称缸 $R_c\neq1$。

若 $R_v=R_c$，则该液压动力元件控制滑阀与液压缸完全匹配；若 $R_v\neq R_c$，则该液压动力元件控制滑阀与液压缸不完全匹配。

### 5.5.2　数学模型

四通滑阀各阀口流量系数 $C_d$。阀芯正向移动，则 $x_v>0$。为了易于表达阀口系数，取 $U>0$ 即正开口阀。

**1. 阀口流量方程**

1) 阀口 1 流量方程

阀口 1 流量方程可写作式(5-83)。

$$q_1=C_dW_1(U+x_v)\sqrt{\frac{2(p_s-p_1)}{\rho}} \tag{5-83}$$

四通控制阀阀口 1 线性化增量式流量方程的拉普拉斯变换式见式(5-84)。

$$Q_1=K_{q1}X_v-K_{c1}P_1 \tag{5-84}$$

式中，$K_{q1}$ 为四通控制阀阀口 1 的流量增益，单位 $m^2/s$；$K_{c1}$ 为四通控制阀阀口 1 的流量-压力系数，$m^3/(s·Pa)$。

$K_{q1}$ 和 $K_{c1}$ 可以通过对式(5-83)求导获得，分别见式(5-85)和式(5-86)。

$$K_{q1}=C_dW_1\sqrt{\frac{2(p_s-p_{10})}{\rho}} \tag{5-85}$$

式中，$W_1$ 为四通控制阀阀口 1 的面积梯度；$p_{10}$ 为液压缸左腔零位压力，MPa。

$$K_{c1}=\frac{C_dW_1U}{\sqrt{2(p_s-p_{10})\rho}} \tag{5-86}$$

2) 阀口 2 流量方程

阀口 2 流量方程可写作式(5-87)。

$$q_2=C_dW_2(U+x_v)\sqrt{\frac{2p_2}{\rho}} \tag{5-87}$$

四通控制阀阀口 2 的线性化增量式流量方程的拉普拉斯变换式见式(5-88)。

$$Q_2=K_{q2}X_v+K_{c2}P_2 \tag{5-88}$$

式中，$K_{q2}$ 为四通控制阀阀口 2 的流量增益，$m^2/s$；$K_{c2}$ 为四通控制阀阀口 2 的流量-压力系数，$m^3/(s \cdot Pa)$。

$K_{q2}$ 和 $K_{c2}$ 可以通过对式(5-87)求导获得，见式(5-89)和式(5-90)。

$$K_{q2} = C_d W_2 \sqrt{\frac{2p_{20}}{\rho}} \tag{5-89}$$

式中，$W_2$ 为四通控制阀阀口 2 的面积梯度；$p_{20}$ 为液压缸右腔零位压力，MPa。

$$K_{c2} = \frac{C_d W_2 U}{\sqrt{2p_{20}\rho}} \tag{5-90}$$

**2. 连续性方程**

1) 液压缸左腔流量连续性方程

液压缸左腔流量连续性方程见式(5-91)。其线性化增量式方程的拉普拉斯变换式见式(5-92)。

$$q_1 + C_{ic}(p_2 - p_1) = A_1 \frac{dx_c}{dt} + C_{ec1}p_1 + \frac{V_1}{\beta_e}\frac{dp_1}{dt} \tag{5-91}$$

$$Q_1 + C_{ic}P_2 = A_1 s X_c + C_{tc1}P_1 + \frac{V_1}{\beta_e}sP_1 \tag{5-92}$$

式中，$C_{tc1} = C_{ec1} + C_{ic}$。

合并式(5-84)和式(5-92)，消去参数 $Q_1$，整理得阀口 1 控液压缸左腔流量方程，见式(5-93)。

$$\left(K_{c1} + C_{tc1} + \frac{V_1}{\beta_e}s\right)P_1 = K_{q1}X_v - A_1 s X_c + C_{ic}P_2 \tag{5-93}$$

2) 液压缸右腔流量连续性方程

液压缸右腔流量连续性方程见式(5-94)。其线性化增量式方程的拉普拉斯变换式见式(5-95)。

$$A_2 \frac{dx_c}{dt} - C_{ic}(p_2 - p_1) = q_2 + C_{ec2}p_2 - \frac{V_2}{\beta_e}\frac{dp_2}{dt} \tag{5-94}$$

$$C_{tc2}P_2 + \frac{V_2}{\beta_e}sP_2 = A_2 s X_c - Q_2 + C_{ic}P_1 \tag{5-95}$$

式中，$C_{tc2} = C_{ec2} + C_{ic}$。

合并式(5-88)和式(5-95)，消去参数 $Q_2$，整理得阀口 2 控液压缸右腔流量方程，见式(5-96)。

$$\left(K_{c2} + C_{tc2} + \frac{V_2}{\beta_e}s\right)P_2 = -K_{q2}X_v + A_2 s X_c + C_{ic}P_1 \tag{5-96}$$

**3. 活塞力平衡方程**

建立活塞力平衡方程，见式(5-97)，其增量式的拉普拉斯变换式见式(5-98)。

$$p_1 A_1 - p_2 A_2 = m_t \frac{d^2 x_c}{dt^2} + B_c \frac{dx_c}{dt} + K x_c + F_L \tag{5-97}$$

式中，$m_t$ 为液压缸与负载总运动质量，kg；$B_c$ 为黏性阻尼系数，$N \cdot s/m$；$K$ 为负载刚度，

N/m；$F_L$ 为液压对称缸受到外负载力，N。

$$P_1 A_1 - P_2 A_2 = m_t s^2 X_c + B_c s X_c + K X_c + F_L \tag{5-98}$$

**4. 系统方块图**

液压缸活塞位移被作为液压动力元件的输出变量。液压控制阀输出工作液作用在液压缸活塞两侧产生液压力。液压缸活塞和被控对象组成的质量-阻尼-弹簧系统，作用在活塞两侧的液压力驱动这个质量-阻尼-弹簧系统产生液压缸输出活塞位移。

利用式(5-93)、式(5-96)和式(5-98)可以绘制四通阀控非对称缸液压动力元件结构图，如图 5-26 所示。

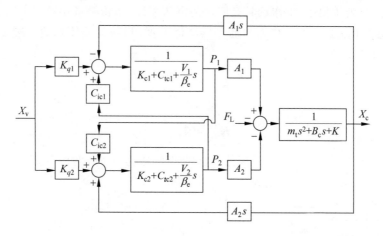

图 5-26　四通阀控非对称缸动力元件方块图

**5. 阀芯负向移动**

阀芯负向移动，则 $x_v < 0$。四通滑阀阀口 3 和阀口 4 是控制阀口。读者参考上述建模过程自行建立。经过方块图变换后，所得系统方块图与图 5-26 结构一致。只需将四通控制阀阀口 1 系数 $K_{q1}$ 和 $K_{c1}$ 替换为四通控制阀阀口 4 系数 $K_{q4}$ 和 $K_{c4}$；将四通控制阀阀口 2 系数 $K_{q2}$ 和 $K_{c2}$ 替换为四通控制阀阀口 3 系数 $K_{q3}$ 和 $K_{c3}$。

与前面类似，阀口 3 的阀系数 $K_{q3}$ 和 $K_{c3}$ 可由阀口流量方程求导获得，分别见式(5-99)和式(5-100)。

$$K_{q3} = C_d W_3 \sqrt{\frac{2(p_s - p_{20})}{\rho}} \tag{5-99}$$

式中，$W_3$ 为四通控制阀阀口 1 面积梯度。

$$K_{c3} = \frac{C_d W_3 U}{\sqrt{2(p_s - p_{20})\rho}} \tag{5-100}$$

同样，阀口 4 的阀系数 $K_{q4}$ 和 $K_{c4}$ 也可由阀口流量方程求导获得，分别见式(5-101)和式(5-102)。

$$K_{q4} = C_d W_4 \sqrt{\frac{2p_{10}}{\rho}} \tag{5-101}$$

式中，$W_4$ 为四通控制阀阀口 4 的面积梯度。

$$K_{c4} = \frac{C_d W_4 U}{\sqrt{2 p_{10} \rho}} \qquad (5\text{-}102)$$

分析图 5-26 可以知道：由于非对称缸在活塞位移两个方向的有效作用面积不同,零位时液压缸左腔压力 $p_{10}$ 不同于右腔压力 $p_{20}$。在控制阀换向时,对称四通阀控非对称缸液压动力元件将产生力冲击。

### 5.5.3　四通阀控非对称缸动力元件的固有频率

假设液压缸、活塞、活塞杆及管路为刚体,伺服控制过程中阀口等效为截止状态,如图 5-27 所示。与刚体相比,工作液具有明显的可压缩性,体积模量用符号 $\beta_e$ 表示。工作液可压缩性表现为液压缸 1、2 腔中密封的受压液体刚度,相当于液体弹簧。刚度系数分别写为式(5-103)和式(5-104)。

$$K_{h1} = \beta_e \frac{A_1^2}{V_1} \qquad (5\text{-}103)$$

$$K_{h2} = \beta_e \frac{A_2^2}{V_2} \qquad (5\text{-}104)$$

当液压缸活塞位移为 $x$ 时,两腔受压工作液的体积分别为

$$V_1 = A_1 x + V_{dead1} \qquad (5\text{-}105)$$

$$V_2 = A_2(s - x) + V_{dead2} \qquad (5\text{-}106)$$

液压缸两腔密封液体的等效刚度(俗称等效弹簧)可看作两液压弹簧并联。液压缸活塞上的受压液体等效刚度可以表达为式(5-107)。

$$K_h = K_{h1} + K_{h2} \qquad (5\text{-}107)$$

套用机械系统固有频率计算公式(5-108)。

$$\omega_h = \sqrt{\frac{K_h}{m_t}} \qquad (5\text{-}108)$$

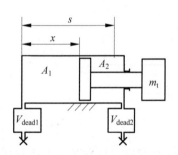

图 5-27　非对称缸液压动力元件
固有频率分析

阀控非对称缸液压动力元件的固有频率可以写为式(5-109)。

$$\omega_h = \sqrt{\frac{\beta_e}{m_t}\left(\frac{A_1^2}{V_1} + \frac{A_2^2}{V_2}\right)} \qquad (5\text{-}109)$$

阀控非对称缸液压动力元件的固有频率公式可以详细写为式(5-110)。固有频率与活塞位移变化规律可以用图 5-28 示意。

$$\omega_h = \sqrt{\frac{\beta_e A_1^2}{m_t}\left(\frac{1}{A_1 x + V_{dead1}} + \frac{R_c^2}{A_1 R_c(s - x) + V_{dead2}}\right)} \qquad (5\text{-}110)$$

若忽略死腔容积 $V_{dead1}$ 和 $V_{dead2}$,阀控非对称缸液压动力元件的固有频率公式(5-110)简化为式(5-111)。

$$\omega_h = \sqrt{\frac{\beta_e A_1}{m_t}\left(\frac{1}{x} + \frac{R_c}{s - x}\right)} \qquad (5\text{-}111)$$

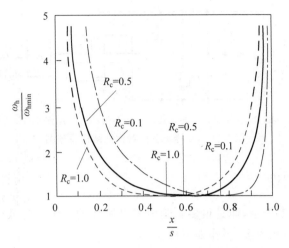

图 5-28　阀控非对称缸液压动力元件固有频率曲线

### 5.5.4　四通阀控非对称缸动力元件的特点

与四通阀控对称缸动力元件相比,四通阀控非对称缸动力元件的特点如下:

(1) 相比较,四通阀控非对称缸动力元件的数学模型非常复杂;

(2) 由于非对称缸两个腔的活塞有效作用面积不等,导致两个方向运动的动特性不对称;正负方向承受负载能力不同,使负载变化范围较窄;

(3) 由于非对称缸系统两个方向上开环增益不同,正向与反向运动控制特性是不同的,控制系统设计需要加以考虑;

(4) 与对称缸电液伺服系统相比,四通阀控非对称电液伺服系统的分析设计方法有所不同。

相比较,四通阀控非对称缸动力元件的分析与设计较为复杂,可借助计算机仿真分析软件开展分析与设计工作。

## 5.6　变转速泵控对称缸

变转速泵控液压系统的控制主回路由控制定量液压泵和液压执行元件等构成,它们的工作油口对应相连构成闭环回环路。双向定量泵由伺服控制的电动机控制与驱动,从而定量液压泵的转速和旋转方向均得到控制。定量液压泵输出流量和方向均受控的液压工作液驱动与控制液压执行元件。

忽略主回路管路压力损失,定量泵控制对称液压缸系统工作时,低压管路压力等于补油系统压力,负载阻力或负载阻力矩通过对称液压缸建立起来高压管路与低压管路的压力差。

变转速泵控对称缸液压动力元件的液压系统回路如图 5-29 所示。图中 1 为控制转速输入轴,定量泵 2 与对称缸 7 对应油口直接相连构成变转速泵控对称缸液压动力元件,蓄能器 3 和单向阀 4 构成补油系统,溢流阀 5 和 6 构成安全保护装置。

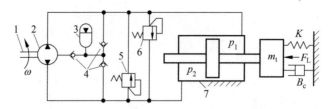

1—输入轴；2—定量泵；3—蓄能器；4—单向阀；5,6—溢流阀；7—对称缸。

图 5-29　变转速泵控对称缸结构原理图

### 5.6.1　基本假设

液压机构影响因素繁杂，而且很多影响因素是时变的。为了降低建模难度和简化数学模型，适当忽略次要影响因素，可作如下假设：

（1）工作液密度和黏度为常数；

（2）补油系统补油无滞后，补油压力恒定，补油量充裕，可以忽略低压管路及容腔外泄漏；

（3）液压泵的两个油口连接的管路间的两个安全阀始终处于关闭状态，忽略这两个安全阀的存在；

（4）液压泵、对称液压缸及连接管路泄漏的液流状态均为层流；

（5）液压泵与对称液压缸间连接管路短，且管路通径较大，可以忽略管道内工作液动态和压力损失；

（6）泵控对称液压缸的两个压缩容腔大小相等；

（7）液压定量泵排量恒定；

（8）相对负载压力，通常补油系统压力很低，将补油系统压力和液压泵泄油腔压力均取为大气压，对高压管路及容腔外泄漏不会造成较大误差。

那么，图 5-29 系统高压管路的压力值等于负载压力 $p_L$。

### 5.6.2　数学模型

在液压伺服控制元件一章，建立了控制用定量泵的流量方程，它可以作为控制用定量液压泵的数学模型。

变转速泵控对称缸液压动力元件中液压执行元件与负载的数学模型可以从流量连续性方程和负载力平衡关系两个方面建立。

**1. 基本方程**

控制用定量泵流量方程的拉普拉斯变换式见式(5-112)：

$$Q_p = D_p \omega_p - C_{tp} P_L \tag{5-112}$$

依据假设，液压缸外泄漏流量为 $C_{ec} p_L$，内泄漏流量为 $C_{ic} p_L$，则对称缸高压腔流量连续性方程见式(5-113)。

$$q_p = C_{ic} p_L + C_{ec} p_L + A_c \frac{\mathrm{d}x_c}{\mathrm{d}t} + \frac{V_0}{\beta_e} \frac{\mathrm{d}p_L}{\mathrm{d}t} \tag{5-113}$$

式中，$q_p$ 为液压泵流量，$\mathrm{m}^3/\mathrm{s}$；$C_{ic}$ 为对称缸内泄漏系数，$\mathrm{m}^3/(\mathrm{s} \cdot \mathrm{Pa})$；$C_{ec}$ 为对称缸外泄

漏系数,$m^3/(s \cdot Pa)$;$p_L$ 为对称缸高压腔压力,$Pa$;$A_c$ 为对称缸有效作用面积,$m^2$;$x_c$ 为对称缸活塞位移,$m$;$V_0$ 为高压腔压缩容积(包括泵和对称缸容积及它们间连接管路容积),$m^3$。

对称缸高压腔流量连续性方程的增量方程的拉普拉斯变换式为式(5-114)。

$$Q_p = C_{tc}P_L + \frac{V_t}{\beta_e}sP_L + A_c sX_c \tag{5-114}$$

式中,$C_{tc}$ 为对称缸总泄漏系数,见式(5-115)。

$$C_{tc} = C_{ic} + C_{ec} \tag{5-115}$$

对称缸和负载的力平衡方程写为式(5-116):

$$A_c p_L = m_t \frac{d^2 x_c}{dt^2} + B_c \frac{dx_c}{dt} + Kx_c + F_L \tag{5-116}$$

式中,$q_p$ 为液压泵流量,$m^3/s$;$m_t$ 为液压缸与负载总运动质量,$kg$;$B_c$ 为黏性阻尼系数,$N \cdot s/m$;$K$ 为负载刚度,$N/m$;$F_L$ 为液压对称缸受到外负载,$N$。

对称液压缸和负载的力平衡方程增量方程的拉普拉斯变换式写为式(5-117):

$$A_c P_L = m_t s^2 X_c + B_c sX_c + KX_c + F_L \tag{5-117}$$

式(5-112)、式(5-114)和式(5-118)为定排量泵控对称缸液压动力元件的基本方程。

**2. 系统方块图**

液压对称缸活塞位移被作为液压动力元件的输出变量。对称缸活塞位移被看作由负载压力产生的,也即控制用定量泵输出量是液压力(在负载反作用下),液压力驱动液压缸活塞和被控对象组成的质量-阻尼-弹簧系统产生液压缸活塞位移。

使用式(5-112)、式(5-114)和式(5-117)建立变转速泵控对称缸液压动力元件结构图如图 5-30 所示。

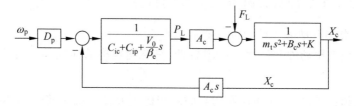

图 5-30　变转速泵控对称缸方块图

**3. 传递函数**

以液压缸活塞位移 $X_c$ 为输出变量。求解基本方程(5-112)、方程(5-114)和方程(5-117),或者求解图 5-30 的方块图,得到式(5-118)。

$$X_c = \cfrac{\dfrac{D_p}{A_c}\omega_p - \dfrac{C_t}{A_c^2}\left(1 + \dfrac{V_0}{\beta_e C_t}s\right)F_L}{\dfrac{V_0 m_t}{\beta_e A_c^2}s^3 + \left(\dfrac{C_t m_t}{A_c^2} + \dfrac{V_0 B_c}{\beta_e A_c^2}\right)s^2 + \left(1 + \dfrac{C_t B_c}{A_c^2} + \dfrac{V_0 K}{\beta_e A_c^2}\right)s + \dfrac{C_t K}{A_c^2}} \tag{5-118}$$

式中,$C_t$ 为总泄漏系数,见式(5-119),$m^3/(s \cdot Pa)$。

$$C_t = C_{tp} + C_{tc} \tag{5-119}$$

下面仅对式(5-118)作简单分析,假设负载中不存在弹性负载,即 $K=0$;若 $C_t B_c/A_c^2 \ll 1$,式(5-118)可化简为式(5-120)。

$$X_c = \frac{\dfrac{D_p}{A_c}\omega_p - \dfrac{C_t}{A_c^2}\left(1+\dfrac{V_0}{\beta_e C_t}s\right)F_L}{s\left(\dfrac{s^2}{\omega_h^2}+\dfrac{2\zeta_h}{\omega_h}s+1\right)} \tag{5-120}$$

式中,$\omega_h$ 为液压固有频率见式(5-121),单位 rad/s;$\zeta_h$ 为液压固有频率,见式(5-122)。

$$\omega_h = \sqrt{\frac{\beta_e A_c^2}{V_0 m_t}} \tag{5-121}$$

$$\zeta_h = \frac{C_t}{2A_c}\sqrt{\frac{\beta_e m_t}{V_0}} + \frac{B_c}{2A_c}\sqrt{\frac{V_0}{\beta_e m_t}} \tag{5-122}$$

液压缸活塞位移 $X_c$ 对定量泵输入转速 $\omega_p$ 的传递函数写作式(5-123)。

$$\frac{X_c}{\omega_p} = \frac{\dfrac{D_p}{A_c}}{s\left(\dfrac{s^2}{\omega_h^2}+\dfrac{2\zeta_h}{\omega_h}s+1\right)} \tag{5-123}$$

液压缸活塞位移 $X_c$ 对负载压力输入 $F_L$ 的传递函数写作式(5-124)。

$$\frac{X_c}{F_L} = \frac{-\dfrac{C_t}{A_c^2}\left(1+\dfrac{V_0}{\beta_e C_t}s\right)}{s\left(\dfrac{s^2}{\omega_h^2}+\dfrac{2\zeta_h}{\omega_h}s+1\right)} \tag{5-124}$$

### 5.6.3　变转速泵控对称缸动力元件的特点

变转速泵控对称缸动力元件的特点如下:

(1) 泵控系统液压动力元件固有频率较低,只有同规格的四通阀控对称缸动力元件固有频率 $1/\sqrt{2}$;

(2) 与控制阀相比,控制用液压泵的容腔容积比较大,进一步降低了泵控系统液压动力元件固有频率;

(3) 相比较,变转速泵控系统的静态刚度较低;

(4) 定量控制液压泵仅实现能量转换,不具备放大作用;

(5) 液压泵普遍存在低速性能差,流量曲线存在较明显的死区非线性,当变转速泵控液压动力元件用于位置控制系统时,控制用液压泵经常工作在零转速附近,对控制用液压泵低速性能要求更高。

## 5.7　变排量泵控液压马达

变量泵控制马达系统的控制主回路由双向变量泵作为控制元件和能量转换元件,定量马达作为执行元件。工作时,变量泵输入转速恒定,小功率控制信号通过变量泵的变量机构输入,改变变量液压泵的输出流量及方向,从而控制液压马达输出机械力矩驱动被控对象,并实现转速和方向控制。

变转速泵控对称缸液压动力元件的液压系统回路如图 5-31 所示。动力电动机 1 驱动变量泵 2,变量泵 2 与定量马达 7 对应油口直接相连构成变排量泵控马达液压动力元件。斜盘摆角 $\psi$ 是控制指令输入。蓄能器 3 和单向阀 4 构成补油系统,补油系统也可以采用其他形式,如液压泵与溢流阀构成的补油系统。溢流阀 5 和 6 构成安全保护装置。

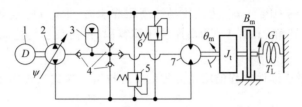

1—动力电动机;2—变量泵;3—蓄能器;4—单向阀;5,6—溢流阀;7—定量马达。

图 5-31　变排量泵控马达结构原理图

忽略主回路管路压力损失,变量泵控制液压马达系统工作时,低压管路压力等于补油系统压力,负载阻力或负载阻力矩通过液压马达建立了高压管路与低压管路的压力差。

## 5.7.1　基本假设

液压机构影响因素繁杂,而且很多影响因素是时变的。为了降低建模难度和简化数学模型,适当忽略次要影响因素,可作如下假设:

(1) 工作液密度和黏度为常数;

(2) 补油系统补油无滞后,补油压力恒定,补油量充裕,可以忽略低压管路及容腔外泄漏;

(3) 液压泵的两个油口连接的管路间的两个安全阀始终处于关闭状态,忽略这两个安全阀的存在;

(4) 液压泵、马达及连接管路泄漏的液流状态均为层流;

(5) 液压泵与马达间连接管路短,且管路通径较大,忽略管道内工作液动态和压力损失;

(6) 泵控马达的两个压缩容腔大小相等;

(7) 相对负载压力,通常补油系统压力很低,将补油系统压力和液压泵与马达泄油腔压力均取为大气压,对高压管路及容腔外泄漏不会造成较大误差。

那么,图 5-31 系统高压管路的压力值等于负载压力 $p_L$。

## 5.7.2　数学模型

在液压伺服控制元件一章,建立了控制用变量泵的流量方程,它可以作为控制变量液压泵的数学模型。

变排量泵控马达液压动力元件中液压执行元件与负载的数学模型可以从流量连续性方程和负载力矩平衡关系两个方面建立。

### 1. 基本方程

控制用变量泵流量方程的拉普拉斯变换式见式(5-125):

$$Q_p = D_p \omega_p \lambda - C_{tp} P_L \tag{5-125}$$

依据假设，液压缸外泄漏流量为 $C_{ec} p_L$，内泄漏流量为 $C_{ic} p_L$，则马达高压腔流量连续性方程见式(5-126)。

$$q_p = C_{im} p_L + C_{em} p_L + D_m \frac{\mathrm{d}\theta_m}{\mathrm{d}t} + \frac{V_0}{\beta_e} \frac{\mathrm{d}p_L}{\mathrm{d}t} \tag{5-126}$$

式中，$q_p$ 为液压泵流量，$m^3/s$；$C_{im}$ 为液压马达内泄漏系数，$m^3/(s \cdot Pa)$；$C_{em}$ 为液压马达外泄漏系数，$m^3/(s \cdot Pa)$；$p_L$ 为液压马达高压腔压力，$Pa$；$D_m$ 为液压马达排量，$m^3/rad$；$\theta_m$ 为液压马达转角，$rad$；$V_0$ 为高压腔压缩容积(包括泵和马达高压腔容积及它们间连接管路容积)，$m^3$。

马达高压腔流量连续性方程的增量方程的拉普拉斯变换式为式(5-127)。

$$Q_p = D_m s\theta_m + C_{tm} P_L + \frac{V_0}{\beta_e} s P_L \tag{5-127}$$

式中，$C_{tm}$ 为液压马达总泄漏系数，见式(5-128)。

$$C_{tm} = C_{im} + C_{em} \tag{5-128}$$

液压马达和负载的力矩平衡方程写为式(5-129)。

$$D_m p_L = J_t \frac{\mathrm{d}^2 \theta_m}{\mathrm{d}t^2} + B_m \frac{\mathrm{d}\theta_m}{\mathrm{d}t} + G\theta_m + T_L \tag{5-129}$$

式中，$q_p$ 为液压泵流量，$m^3/s$；$J_t$ 为液压马达与负载总转动惯量，$kg \cdot m^2$；$B_m$ 为黏性阻尼系数，$(N \cdot m \cdot s)/rad$；$G$ 为扭转刚度负载，$N \cdot m/rad$；$T_L$ 为液压马达受到外负载力矩，$N \cdot m$。

液压马达和负载的力矩平衡方程的增量方程的拉普拉斯变换式写为式(5-130)。

$$D_m P_L = J_t s^2 \theta_m + B_m s\theta_m + G\theta_m + T_L \tag{5-130}$$

式(5-125)、式(5-127)和式(5-130)为变排量泵控马达液压动力元件的基本方程。

**2. 方块图**

液压马达输出轴转角被作为液压动力元件的输出变量。马达输出轴转角被看作由负载压力产生的，也即控制变量液压泵输出量是液压力(在负载反作用下)，液压力驱动液压马达和被控对象组成的惯量-阻尼-弹簧系统产生液压马达输出轴转角。

使用式(5-125)、式(5-127)和式(5-130)建立变排量泵控马达液压动力元件方块图如图 5-32 所示。

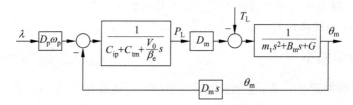

图 5-32　变排量马达控液压马达方块图

**3. 传递函数**

以马达输出轴转角 $\theta_m$ 为输出变量，求解基本方程式(5-125)、式(5-127)和式(5-130)，或者求解方块图 5-32,得到式(5-131)。

$$\theta_m = \frac{\dfrac{D_p \omega_p}{D_m}\lambda - \dfrac{C_t}{D_m^2}\left(1 + \dfrac{V_0}{\beta_e C_t}s\right)T_L}{\dfrac{V_0 J_t}{\beta_e D_m^2}s^3 + \left(\dfrac{C_t J_t}{D_m^2} + \dfrac{V_0 B_m}{\beta_e D_m^2}\right)s^2 + \left(1 + \dfrac{C_t B_m}{D_m^2} + \dfrac{V_0 G}{\beta_e D_m^2}\right)s + \dfrac{C_t G}{D_m^2}} \tag{5-131}$$

式中,$C_t$ 为泄漏系数,见式(5-132)。

$$C_t = C_{tp} + C_{tm} \tag{5-132}$$

下面仅对式(5-131)作简单分析,假设负载中不存在弹性负载,即 $G = 0$;若 $C_t B_m / D_m^2 \ll 1$,则式(5-131)简写为式(5-133)。

$$\theta_m = \frac{\dfrac{D_p \omega_p}{D_m}\lambda - \dfrac{C_t}{D_m^2}\left(1 + \dfrac{V_0}{\beta_e C_t}s\right)T_L}{s\left(\dfrac{s^2}{\omega_h^2} + \dfrac{2\zeta_h}{\omega_h}s + 1\right)} \tag{5-133}$$

式中,$\omega_h$ 为液压动力元件固有频率,见式(5-134),rad/s;$\zeta_h$ 为液压动力元件阻尼比,见式(5-135)。

$$\omega_h = \sqrt{\frac{\beta_e D_m^2}{V_0 J_t}} \tag{5-134}$$

$$\zeta_h = \frac{C_t}{2D_m}\sqrt{\frac{\beta_e J_t}{V_0}} + \frac{B_m}{2D_m}\sqrt{\frac{V_0}{\beta_e J_t}} \tag{5-135}$$

马达输出转角 $\theta_m$ 对变量机构输入量 $\lambda$ 的传递函数见式(5-136)。

$$\frac{\theta_m}{\lambda} = \frac{\dfrac{D_p \omega_p}{D_m}}{s\left(\dfrac{s^2}{\omega_h^2} + \dfrac{2\zeta_h}{\omega_h}s + 1\right)} \tag{5-136}$$

马达输出转角 $\theta_m$ 对负载力矩 $T_L$ 的传递函数见式(5-137)。

$$\frac{\theta_m}{T_L} = \frac{-\dfrac{C_t}{D_m^2}\left(1 + \dfrac{V_0}{\beta_e C_t}s\right)}{s\left(\dfrac{s^2}{\omega_h^2} + \dfrac{2\zeta_h}{\omega_h}s + 1\right)} \tag{5-137}$$

### 5.7.3　变排量泵控液压马达动力元件的特点

变排量泵控马达动力元件的特点如下:

(1) 泵控系统液压动力元件固有频率较低,只有同规格的四通阀控马达动力元件固有频率 $1/\sqrt{2}$;

(2) 与控制阀相比,控制用液压泵的容腔容积比较大,进一步降低了泵控系统液压动力元件固有频率;

(3) 液压泵容积驱动特点,泵控系统具有更恒定的静态速度刚度;

(4) 液压泵普遍存在低速性能差,针对变排量泵控液压动力元件的液压泵,可以选定该

泵性能较好的较高转速,使其在该转速下恒定转速工作;

(5)变排量泵控液压动力元件通常采用一个较小功率的阀控系统或机电控制系统驱动控制用液压泵的变量机构。

# 5.8　液压动力元件驱动能力

在液压控制系统中,液压动力元件驱动与控制负载的能力可以用负载力(矩)-负载(角)速度的变化关系表示。最外侧负载力(矩)-负载(角)速度特性曲线称为外特性,外特性就是液压动力元件驱动能力的边界限。

阀控系统外特性与泵控系统外特性是不同的,其驱动负载的能力也是不同。

## 5.8.1　阀控液压动力元件驱动能力

在阀控液压控制系统中,液压动力元件驱动与控制负载的能力受控制阀输出功率限制,不能超越。通过改变液压动力元件参数,则可以改变输出力(矩)-输出(角)速度特性。

### 1. 四通阀控对称缸动力元件驱动能力

四通阀的阀口系数 $C_d$,面积梯度 $W$,供油压力 $p_s$,负载压力 $p_L$。当阀芯处于最大阀芯位移 $x_{vmax}$ 时,负载流量 $q_L$ 方程见式(5-138)。

$$q_L = C_d W x_{vmax} \sqrt{\frac{1}{\rho}(p_s - p_L)} \tag{5-138}$$

液压对称缸有效面积 $A_c$,活塞输出力(负载力)$F_L$ 可写为式(5-139),活塞运动速度(负载速度)$v_L$ 可写为式(5-140)。

$$F_L = p_L A_c \tag{5-139}$$

$$v_L = \frac{q_L}{A_c} \tag{5-140}$$

合并式(5-138)、式(5-139)、式(5-140)得到式(5-141),它描述了阀控对称缸动力元件负载力-负载速度关系。

$$v_L = \frac{C_d W x_{vmax}}{A_c^{\frac{3}{2}}} \sqrt{\frac{1}{\rho}(p_s A_c - F_L)} \tag{5-141}$$

### 2. 驱动能力的影响因素

阀控液压动力元件的驱动能力受制于液压控制阀的压力-流量特性限制。在确定供油压力、液压对称缸有效面积后,当阀芯处于最大阀芯位移时,压力-流量特性曲线就是阀控液压动力元件驱动能力的界限。

$C_d W x_{vmax}$ 可以代表液压控制阀规格。液压控制阀规格变化,则阀控液压动力元件的驱动能力界限也发生变化,其变化趋势如图 5-33 所示。

调整阀控液压动力元件供油压力 $p_s$,阀控液压动力元件的驱动能力界限也发生变化,其变化趋势如图 5-34 所示。

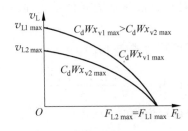

图 5-33　控制阀规格变化

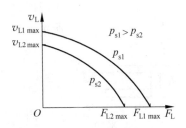

图 5-34　供油压力变化

更换阀控对称缸的液压执行元件,改变对称缸有效作用面积,阀控液压动力元件的驱动能力界限也发生变化,其变化趋势如图 5-35 所示。

通过改变控制阀规格、供油压力、液压执行元件的规格,可以获得具有不同特性的液压动力元件,满足驱动不同负载的需求,并达到预期控制效果。

上述分析以阀控对称缸液压动力元件为例,依据阀控对称缸与阀控马达的对应关系(见表 5-1),阀控马达动力元件也有相似的结论,这里不再赘述。

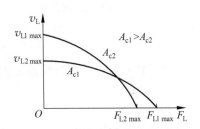

图 5-35　对称缸有效面积变化

## 5.8.2　四通阀控非对称缸的压力特性分析

为了简化分析过程,对四通阀控非对称缸液压动力元件作如下假设:

(1) 控制阀是零开口阀,$U=0$;

(2) 系统载荷平稳,忽略压力动态,$\mathrm{d}p_1/\mathrm{d}t=0$;

(3) 无外泄漏,无内泄漏,$C_{ic}=C_{ec}=0$;

(4) 无弹性负载,$K=0$;

(5) 液压缸处于稳态运动,$\mathrm{d}x_c/\mathrm{d}t=0$,$\mathrm{d}^2x_c/\mathrm{d}t^2=0$。

稳态运动的四通阀控非对称缸液压动力元件用图 5-36 示意,其液压原理图如图 5-37 所示。

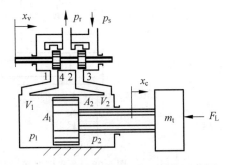

图 5-36　四通阀控非对称缸结构示意图

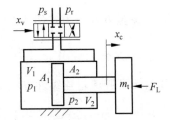

图 5-37　四通阀控非对称缸原理图

### 1. 阀控非对称缸两腔压力及其变化方程

1) 阀口正向开启,$x_v>0$,活塞杆伸出

阀口正向开启,活塞杆伸出,负载力为 $F_L$,方向与活塞杆伸出方向相反。活塞杆伸出

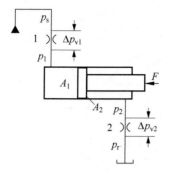

图 5-38　活塞杆伸出工况油路

工况时,四通阀控非对称缸液压动力元件系统油路如图 5-38 所示。

阀口 1 流量方程可写为式(5-142)。

$$q_1 = C_d W_1 x_v \sqrt{\frac{2(p_s - p_1)}{\rho}} \tag{5-142}$$

阀口 2 流量方程可写为式(5-143)。

$$q_2 = C_d W_2 x_v \sqrt{\frac{2 p_2}{\rho}} \tag{5-143}$$

液压缸无杆腔流量连续性方程写为式(5-144)。

$$q_1 = A_1 \frac{dx_c}{dt} \tag{5-144}$$

液压缸有杆腔流量连续性方程写为式(5-145)。

$$q_2 = A_2 \frac{dx_c}{dt} \tag{5-145}$$

活塞力平衡方程写为式(5-146)。

$$A_1 p_1 - A_2 p_2 = F_L \tag{5-146}$$

式(5-142)~式(5-146)联立,得到阀口正向开启时,1 腔压力见式(5-147),2 腔压力见式(5-148)。

$$p_1 = \frac{R_c^3 p_s + R_v^2 F_L / A_1}{R_c^3 + R_v^2} \tag{5-147}$$

$$p_2 = \frac{R_c^2 p_s - R_c^2 F_L / A_1}{R_c^3 + R_v^2} \tag{5-148}$$

2) 阀口反向开启,$x_v < 0$,活塞杆缩回

阀口反向开启,活塞杆缩回,负载力为 $F_L'$,方向与 $F_L$ 相同。活塞杆缩回工况时,四通阀控非对称缸液压动力元件系统油路如图 5-39 所示。

阀口 4 流量方程写为式(5-149)。

$$q_4 = C_d W_1 x_v \sqrt{\frac{2 p_1'}{\rho}} \tag{5-149}$$

阀口 3 流量方程写为式(5-150)。

$$q_3 = C_d W_2 x_v \sqrt{\frac{2(p_s - p_2')}{\rho}} \tag{5-150}$$

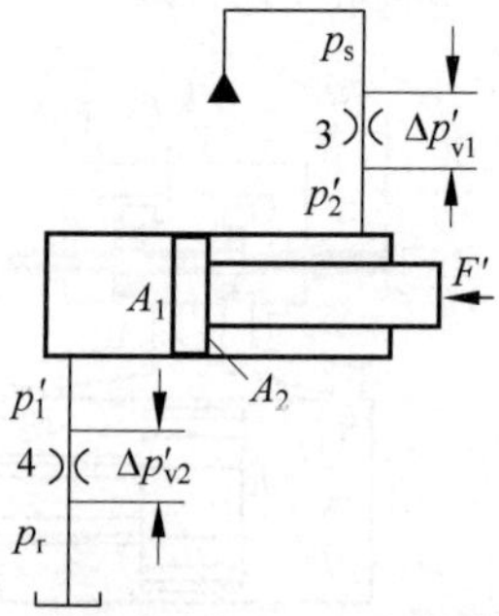

液压缸无杆腔流量连续性方程写为式(5-151)。

$$q_4 = q_1' = A_1 \frac{dx_c}{dt} \tag{5-151}$$

图 5-39　活塞杆缩回工况油路

液压缸有杆腔流量连续性方程写为式(5-152)。

$$q_3 = q_2' = A_2 \frac{dx_c}{dt} \tag{5-152}$$

活塞力平衡方程写为式(5-153)。

$$A_1 p'_1 - A_2 p'_2 = F'_L \tag{5-153}$$

式(5-149)～式(5-153)联立,得到阀口反向开启时,1 腔压力见式(5-154),2 腔压力见式(5-155)。

$$p'_1 = \frac{R_c R_v^2 p_s + R_v^2 F'_L / A_1}{R_c^3 + R_v^2} \tag{5-154}$$

$$p'_2 = \frac{R_v^2 p_s - R_c^2 F'_L / A_1}{R_c^3 + R_v^2} \tag{5-155}$$

3) 控制阀开口方向变化时,液压缸两腔压力变化量

控制阀开口方向变化时,液压缸 1 腔压力变化量计算。由式(5-147)和式(5-154)得到式(5-156)。

$$\Delta p_1 = |p_1 - p'_1| = \frac{|R_c (R_c^2 - R_v^2) p_s + R_v^2 (F_L - F'_L)/A_1|}{R_c^3 + R_v^2} \tag{5-156}$$

控制阀开口方向变化时,液压缸 2 腔压力变化量计算。由式(5-148)和式(5-155)得到式(5-157)。

$$\Delta p_2 = |p_2 - p'_2| = \frac{|(R_c^2 - R_v^2) p_s - R_c^2 (F_L - F'_L)/A_1|}{R_c^3 + R_v^2} \tag{5-157}$$

**2. 负载不变,阀口切换引起液压缸两腔压力变化方程**

若控制阀芯开口方向变化时液压缸负载不变,则 $F_L = F'_L$,式(5-156)简化为式(5-158),可得液压缸 1 腔压力变化量。式(5-157)简化为式(5-159),可得液压缸 2 腔压力变化量。

$$\Delta p_1 = \frac{|R_c (R_c^2 - R_v^2) p_s|}{R_c^3 + R_v^2} \tag{5-158}$$

$$\Delta p_2 = \frac{|(R_c^2 - R_v^2) p_s|}{R_c^3 + R_v^2} \tag{5-159}$$

若液压动力元件是对称阀控制非对称缸,且液压缸空载或载荷保持不变,$R_v = 1$,式(5-158)简化为式(5-160),可得液压缸 1 腔压力变化量。式(5-159)简化为式(5-161),可得液压缸 2 腔压力变化量。

$$\Delta p_1 = \frac{|R_c (R_c^2 - 1) p_s|}{R_c^3 + 1} \tag{5-160}$$

$$\Delta p_2 = \frac{|(R_c^2 - 1) p_s|}{R_c^3 + 1} \tag{5-161}$$

上述 $\Delta p_1$ 和 $\Delta p_2$ 是对称阀控制非对称缸仅仅由于控制阀阀芯运动方向改变引起的液压缸两腔压力变化量,称为压力突变。压力突变是由于液压动力元件的液压阀与液压缸不匹配造成的,与外载荷无关。

若液压动力元件的液压阀与液压缸是匹配的,即 $R_v = R_c$,则 $\Delta p_1 = \Delta p_2 = 0$,压力突变消失。

若非对称液压阀控制非对称液压缸,即 $R_v$ 和 $R_c$ 比较接近时,$|R_c^2 - R_v^2| \approx 0$ 则压力突变缓解或接近零。

**3. 阀口不变,负载变化引起液压缸两腔压力变化方程**

若阀口开度保持不变,由式(5-147)或式(5-154)可得负载变化 $\Delta F_L$ 引起的液压缸 1 腔

压力变化。

$$\Delta p_1 = \frac{R_v^2 \Delta F_L / A_1}{R_c^3 + R_v^2} \tag{5-162}$$

若阀口开度保持不变,由式(5-148)或式(5-155)可得负载变化 $\Delta F_L$ 引起的液压缸 2 腔压力变化。

$$\Delta p_2 = \frac{R_c^2 \Delta F_L / A_1}{R_c^3 + R_v^2} \tag{5-163}$$

如果液压动力元件是对称阀控制非对称缸,且阀口保持不变,式(5-162)简化为式(5-164),可得负载引起液压缸 1 腔压力变化量。式(5-163)简化为式(5-165),可得负载引起液压缸 2 腔压力变化量。

$$\Delta p_1 = \frac{\Delta F_L / A_1}{R_c^3 + 1} \tag{5-164}$$

$$\Delta p_2 = \frac{R_c^2 \Delta F_L / A_1}{R_c^3 + 1} \tag{5-165}$$

负载引起的 $\Delta p_1$ 与 $\Delta p_2$ 受液压动力元件的液压阀与液压缸匹配情况影响。

若液压动力元件的液压阀与液压缸是完全匹配的,即 $R_v = R_c$,则 $\Delta p_1 = \Delta p_2 = \frac{\Delta F_L / A_1}{R_c + 1}$,负载引起的液压缸两腔压力变化率是相同的。

若对称液压阀控制对称液压缸,即 $R_v = R_c = 1$,则 $\Delta p_1 = \Delta p_2 = \frac{\Delta F_L / A_1}{2}$。

**4. 阀口压降方程与阀压降方程**

零开口四通阀具有四个阀口。正向开口时,阀口 1 和阀口 2 分别控制液压缸两腔;反向开口时,阀口 3 和阀口 4 分别控制液压缸的两腔。

阀口压降是阀口节流时产生的阀口压力降低。阀压降为进油节流阀口压降与出油节流阀口压降之和。

1) 阀口正向开启,$x_v > 0$,活塞杆伸出

进油节流阀口 1 控制液压缸 1 腔;出油节流阀口 2 控制液压缸 2 腔,如图 5-38 所示。

阀口 1 压降方程见式(5-166)。

$$\Delta p_{v1} = p_s - p_1 = \frac{R_v^2 p_s - R_v^2 F_L / A_1}{R_c^3 + R_v^2} \tag{5-166}$$

阀口 2 压降方程见式(5-167)。

$$\Delta p_{v2} = p_2 = \frac{R_c^2 p_s - R_c^2 F_L / A_1}{R_c^3 + R_v^2} \tag{5-167}$$

由(5-166)和式(5-167)得到阀口反向开启时阀压降表达式(5-168)。

$$\Delta p_v = \Delta p_{v1} + \Delta p_{v2} = \frac{R_c^2 + R_v^2}{R_c^3 + R_v^2}(p_s - F_L / A_1) \tag{5-168}$$

2) 阀口反向开启,$x_v < 0$,活塞杆缩回

出油节流阀口 4 控制液压缸 1 腔;进油节流阀口 3 控制液压缸 2 腔,如图 5-39 所示。

阀口 4 压降方程见式(5-169)。

$$\Delta p_{v4} = p_1' = \frac{R_c R_v^2 p_s + R_v^2 F_L'/A_1}{R_c^3 + R_v^2} \tag{5-169}$$

阀口 3 压降方程见式(5-170)。

$$\Delta p_{v3} = p_s - p_2' = \frac{R_c^3 p_s + R_c^2 F_L'/A_1}{R_c^3 + R_v^2} \tag{5-170}$$

由(5-169)和式(5-170)得到阀口反向开启时阀压降表达式(5-171)。

$$\Delta p_v' = \Delta p_{v4} + \Delta p_{v3} = \frac{R_c^2 + R_v^2}{R_c^3 + R_v^2}(R_c p_s + F_L/A_1) \tag{5-171}$$

3) 非对称阀与非对称缸完全匹配情况压降

当非对称阀与非对称缸完全匹配时,$R_c = R_v$,则 $\Delta p_{v3} = \Delta p_{v4}$,$\Delta p_{v1} = \Delta p_{v2}$,且阀压降有更简洁形式。

$$\Delta p_v = \Delta p_{v1} + \Delta p_{v2} = \frac{2}{R_c + 1}(p_s - F_L/A_1) \tag{5-172}$$

$$\Delta p_v' = \Delta p_{v4} + \Delta p_{v3} = \frac{2}{R_c + 1}(R_c p_s + F_L/A_1) \tag{5-173}$$

尽管非对称阀与非对称缸完全匹配不一定容易实现,但是近似完全匹配是比较容易实现的。

**5. 阀控非对称缸压力特性分析结论**

利用稳态简化模型分析了四通阀控非对称液压缸液压动力元件的压力特性,取得如下认识。

(1) 对称阀控非对称缸液压动力元件存在因阀口切换引起的压力突变,其数值可能较大。负载引起液压缸两腔压力变化数量相差较大,变化不均衡。两者也可能同时出现,液压缸两腔压力波动更大。

(2) 采用完全匹配的非对称阀控非对称缸液压动力元件可以消除因阀口切换引起的压力突变。负载引起液压缸两腔压力变化数量相同。液压缸两腔压力波动得到缓解。

(3) 如果采用不完全匹配的非对称阀控非对称缸液压动力元件可以部分消除因阀口切换引起的压力突变。负载引起液压缸两腔压力变化数量也得到缓解。液压缸两腔压力波动得到一定程度缓解。

## 5.8.3　阀控非对称缸液压动力元件驱动能力

阀控非对称缸液压动力元件的驱动能力受制于非对称缸和控制阀的对称性。在二、四象限驱动时,可能出现超压和气蚀现象。

阀控非对称缸液压动力元件的驱动能力分析将给出液压动力元件的可用负载力区间和输出特性曲线图。

**1. 阀控非对称缸液压动力元件负载力区间**

四通阀控非对称缸液压动力元件工作中,液压缸两腔可能出现较大幅度压力变化,因而出现压力过高现象,局部压力超出油源压力;或压力过低现象,局部压力低于大气压。为确保液压控制系统长期可靠地工作,提出如下要求:

(1) 避免出现气蚀现象,液压缸两腔压力不能负压(表压力小于零);

(2) 避免出现超压现象,液压缸两腔压力不能超过供油压力(表压力超过油源压力)。

阀口正向开启，$x_v > 0$，$0 \leqslant p_1 \leqslant p_s$，$0 \leqslant p_2 \leqslant p_s$。

阀口负向开启，$x_v < 0$，$0 \leqslant p_1' \leqslant p_s$，$0 \leqslant p_2' \leqslant p_s$。

1）阀口正向开启，$x_v > 0$，活塞杆伸出

式(5-162)简化为式(5-163)，$0 \leqslant p_1 \leqslant p_s$，$0 \leqslant p_2 \leqslant p_s$ 可得

$$-\frac{R_c^3}{R_v^2} p_s A_1 \leqslant F_L \leqslant p_s A_1 \tag{5-174}$$

$$\left(1 - R_c - \frac{R_v^2}{R_c^2}\right) p_s A_1 \leqslant F_L \leqslant p_s A_1 \tag{5-175}$$

2）阀口负向开启，$x_v < 0$，活塞杆缩回

式(5-154)简化为式(5-155)，$0 \leqslant p_1 \leqslant p_s$，$0 \leqslant p_2 \leqslant p_s$ 可得

$$-R_c p_s A_1 \leqslant F_L \leqslant \left(1 - R_c + \frac{R_c^3}{R_v^2}\right) p_s A_1 \tag{5-176}$$

$$-R_c p_s A_1 \leqslant F_L \leqslant \frac{R_c^3}{R_v^2} p_s A_1 \tag{5-177}$$

**2. 典型的阀控非对称缸液压动力元件可用负载力区间**

（1）对称阀控非对称液压缸，$R_v = 1$，液压缸活塞杆正反向运动时负载力区间如下：

$$-R_c^3 p_s A_1 \leqslant F_L \leqslant p_s A_1, \quad x_v > 0 \tag{5-178}$$

$$-R_c^3 p_s A_1 \leqslant F_L' \leqslant (1 - R_c + R_c^3) p_s A_1, \quad x_v < 0 \tag{5-179}$$

（2）完全匹配的非对称阀控非对称液压缸，$R_v = R_c$，液压缸活塞杆正反向运动时负载力区间如下：

$$-R_c p_s A_1 \leqslant F_L \leqslant p_s A_1 \tag{5-180}$$

（3）不匹配或不完全匹配的非对称阀控非对称液压缸，若 $R_v > R_c$，液压缸活塞杆正反向运动时负载力区间见式(5-181)和式(5-182)。

$$-\frac{R_c^3}{R_v^2} p_s A_1 \leqslant F_L \leqslant p_s A_1, \quad x_v > 0 \tag{5-181}$$

$$-R_c p_s A_1 \leqslant F_L' \leqslant \left(1 - R_c + \frac{R_c^3}{R_v^2}\right) p_s A_1, \quad x_v < 0 \tag{5-182}$$

则负载力区间如下：

$$-\frac{R_c^3}{R_v^2} p_s A_1 \leqslant F_L \leqslant (1 - R_c + \frac{R_c^3}{R_v^2}) p_s A_1 \tag{5-183}$$

（4）不匹配或不完全匹配的非对称阀控非对称液压缸，若 $R_v < R_c$，液压缸活塞杆正反向运动时负载力区间见式(5-184)和式(5-185)。

$$\left(1 - R_c - \frac{R_v^2}{R_c^2}\right) p_s A_1 \leqslant F_L \leqslant p_s A_1, \quad x_v > 0 \tag{5-184}$$

$$-R_c p_s A_1 \leqslant F_L' \leqslant \frac{R_c^3}{R_v^2} p_s A_1, \quad x_v < 0 \tag{5-185}$$

则负载力区间如下：

$$\left(1 - R_c - \frac{R_v^2}{R_c^2}\right) p_s A_1 \leqslant F_L \leqslant \frac{R_c^3}{R_v^2} p_s A_1 \tag{5-186}$$

从式(5-179)、式(5-180)、式(5-183)和式(5-186)可知可用负载力(驱动力)区间中间值为

$$F_{L0} = \frac{1 - R_c}{2} p_s A_1 \tag{5-187}$$

**3. 阀控非对称缸液压动力元件输出特性**

定义液压动力元件负载压力和负载流量分别为

$$p_L = \frac{F_L}{A_1} = p_1 - p_2 \frac{A_2}{A_1} = p_1 - p_2 R_c \tag{5-188}$$

$$q_L = q_1 \tag{5-189}$$

定义液压缸缸杆伸出速度为正值,流入液压缸 1 腔的液压油流动方向为正方向,则液压缸缸杆缩回速度为负值,流出液压缸 1 腔的液压油流动方向为负方向。

1) 阀口正向开启,$x_v > 0$,活塞杆伸出 $0 \leqslant p_1 \leqslant p_s$,$0 \leqslant p_2 \leqslant p_s$

式(5-119)代入式(5-114),可得

$$q_L = C_d W_1 x_v \sqrt{\frac{2}{\rho} \frac{R_v^2 (p_s - p_L)}{R_c^3 + R_v^2}}, \quad x_v > 0 \tag{5-190}$$

液压缸活塞杆伸出速度

$$v_L = \frac{q_L}{A_1} = \frac{C_d W_1 x_v}{A_1} \sqrt{\frac{2}{\rho} \frac{R_v^2 \left(p_s - \dfrac{F_L}{A_1}\right)}{R_c^3 + R_v^2}}, \quad x_v > 0 \tag{5-191}$$

取伺服阀阀口的压降 $\Delta p_{ne}$ 与公称伺服阀压降 $\Delta p_n$ 关系为

$$\Delta p_{ne} = \Delta p_n / 2 \tag{5-192}$$

取伺服阀阀口的公称流量 $q_n$ 为

$$q_n = C_d W_1 x_v \sqrt{\frac{2 \Delta p_{ne}}{\rho}} \tag{5-193}$$

式中,$C_d$ 为阀口流量系数;$W_1$ 为阀口通流面积梯度;$x_v$ 为阀芯位移。

将式(5-193)代入式(5-191),则液压缸活塞杆伸出速度

$$v_L = \frac{q_n}{A_1} \sqrt{\frac{2 R_v^2 \left(p_s - \dfrac{F_L}{A_1}\right)}{\Delta p_n (R_c^3 + R_v^2)}}, \quad x_v > 0 \tag{5-194}$$

2) 阀口负向开启,$x_v < 0$,活塞杆缩回 $0 \leqslant p_1 \leqslant p_s$,$0 \leqslant p_2 \leqslant p_s$

将式(5-154)代入式(5-155),并用 $F_L$ 替换 $F_L'$,可得

$$q_L = C_d W_1 x_v \sqrt{\frac{2}{\rho} \frac{R_v^2 (R_c p_s + p_L)}{R_c^3 + R_v^2}}, \quad x_v < 0 \tag{5-195}$$

液压缸活塞杆缩回速度

$$v_L = \frac{q_L}{A_1} = \frac{C_d W_1 x_v}{A_1} \sqrt{\frac{2}{\rho} \frac{R_v^2 \left(R_c p_s + \dfrac{F_L}{A_1}\right)}{R_c^3 + R_v^2}}, \quad x_v < 0 \tag{5-196}$$

将式(5-193)代入式(5-196),则液压缸活塞杆缩回速度

$$v_L = \frac{q_n}{A_1}\sqrt{\frac{2R_v^2\left(R_c p_s + \dfrac{F_L}{A_1}\right)}{\Delta p_n(R_c^3 + R_v^2)}}, \quad x_v < 0 \tag{5-197}$$

**4. 归一化阀控非对称缸液压动力元件输出特性**

非对称阀控非对称缸液压动力元件的稳态输出特性可以用归一化的压力-流量曲线图或负载力-速度曲线图表现。在曲线图上可以标注超压、气蚀区域和中间值。从图 5-40～图 5-42 可以看出:与对称阀控对称缸液压动力元件相比,非对称阀控非对称缸液压动力元件可以适应负载变化的范围受限制,驱动能力弱。非对称阀控非对称缸液压动力元件在活塞杆伸出与缩回两个方向的动态特性有所不同。

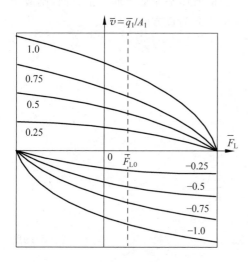

图 5-40　完全匹配的非对称阀控
非对称缸系统输出特性

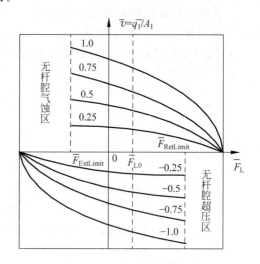

图 5-41　不匹配非对称阀控非对称缸
系统输出特性($R_v > R_c$)

负载力与液压驱动力是一对作用力与反作用力,他们的数值相等,方向相反。由于非对称液压缸的无杆腔有效作用面积大于有杆腔有效作用面积,液压驱动力区间的中间值的物理效应是促使液压缸杆伸出的(这是液压驱动力设定的正方向)。与之相平衡,负载力区间的中间值的物理效应是促使液压缸杆缩回的(这是负载力设定的正方向)。

非对称阀控非对称缸液压动力元件在二、四象限工作时,液压驱动力方向与液压缸杆的运动速度方向相反。

完全匹配的非对称阀控非对称液压缸情况,则 $R_v = R_c$,液压动力元件输出特性如图 5-40 所

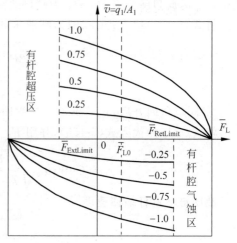

图 5-42　不匹配非对称阀控非对称缸
系统输出特性($R_v < R_c$)

示。完全匹配的非对称阀控非对称缸不会出现超压和气蚀现象。

不完全匹配的非对称阀控非对称缸液压动力元件在二、四象限工作时可能会出现超压和气蚀现象。不完全匹配的非对称阀控非对称缸液压动力元件在二、四象限工作的驱动负载能力变小。它的工作区域较完全匹配的非对称阀控非对称缸工作区域小,液压动力元件与负载匹配范围变小。相同的非对称液压缸,用对称阀控制非对称缸时出现超压和气蚀的情况更严重,液压动力元件的驱动能力更弱,适应负载变化的范围更小。

非对称阀控非对称液压缸情况,若 $R_v > R_c$,液压动力元件输出特性如图 5-41 所示。这种非对称阀控非对称液压缸液压动力元件在四象限工作时,负载力是促使液压缸缩回的,无杆腔可能发生超压现象。不出现超压现象负载力的界限 $\overline{F}_{RetLimit}$ 为 $1 - R_c + R_c^3/R_v^2$。这种非对称阀控非对称液压缸液压动力元件在二象限工作时,负载力是促使液压缸杆伸出的,无杆腔可能发生气蚀现象。不出现气蚀现象负载力的界限 $\overline{F}_{ExtLimit}$ 为 $-R_c^3/R_v^2$。

非对称阀控非对称液压缸情况,若 $R_v < R_c$,液压动力元件输出特性如图 5-42 所示。这种非对称阀控非对称液压缸液压动力元件在四象限工作时,负载力是促使液压缸缩回的,有杆腔可能发生气蚀现象。不出现气蚀现象负载力的界限 $\overline{F}_{RetLimit}$ 为 $R_v^2/R_c^2$。这种非对称阀控非对称液压缸液压动力元件在二象限工作时,负载力是促使液压缸杆伸出的,有杆腔可能发生超压现象。不出现超压现象负载力的界限 $\overline{F}_{ExtLimit}$ 为 $1 - R_c - R_v^2/R_c^2$。

### 5.8.4　泵控液压马达动力元件驱动能力

在泵控液压控制系统中,液压动力元件驱动与控制负载的能力既与驱动液压泵的电动机特性有关,也与液压动力元件有关。

#### 1. 电动机力矩-转速特性

直流伺服电动机采用电枢控制时,电动机转速 $n$ 方程见式(5-198)。

$$n = \frac{U_a}{C_e \Phi} - \frac{R_a}{C_e C_t \Phi^2} T_e \tag{5-198}$$

式中,$U_a$ 为控制(电枢)电压;$C_e$ 为电动势常数;$C_t$ 为电磁转矩系数;$\Phi$ 为每极主磁通;$R_a$ 为电枢回路总电阻;$T_e$ 为电磁力矩。

式(5-198)可以表示为图 5-43。

无刷直流伺服电动机采用电枢控制时,电动机转速 $n$ 方程见式(5-199)。

$$n = \frac{U_d}{2K_p} - \frac{R_s}{K_p K_t} T_e \tag{5-199}$$

式中,$U_d$ 为直流电源电压;$K_p$ 为与电动机结构有关的常数;$R_s$ 为定子绕组每相电阻;$K_t$ 为力矩系数;$T_e$ 为电磁力矩。

式(5-199)可以表示为图 5-44。

两相感应伺服电动机是一种传统小功率交流伺服电动机,采用幅值控制时其机械特性见式(5-200),如图 5-45 所示。

$$T_e = \frac{9.55}{n_s} \frac{U_c^2}{2} \left[ \frac{R'_{rm1}}{Z_{c1}^2} (1 + \alpha_e)^2 - \frac{R'_{rm2}}{Z_{c2}^2} (1 - \alpha_e)^2 \right] \tag{5-200}$$

式中,$U_c$ 为控制(电枢)电压;$n_s$ 为同步转速;$R'_{rm1}$、$R'_{rm2}$ 为两相感应伺服电动机的等效电阻；$Z_{c1}$、$Z_{c2}$ 为电磁力矩；$\alpha_e$ 为电枢回路总电阻。

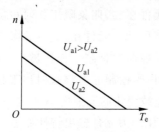

图 5-43　直流伺服电动机

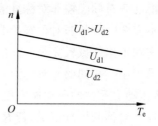

图 5-44　无刷直流电动机

三相异步电动机常用作驱动电动机，其机械特性可以用图 5-46 表示。电动机额定力矩 $T_{eN}$ 与电动机最大力矩 $T_{emax}$ 的关系见式(5-201)。

$$T_{eN} = \frac{T_{emax}}{\lambda} \tag{5-201}$$

式中，$\lambda$ 为过载系数，通常为 $1.8 \sim 2.2$。

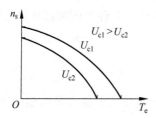

图 5-45　交流伺服电动机

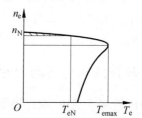

图 5-46　三相异步电动机

### 2. 定量马达

定量马达弧度排量 $D_m$，马达机械效率 $\eta_{mm}$，负载压力 $p_L$，马达驱动力矩 $T_m$ 方程见式(5-202)。马达容积效率 $\eta_{mv}$，马达转速 $n_m$ 方程见式(5-203)。

$$T_m = D_m p_L \eta_{mm} \tag{5-202}$$

$$n_m = \frac{q_L \eta_{mv}}{2\pi D_m} \tag{5-203}$$

### 3. 变转速泵控马达液压动力元件

变转速泵控液压动力元件采用伺服电动机＋定量泵＋定量马达组合。

定量泵弧度排量 $D_p$，泵机械效率 $\eta_{pm}$，泵驱动转速 $n_p$，泵驱动力矩 $T_p$，负载压力 $p_L$ 方程见式(5-204)。马达容积效率 $\eta_{pv}$，负载流量 $q_L$ 方程见式(5-205)。

$$p_L = \frac{T_p \eta_{pm}}{D_p} \tag{5-204}$$

$$q_L = 2\pi D_p n_p \eta_{pv} \tag{5-205}$$

将式(5-204)代入式(5-202)，得到液压马达驱动负载力矩与驱动液压泵力矩关系见式(5-206)。

$$T_m = \frac{D_m}{D_p} \eta_{pm} \eta_{mm} T_p \tag{5-206}$$

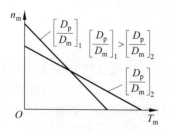

图 5-47　泵控液压动力元件的驱
　　　　动能力界限变化

将式(5-205)代入式(5-203),得到液压马达驱动负载转速与驱动液压泵转速关系见式(5-207)。

$$n_{\mathrm{m}} = \frac{D_{\mathrm{p}}}{D_{\mathrm{m}}} \eta_{\mathrm{pv}} \eta_{\mathrm{mv}} n_{\mathrm{p}} \qquad (5\text{-}207)$$

以直流伺服电动机控制的变转速泵控马达系统为例,调整定量泵与定量马达排量比 $D_{\mathrm{p}}/D_{\mathrm{m}}$,泵控液压动力元件的驱动能力界限也发生变化,其变化趋势如图 5-47 所示。

通过改变控制阀规格、供油压力、液压执行元件的规格,可以获得具有不同特性的液压动力元件,满足驱动不同负载的需求,并达到设计控制效果。

#### 4. 变排量泵控马达液压动力元件

变转速泵控液压动力元件采用驱动电动机+变量泵+定量马达组合。泵驱动转速 $n_{\mathrm{p}}$ 为常数。

变量泵最大弧度排量 $D_{\mathrm{pmax}}$,泵机械效率 $\eta_{\mathrm{pm}}$,泵驱动力矩 $T_{\mathrm{p}}$,负载压力 $p_{\mathrm{L}}$ 方程见式(5-208)。马达容积效率 $\eta_{\mathrm{pv}}$,负载流量 $q_{\mathrm{L}}$ 方程见式(5-209)。

$$p_{\mathrm{L}} = \frac{T_{\mathrm{p}} \eta_{\mathrm{pm}}}{D_{\mathrm{pmax}}} \qquad (5\text{-}208)$$

$$q_{\mathrm{L}} = 2\pi D_{\mathrm{pmax}} n_{\mathrm{p}} \eta_{\mathrm{pv}} \qquad (5\text{-}209)$$

将式(5-208)代入式(5-202),得到液压马达驱动负载力矩与驱动液压泵力矩关系见式(5-210)。

$$T_{\mathrm{m}} = \frac{D_{\mathrm{m}}}{D_{\mathrm{pmax}}} \eta_{\mathrm{pm}} \eta_{\mathrm{mm}} T_{\mathrm{p}} \qquad (5\text{-}210)$$

将式(5-209)代入式(5-203),得到液压马达驱动负载转速与驱动液压泵转速关系见式(5-211)。

$$n_{\mathrm{m}} = \frac{D_{\mathrm{pmax}}}{D_{\mathrm{m}}} \eta_{\mathrm{pv}} \eta_{\mathrm{mv}} n_{\mathrm{p}} \qquad (5\text{-}211)$$

若选用三相异步电动机作为变量泵驱动电动机,液压泵驱动力矩与电动机力矩关系见式(5-212)。

$$T_{\mathrm{p}} \leqslant T_{\mathrm{eN}} \qquad (5\text{-}212)$$

在高压腔压力不超过系统设计压力(通常用液压泵、马达的工作压力较低者)的条件下,调整变量泵最大排量与定量马达排量比 $D_{\mathrm{pmax}}/D_{\mathrm{m}}$,阀控液压动力元件的驱动能力界限也发生变化,其变化规律如图 5-48 所示。

通过改变变量液压泵规格和液压执行元件的规格,可以获得具有不同特性的液压动力元件,满足驱动不同负载的需求,并达到设计控制效果。

上述分析以阀控对称缸液压动力元件为例,依据阀控对称缸与阀控马达的对应关系(见表 5-1),阀控马达动力元件也有相似的结论,这里不再赘述。

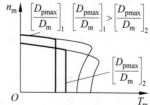

图 5-48　阀控液压动力元件的
　　　　驱动能力界限变化

# 5.9　本　章　小　结

　　液压动力元件是液压控制系统中的功能相对独立的单元,它可以接受控制信号并产生相应的控制量(如位移、速度、力等)输出。液压动力元件由液压控制元件、液压执行元件和负载三部分构成,这三部分结构和参数决定了液压动力元件的特性,也决定了描述液压动力元件特性的数学模型。

　　本章以四通阀控对称缸液压动力元件为主,介绍了四通阀控对称缸、四通阀控马达、三通阀控非对称缸、四通阀控非对称缸、变转速泵控对称缸、变排量泵控马达六种液压动力元件的数学模型建立,并对它们的特性与特点进行了阐述。

　　四通阀控对称缸是常见的液压动力元件,它具有两个受压密封腔,具有较高液压固有频率,双向特性相同,具有优良的控制特性。

　　四通阀控马达液压动力元件数学模型与四通阀控对称缸相似。

　　三通阀控非对称缸液压动力元件只有一个控制密封腔,这种动力元件的动态特性较四通阀控对称缸差。

　　泵控液压元件的两条主管路中只有一个是受压密封容腔,因此泵控液压动力元件的动态特性较四通阀控对称缸差。由于液压泵容腔较大,更降低了泵控液压动力元件的固有频率。

　　最后介绍了液压动力元件驱动与控制负载的能力及其限制条件,介绍了液压动力元件驱动能力的调节方法。

## 思考题与习题

　　5-1　什么叫液压动力元件? 它有几种类型?

　　5-2　四通阀控对称缸液压动力元件建模需进行哪些假设?

　　5-3　四通阀控对称缸液压动力元件的基本方程有哪些?

　　5-4　如何利用四通阀控对称缸液压动力元件的基本方程,建立系统方块图?

　　5-5　如何提高四通阀控对称缸液压动力元件的固有频率?

　　5-6　如何提高四通阀控对称缸液压动力元件的阻尼比?

　　5-7　四通阀控马达液压动力元件与四通阀控对称缸液压动力元件基本方程有何异同?

　　5-8　与四通阀控对称缸液压动力元件相比较,三通阀控非对称缸液压动力元件有何特点? 四通阀控非对称缸液压动力元件有何特点?

　　5-9　与四通阀控对称缸液压动力元件相比较,变转速泵控非对称缸液压动力元件有何特点? 变排量泵控非对称缸液压动力元件有何特点?

　　5-10　题 3-7 图所示液压控制系统的液压动力元件是何种类型? 试建立其数学模型。

　　5-11　分析四通阀控对称缸液压动力元件,活塞位置与液压刚度的关系。

　　5-12　四通阀控对称缸液压系统仅驱动惯性负载,已知液压阀安装在液压缸上,液压控制阀至油缸两油口管路长度都是 $L_{pipe} = 0.45 \mathrm{m}$,管路截面积 $A_{pipe} = 2 \times 10^{-4} \mathrm{m}^2$,对称缸有效作用面积 $A_c = 144 \times 10^{-4} \mathrm{m}^2$,行程 $S = 0.6 \mathrm{m}$,负载总质量 $m_t = 2000 \mathrm{kg}$,控制阀的流量-压

力系数 $K_c = 7 \times 10^{-12} \, \text{m}^3/(\text{s} \cdot \text{Pa})$，工作液体积模量 $\beta_e = 700\text{MPa}$，密度 $\rho = 870\text{kg/m}^3$。求液压固有频率和液压阻尼比，并建立液压动力元件数学模型。

5-13　若题 5-12 中，液压阀与液压缸分体安装，液压控制阀至油缸两油口管路长度都是 $L_{\text{pipe}} = 2\text{m}$，其他参数不变，求液压固有频率和液压阻尼比。

5-14　四通阀控非对称缸液压系统仅驱动惯性负载，已知无杆腔有效作用面积 $A_1 = 225 \times 10^{-4} \, \text{m}^2$，有杆腔有效作用面积 $A_2 = 81 \times 10^{-4} \, \text{m}^2$，行程 $S = 0.6\text{m}$，液压阀安装在液压缸上，液压控制阀至油缸两油口管路长度都是 $L_{\text{pipe}} = 0.45\text{m}$，管路截面积 $A_{\text{pipe}} = 2 \times 10^{-4} \, \text{m}^2$，负载总质量 $m_t = 2000\text{kg}$，泄漏系数 $C_{\text{tc}} = 2 \times 10^{-13} \, \text{m}^3/(\text{s} \cdot \text{Pa})$，工作液体积模量 $\beta_e = 700\text{MPa}$，密度 $\rho = 870\text{kg/m}^3$，假设液压控制阀 $K_{\text{q1}} = K_{\text{q2}} = 4\text{m}^2/\text{s}$，控制阀的流量-压力系数 $K_{\text{c1}} = K_{\text{c2}} = 7 \times 10^{-12} \, \text{m}^3/(\text{s} \cdot \text{Pa})$。建立液压动力元件数学模型，用 Simulink 软件仿真研究活塞换向时两腔压力变化。

# 主要参考文献

[1]　MERRITT H E. Hydraulic control systems[M]. New York：John Wiley & Sons, 1967.

[2]　成大先. 机械设计手册：液压控制（单行本）[M]. 北京：化学工业出版社, 2004.

[3]　王春行. 液压控制系统[M]. 北京：机械工业出版社, 1981.

[4]　李洪人. 液压控制系统[M]. 修订版. 北京：国防工业出版社, 1990.

[5]　LIVIU D, JENICA C, MIHAI L, et al. Mathematical models and numerical simulations for electro-hydrostatic servo-actuators[J]. International Journal of Circuits, System and Signal Processing, 2008, 2(4)：229-238.

[6]　李洪人. 非对称缸电液伺服系统分析与设计[R/OL]. [2013-05-01]. http://www.jcyyy.com.cn/meeting/2008120301.ppt.

[7]　陈隆昌，阎治安，刘新正. 控制电动机[M]. 4 版. 西安：西安电子科技大学出版社, 2013.

[8]　李光友，王建民，孙雨萍. 控制电动机[M]. 北京：机械工业出版社, 2009.

# 第6章 机液伺服控制系统

机液伺服控制系统是仅由机械机构和液压元件构成的伺服控制系统,其含义是机液伺服控制系统的反馈环路中,没有电子器件参与控制信号传递,也没有电子器件参与控制过程。

机液伺服控制系统的机械机构与液压元件经常被集成设计成一个整体,以一个复杂机械机构的形式出现,因此机液伺服控制系统经常被称为机液伺服机构。

机液伺服控制系统经常被用作车辆动力转向装置、仿形机床刀架驱动控制装置、飞机舵机操纵装置的驱动与控制机构、二级电液伺服阀内部的机械负反馈控制系统、坦克装甲车辆的操纵助力装置等。

## 6.1 机液位置伺服控制系统分析

机液伺服控制系统是相对简单的一种伺服机构,其中最常见的是位置控制伺服系统,或称位置控制伺服机构。

由于机液伺服控制系统中没有电子元器件参与反馈控制,多数机液伺服控制系统通常仅采用比例控制,而不采用相对复杂的校正网络和其他控制策略。

在机液伺服控制系统中,用于建立反馈环节和比较环节的机械机构被称为反馈比较机构。机液伺服控制系统通常可以看作由反馈比较机构和液压动力元件两部分构成,如图6-1所示。

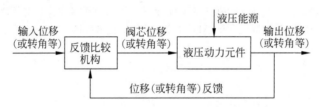

图6-1 机液伺服控制系统原理方块图

机液伺服控制常用阀控缸或阀控马达液压动力元件。

反馈比较机构接收液压动力元件输出运动作为反馈信号,并将其与输入控制指令信号进行差运算(控制指令信号减去反馈信号)产生偏差信号,这个偏差信号作为液压动力元件的控制阀输入信号,由此形成负反馈闭环控制结构。

### 6.1.1 反馈比较机构

按照反馈类型不同,也是按反馈比较机构类型不同,机液伺服控制系统可以划分为直接反馈和机构反馈两类。

这里以四通阀控对称缸液压动力元件的机液位置伺服控制为例,讲述直接反馈和机构反馈两类机液伺服控制系统的反馈比较机构。

### 1. 直接反馈

直接反馈是将液压动力元件输出运动直接作为反馈信号与输入信号进行比较产生偏差信号,将偏差信号用作液压动力元件的输入信号。常见的直接反馈建立方式是将液压执行器的运动输出部件与控制阀阀套直接相连,建立反馈信号与输入指令信号的差运算关系(阀芯位移减去阀套位移),并将差运算得到的偏差信号输入给控制阀,建立负反馈系统结构。

图 6-2 是采用直接反馈方式建立机液伺服控制系统的例子。图中液压缸活塞杆固定,液压缸筒是驱动负载的运动输出部件。将液压缸筒与四通控制滑阀的阀套连接,构成直接反馈。滑阀阀芯在大地坐标系中的位移是控制输入信号。阀套相对大地坐标系的位移是反馈信号。滑阀阀芯相对于阀套的位移是偏差信号,也是控制滑阀的实际输入信号。控制输入信号 $x_i$、反馈信号 $x_c$ 和偏差信号(控制滑阀的实际输入信号 $x_v$)之间关系可用式(6-1)表示。

$$x_v = x_i - x_c \tag{6-1}$$

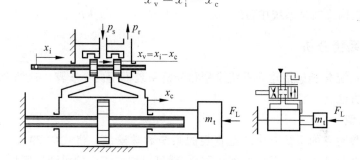

图 6-2　直接反馈机液伺服控制系统及原理图

### 2. 机构反馈

另一种构建机液伺服系统的方式是采用机构反馈方式。它是采用机械机构在液压执行器的运动输出部件与控制输入部件之间建立间接的差运算关系,差运算得到的偏差信号也将是液压动力元件的输入信号,建立负反馈系统结构。

在机械伺服控制系统中,可用作反馈比较机构的机构是多种多样的。例如可以是机械杠杆机构、齿轮齿条机构、丝杠螺母机构、行星轮系、弹簧杆等以及它们的组合。

图 6-3 是采用杠杆机构作为反馈机构建立机液伺服控制系统的例子。图中液压缸的缸筒固定,液压缸活塞杆是驱动与控制负载的运动输出部件。液压缸活塞杆与四通控制滑阀

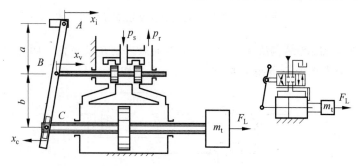

图 6-3　杠杆机构反馈机液伺服控制系统及原理图

的阀芯通过杠杆机构连接,构成杠杆机构反馈。图 6-3 中杠杆机构形成一差动机构,$A$ 点和
$C$ 点是杠杆的输入端,$B$ 点是输出端。将控制输入位移 $x_i$(从 $A$ 点输入)与液压缸活塞运动
位移 $x_c$(从 $C$ 点输入)进行差动运算,运算结果从 $B$ 点输出,驱动阀芯产生位移 $x_v$。上述关
系可以用式(6-2)表示。

$$x_v = \frac{b}{a+b}x_i - \frac{a}{a+b}x_c \qquad (6-2)$$

**3. 反馈比较机构模型**

式(6-1)和式(6-2)的拉普拉斯变换式都可以写成式(6-3)
形式,这是机液伺服机构的反馈比较机构的通用表达式,它可
以用方块图表示,如图 6-4 所示。它们可作为反馈比较机构的
一般模型。

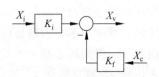

$$X_v = K_i X_i - K_f X_c \qquad (6-3)$$   图 6-4  反馈比较机构方块图

在图 6-1 直接反馈型系统中,$K_i = 1$,$K_f = 1$。

在图 6-2 机构反馈型系统中,$K_i = b/(a+b)$,$K_f = a/(a+b)$。

## 6.1.2  系统分析

机液伺服系统分析包括建立系统模型和分析系统模型两个步骤。这两个步骤中的重要
内容是思想和方法。

**1. 系统模型**

用传递函数建立的系统方块图是直观的系统数学模型。将式(6-3)或图 6-4 所示的反
馈比较机构模型与液压动力元件模型相结合,就可以构成相应的机液伺服控制系统模型。

例如,没有弹性负载的阀控缸机械伺服控制系统,无论是直接反馈型或机构反馈型,它
们的系统方块图均可表示为图 6-5 所示的方块图。

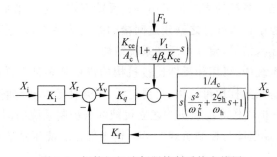

图 6-5  阀控缸机液伺服控制系统方块图

如图 6-6 所示的闭环结构决定了图 6-5 机液伺服控制系统特性。闭环结构由液压动力
元件输出位移对输入指令的传递函数和反馈增益系数构成。

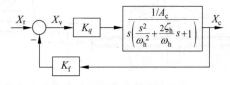

图 6-6  系统反馈环路图一

图 6-6 所示闭环系统的开环传递函数见式(6-4)，式中 $K_v$ 称为速度放大系数，其他参数同前面说明。

$$G_{ol} = \frac{\dfrac{K_q K_f}{A_c}}{s\left(\dfrac{s^2}{\omega_h^2} + \dfrac{2\zeta_h}{\omega_h}s + 1\right)} = \frac{K_v}{s\left(\dfrac{s^2}{\omega_h^2} + \dfrac{2\zeta_h}{\omega_h}s + 1\right)} \tag{6-4}$$

依据控制理论，系统稳定条件是式(6-5)。

$$K_v/\omega_h < 2\zeta_h \tag{6-5}$$

在满足式(6-5)条件下，若稳定裕度比较大，机液伺服系统的液压动力元件模型可以简化为式(5-41)。

**2. 系统分析方法及结论**

机液伺服系统取得参数后，利用开环传递函数(6-4)可以绘制伯德图。在伯德图上可以读出开环增益、穿越频率、幅值裕度、相角裕度等，如图 6-7 所示。

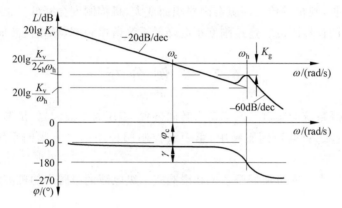

图 6-7　系统开环伯德图

依据控制理论，系统仅采用比例控制(没有校正网络)的情况下，穿越频率数值等于开环增益数值。提高开环增益可以提高系统精度；提高(幅值)穿越频率 $\omega_c$ 可以提高系统响应速度。

系统稳定性条件式(6-5)表明：开环增益过高将导致反馈系统不稳定。

机液伺服系统可以用相对稳定性条件(幅值裕度和相角裕度)作为系统动态特性指标。通常，幅值裕量指标要求见式(6-6)；相角裕量指标要求见式(6-7)。

$$6\text{dB} \leqslant K_g \tag{6-6}$$

$$60° \leqslant \gamma < 90° \tag{6-7}$$

在仿真分析时，控制阀流量增益和液压对称缸有效作用面积可以作为调整参数(设计参数)。通过改变控制阀流量增益和液压对称缸有效作用面积使系统幅值裕量和相角裕量满足设计指标要求，使系统具备合理的相对稳定性。

在系统调试时，一般只能调节控制阀流量增益使系统幅值裕量和相角裕量满足要求。

## 6.1.3　机液伺服控制系统设计要点

机液伺服控制系统仅仅由机械机构和液压机构两部分构成，容易造成一种错觉：简单地进行机械零件结构设计和装配安装后,机液伺服控制系统即可正常工作。实际上这是不正确的。需强调:机液伺服控制系统也构成反馈闭环系统结构。机液伺服控制系统设计的理论基础也是反馈控制理论。

机械机构和液压机构的特点决定了机液伺服控制系统的参数调整是相对困难的。因此,在零部件结构设计之前和加工制造前,需要进行充分的理论计算和仿真分析。

因为机液伺服控制系统中不含有电子元器件,比较难采用复杂校正网络或复杂控制算法,机液伺服控制系统较多采用比例控制方式。

机液伺服控制系统中,控制阀采用机械机构进行驱动与控制,阀芯直径往往比较大。若采用全周开口阀口,可实现的阀口面积梯度很大,会造成阀流量增益过大,致使开环增益过大,导致闭环系统不稳定。因此,机液伺服控制系统可采用非圆周开口的阀口设计,便于改变阀流量增益。机液伺服控制系统中,调整控制阀的流量增益是调整系统开环增益比较方便的做法。可以通过更换阀芯与阀套,改变阀口形状或圆周开口量。

反馈比较机构不宜太复杂,传动链不宜太长,应注意传动间隙及其累积,注意机构刚度。若机械传动链较长,则机械传动间隙会因累积而变大,机构刚度会降低。也应注意机液伺服控制系统与机体的连接刚度。连接刚度小会降低系统谐振频率,导致机液伺服系统不稳定。

## 6.2  实 例 分 析

常见机液伺服系统的实例有汽车动力转向装置、液压力矩放大器、仿形机床刀架运动控制机构等。在一些二级电液伺服阀中,第一级控制阀控制第二级阀的系统也是机液伺服系统。

下面以汽车动力转向机液伺服系统和滑阀式二级电液伺服阀内的机液伺服系统为例讲解机液伺服系统。

### 6.2.1  动力转向机液伺服机构

汽车转向功能是汽车最重要的能力之一,它关系到驾车者和乘车者的生命安全,汽车转向系统的可靠性非常重要。

汽车转向装置也是汽车上使用频率最高的操控装置。在汽车行驶过程中,驾车者被要求自始至终手握转向盘,依据道路情况,随时调整汽车行驶方向。因此转向装置也是汽车上消耗人体力最多的装置。汽车动力转向装置就是为了降低驾车者的体力消耗,提高驾车安全的装置。

第3章为了概述机液伺服系统原理与结构,曾介绍了一种汽车动力转向装置,为了清晰起见,当时只介绍了液压动力转向装置。实际汽车动力转向装置几乎都保留了机械转向功能,也就是说:具备动力转向功能的汽车实际上同时具备液压动力转向和机械转向两套转向装置。

只具备动力转向功能或者只具备机械转向功能的转向装置都是单余度的。当液压系统出现故障,例如油管爆裂,液压油流失严重,汽车就会失去转向能力。当机械系统出现故障也无法实现转向。

实际汽车动力转向装置是双余度的,它同时具备液压动力转向和机械转向功能。但是两种转向功能不是对等的,汽车正常状态时动力转向装置会优先发挥作用,机械转向装置只是安全备份。在液压系统出现故障时,汽车仍然具备机械转向功能,只是失去了液压助力,驾车者感到操控汽车实现转向比较费力,但汽车不会丧失转向能力。

汽车动力转向装置种类较多。一种常见的半整体式液压动力转向装置如图 6-8 所示(为简洁起见,这里讲述汽车转向系统,不再重复转向梯形架和车轮等内容,它们与第 3 章对应部分类似。也不包括驾车者路感装置),它是常压式汽车动力转向机构,其内部也包含一个机液伺服系统。这种汽车转向装置也是双余度的,具备机械转向和液压动力转向两种转向功能。

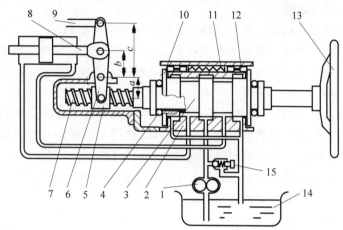

1—油泵；2—转向阀体；3—转向阀芯；4—推力轴承；5—螺母；6—杠杆；7—左旋螺杆；8—液压缸；9—连接梯形架拉杆；10—挡板；11—弹簧；12—定位弹子；13—转向盘；14—油箱；15—溢流阀。

图 6-8　汽车动力转向伺服系统

### 1. 系统结构

汽车动力转向系统具有机械转向和液压动力转向功能。在系统结构上,它也有机械转向系统和液压转向系统,这两套转向系统集成、交织在一起,其中机械转向系统是基本的。

1) 机械转向系统结构

对于机械转向系统来说,阀体 2 与阀芯 3 的功能相当于"轴承座",通过这个"轴承座",转向盘轴固定在车体上,转向盘可以自由转动,并且沿轴向方向有几毫米的自由行程(也即液压控制阀的行程)。

转向盘轴末端设计有左旋螺杆 7,左旋螺杆上安装螺母 5,螺母 5 通过铰接方式连接杠杆 6,杠杆 6 通过铰链固定转向机壳体(也即固定在车身上),杠杆 6 另一端铰接连接梯形架拉杆 9,通过它连接汽车转向系的梯形架,从而带动汽车两侧车轮摆动,实现汽车转向。

2) 液压动力转向系统结构

液压控制阀由转向阀体 2 和转向阀芯 3 构成,它是三凸肩伺服阀,而且是正开口四通滑阀。转向阀体 2 固定在汽车车体上。定位弹子 12 与弹簧 11 使转向阀芯 3 相对于转向阀体 2 处于对中状态,即转向盘不转动时,阀芯处于中位。阀芯有一定的运动行程,滑阀行程由挡板 10 限定,阀芯在其行程之内移动改变控制阀口大小。

转向阀芯 3 与转向盘 13 轴之间用推力轴承 4 定位,转向阀芯 3 可以绕转向盘轴自由旋转,但不能与转向盘轴发生相对位移。转向盘转动将改变螺杆和螺母间位置,产生转向阀芯 3 相对于转向阀体 2 的位移输入。

四通滑阀通过油管连接液压动力油缸,液压动力油缸是对称液压缸。液压动力缸的缸筒固定在车体上,它的活塞杆通过铰链连接在杠杆 6 上。

油泵 1 从油箱 14 吸油,向液压控制阀供油,液压控制阀与液压动力缸构成四通阀控对称缸液压动力元件。

转向盘转动使转向阀芯 3 相对于转向阀体 2 运动(在液压阀行程内),液压控制阀控制液压动力缸活塞移动,带动杠杆 6 摆动,带动汽车梯形架运动,实现汽车转向。

**2. 工作原理**

1)液压动力转向原理

对初始时,伺服转向阀芯 3 相对于转向阀体 2 处于中位状态。

当转动转向盘时,假设开始时螺杆 5 尚未动,从而推动左旋螺杆 7 轴向运动,通过推动轴承 4 和定位弹子 12 压缩弹簧 11,带动伺服转向阀芯 3 作轴向移动,以使转向阀芯 3 和转向阀体 2 间的阀口产生变化,由此导致进入工作液压缸 8 两腔压力的变化,驱动液压缸活塞运动,活塞杆带动杠杆 6 运动,带动杠杆 6 的另一端连接螺母 5 反向运动,螺母 5 带动左旋螺杆 7 反向运动,左旋螺杆带动伺服阀芯反向运动,构成了机械的刚性反馈,以力图消除伺服阀阀口所产生的变化,并恢复伺服转向阀芯 3 相对于转向阀体 2 的中位状态。

杠杆 6 摆动,通过与其联结的连接梯形架拉杆 9 带动车轮转向(左转或右转),这是液压动力转向系统,它提供了液压动力转向方式。

2)机械转向原理

当液压系统失效时,若阀芯移动至极限位置(最大行程位置),仍然不能控制液压缸活塞实现转向。这时阀芯一侧挡板 10 与阀体接触时,则相当于螺杆支撑在汽车车身上,构成转动副支点。转向盘 13 带动左旋螺杆 7 旋转,左旋螺杆 7 旋转带动螺母 5 沿螺杆轴线平移。螺母 5 平移带动杠杆 6 摆动,从而通过连接梯形架拉杆 9 拉动汽车转向梯形架摆动,带动左右车轮转向,这是机械转向系统,它实现了机械转向功能。

**3. 系统结构分析**

1)机械转向系统

机械转向系统是一个开链结构传动系统,如图 6-9 所示,系统不存在稳定性问题,传动精度由机构精度决定。

图 6-9  机械转向系统方块图

机械转向系统相对简单,这里不再对其进行更细致讲解。感兴趣读者可参阅本章后参考文献[2]。

2)液压动力转向系统

液压转向方式优先于机械转向方式,只有在液压转向失效时,机械转向才发挥作用。因此在分析液压转向系统时,为了叙述方便,不妨假设阀芯位移适中尚未达到极限位置,则忽略机械转向系统。

液压转向系统是一个机液伺服系统。控制阀是四通滑阀,而且是零开口三凸肩阀。四通滑阀控制对称液压缸构成液压动力元件。反馈比较机构是杠杆 6,它将液压动力缸活塞杆运动转变为反向阀芯位移,构成负反馈系统。

汽车动力转向伺服系统的原理方块图如图 6-10 所示,它是机构反馈机液伺服系统,是位置控制系统。

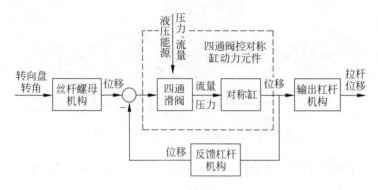

图 6-10 液压动力转向系统方块图

### 4. 反馈比较机构

反馈比较机构如图 6-11 所示,$s$ 域阀芯位移 $X_v$ 可按式(6-8)求解。机械比较反馈机构方块图如图 6-12 所示。

$$X_v = X_s - X_{fb} = \frac{t}{2\pi}\theta_t - \frac{a}{b}X_c \tag{6-8}$$

式中,$X_s$ 为螺杆(阀芯)相对于螺母的位移,m;$X_{fb}$ 为液压缸带动螺母的位移,m;$X_c$ 为液压动力缸活塞的位移,m;$\theta_t$ 为转向盘转角,rad。

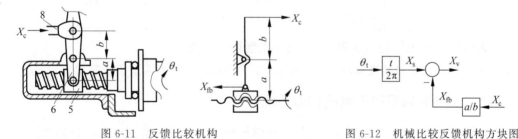

图 6-11 反馈比较机构          图 6-12 机械比较反馈机构方块图

### 5. 输出机构

液压缸活塞杆运动经过杠杆 6 带动连接梯形架拉杆 9 输出运动,输出杠杆机构如图 6-13 所示。液压油缸活塞杆输出位移 $X_c$ 可以采用传递函数式(6-9),方便地转换为拉杆处位移 $X_o$。

$$\frac{X_o}{X_c} = \frac{c}{b} \tag{6-9}$$

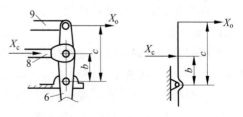

图 6-13 输出杠杆

### 6. 系统模型

忽略弹性负载,四通阀控对称缸液压动力元件模型参见式(5-32)和方块图 5-14。依据

图 6-10,综合图 6-11、图 6-12 和图 6-13 可获得汽车动力转向伺服系统的方块图,如图 6-14 所示。

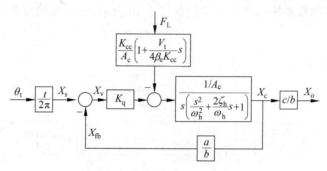

图 6-14　汽车液压动力转向系统方块图

决定图 6-14 系统动态特性的是图 6-15 所示的闭环结构。该闭环系统的开环传递函数写作式(6-10)。

$$G_{ol}(s) = \frac{X_{fb}}{X_v} = \frac{\dfrac{a}{b}\dfrac{K_q}{A_c}}{s\left(\dfrac{s^2}{\omega_h^2} + \dfrac{2\zeta_h}{\omega_h}s + 1\right)} \tag{6-10}$$

图 6-15 和开环传递函数式(6-10)已经将汽车动力转向系统的动态特性描述清楚,可以用伯德图分析和设计这个闭环系统。

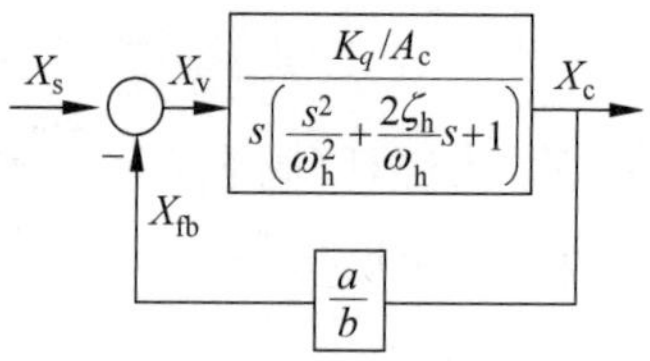

汽车动力转向系统的稳定性条件见式(6-11)。

$$\frac{a}{b}\frac{K_q}{A_c} < 2\zeta_h\omega_h \tag{6-11}$$

图 6-15　系统反馈环路图二

机液伺服系统用作助力装置,动态频带宽度要求不超过 2～5Hz,而且通常对精度要求不高,因此汽车动力转向系统不需要校正装置。

### 6.2.2　电液伺服阀内机液伺服系统

在机械反馈式二级电液伺服阀中,第一级液压阀控制第二级滑阀阀芯位置的系统是一种机液伺服控制系统。

下面以滑阀式直接反馈两级伺服阀为例分析其中的机液伺服控制系统。

**1. 系统结构**

滑阀式直接反馈两级伺服阀结构如图 6-16 所示。从图中看出两级控制阀均是圆柱滑阀,两级滑阀空间布置采用同轴式结构,第二级滑阀阀芯 3 是第一级控制滑阀的阀套。

第一级滑阀是两凸肩三通阀,它有两个控制油口,一个回油口。第一级滑阀与两个固定节流孔 2 和 4 配合,组合成一个四通阀(三通阀与固定阻尼器的组合)。这个四通阀控制对称液压缸(第二级滑阀,阀体相当于缸体、阀芯相当于活塞),第二级滑阀是前一级四通阀的负载液压缸。

第一级滑阀、节流孔、第二级滑阀构成四通阀控对称缸液压动力元件。

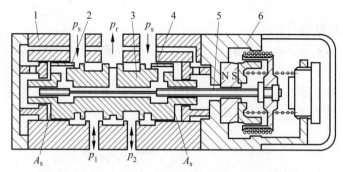

1—阀体；2,4—固定节流孔；3—第二级滑阀阀芯；5—第一级滑阀阀芯；6—动圈力马达。

图 6-16　滑阀式直接反馈两级伺服阀结构图

## 2. 工作原理

按照结构功能等效的原则，将两级滑阀的同轴式结构等效为直接机械连接的两个独立滑阀，即第二级滑阀阀芯通过机械连接方式与第一级控制滑阀的阀套刚性连接。第二级滑阀及所受各种负载力被等效为对称缸、惯性负载、黏性阻力和任意负载力。

将第一级液压阀控制第二级滑阀阀芯位置的系统展开如图 6-17 所示，它清晰说明了系统的工作原理。

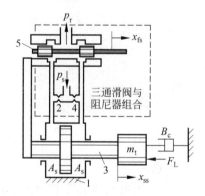

1—阀体；2,4—固定节流孔；3—第二级滑阀阀芯；5—第一级滑阀阀芯。

图 6-17　第一级滑阀控第二级滑阀阀芯位置系统等效结构图

第一级滑阀阀芯位置控制第二级滑阀阀芯位置系统的原理方块图如图 6-18 所示。

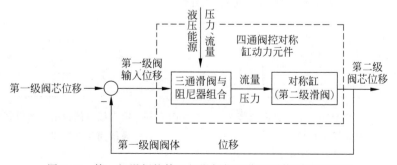

图 6-18　第一级滑阀控第二级滑阀阀芯位置系统原理方块图

### 3. 系统模型

1）液压控制阀模型

在零位($x_{fs}=0$，$p_L=0$，$q_{fs}=0$)附近，三通阀与固定节流孔组合的线性化方程见式(6-12)。

$$q_{fs} = K_{qf}x_{fs} - K_{cf}p_L \tag{6-12}$$

式中，$K_{qf}$ 为控制阀流量增益，$\mathrm{m^2/s}$；$K_{cf}$ 为控制阀流量-压力系数，$\mathrm{m^3/(s \cdot Pa)}$。

在零位处，按照式(6-13)求流量增益系数 $K_{qf}$

$$K_{qf} = \left.\frac{\partial q_{fs}}{\partial x_{fm}}\right|_0 = C_d W \sqrt{\frac{p_s}{\rho}} \tag{6-13}$$

2）液压动力元件模型

省略推导过程，第二级滑阀阀芯位移 $X_{ss}$ 对第一级阀芯位移输入 $X_{fs}$ 的传递函数写作式(6-14)。

$$\frac{X_{ss}}{X_{fs}} = \frac{\dfrac{K_{qf}}{A_s}}{s\left(\dfrac{s^2}{\omega_{fh}^2} + \dfrac{2\zeta_{fh}}{\omega_{fh}}s + 1\right)} \tag{6-14}$$

式中，$\omega_{fh}$ 为第一级滑阀阀芯位置控制第二级滑阀阀芯位置系统固有频率，$\mathrm{rad/s}$；$\zeta_{fh}$ 为该系统阻尼比。

$$\omega_{fh} = \sqrt{\frac{4\beta_e A_s^2}{V_{ts}m_{ts}}} \tag{6-15}$$

3）反馈比较机构模型

直接反馈参量关系见式(6-16)。

$$x_{fs} = x_{fm} - x_{ss} \tag{6-16}$$

式中，$x_{fm}$ 为力马达衔铁位移，$\mathrm{m}$。

4）机液伺服系统模型及系统分析

机液伺服系统方块图如图 6-19 所示。

控制系统用液压油黏度较低，第二级滑阀阀芯在其阀体中运动时黏性阻力很小；电液伺服阀结构设计紧凑，第一级与第二级滑阀之间密封容腔容积小、第二级阀芯质量很小，因此一级滑阀控制二级滑阀位置的液压动力元件固有频率 $\omega_{fh}$ 通常远高于电液伺服阀的动态频率，则液压对称缸活塞(二级滑阀阀芯)位移 $X_{ss}$ 对控制信号输入 $X_{fs}$ 的传递函数化简为式(6-17)，则该机液伺服系统方块图可简化为图 6-20。

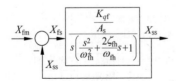
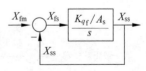

图 6-19　第一级滑阀控第二级滑阀阀芯　　　图 6-20　第一级滑阀控第二级滑阀阀芯位置
　　　　　位置系统方块图　　　　　　　　　　　　　　系统简化方块图

$$\frac{X_{ss}}{X_{fs}} = \frac{K_{qf}/A_s}{s} \tag{6-17}$$

第一级滑阀控制第二级滑阀阀芯位置的液压动力元件固有频率远高于电液伺服阀的动态频率。制约电液伺服阀动态性能的因素不是电液伺服阀内机液伺服系统(第一级阀控第二级阀芯的反馈控制系统)的动态特性。也就是说：进一步提高该伺服机构动态性能，不能明显提高电液伺服阀动态性能。

在本例中，尽管四通阀控对称缸液压动力元件模型简化为积分环节，并不能完全忽略高阶动态对系统稳定性造成的影响，系统稳定性条件见式(6-18)。

$$\frac{K_{qf}}{A_s} < 2\zeta_{fh}\omega_{fh} \tag{6-18}$$

# 6.3　本 章 小 结

机液伺服系统仅由机械机构和液压元件构成。多数机液伺服系统相对结构简单，控制率多用比例控制。

机液伺服系统可分为液压动力元件和反馈比较机构两部分。在液压动力元件基础上，反馈比较机构建立系统的反馈通道，完成比较元件功能，构建起反馈控制系统。

机液伺服系统模型可通过综合液压动力元件模型和反馈比较机构模型得到。

# 思考题与习题

6-1　什么是机液伺服机构？

6-2　机液伺服机构应用领域有哪些？

6-3　机液伺服机构有何结构特点？

6-4　结合机液位置伺服控制系统的系统方块图讲述其工作原理。

6-5　什么决定机液伺服系统动态特性？

6-6　如何调整机液伺服机构让其稳定？

6-7　机液伺服机构的主要设计要点有哪些？

6-8　某仿形车床的仿形刀架如题 6-8 图所示，它由控制四通滑阀、对称液压缸和反馈结构组成。对称缸的活塞杆固定，缸筒与控制滑阀体连接成一个整体。反馈杆一端铰接在缸筒上，另一端是触头与靠模(样板)接触。中部通连杆与阀芯连接。

部分技术数据如下：

刀架最大位移 $y_{max}=0.11m$，刀架移动速度 $v=0.002m/s$，切削阻力 $F_L=4000N$，折算到活塞杆总质量 $m=20kg$，活塞有效面积 $A_c=0.004m^2$，黏性阻力系数 $B_c=0.06N \cdot s/m$，工件、刀具和刀架系统(负载系统)弹簧刚度 $K=4\times10^7N/m$，伺服阀面积梯度 $W=0.094m$，伺服阀径向间隙 $c_r=6\times10^{-7}m$，伺服阀阀口流量系数 $C_d=0.62$，供油压力 $p_s=2MPa$，工作液密度 $\rho=900kg/m^3$，工作液体积弹性模量 $\beta_e=700MPa$，工作液动力黏度 $\mu=0.014N \cdot s/m^2$，反馈机构 $a/b=1$。

要求：

(1) 分析仿形刀架的工作原理。

（2）建立系统方块图和系统仿真模型。

（3）分析控制系统稳定性。

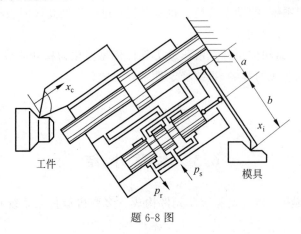

题 6-8 图

6-9　机液伺服机构如题 6-9 图所示。请分析该系统是否有希望构成稳定系统？如不稳定,如何修改？

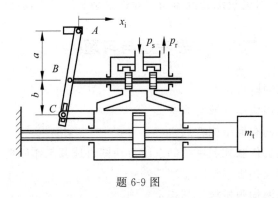

题 6-9 图

6-10　机液伺服机构如题 6-10 图所示。请分析该系统能否有希望构成稳定系统？它与图 6-3 所示系统有何不同？

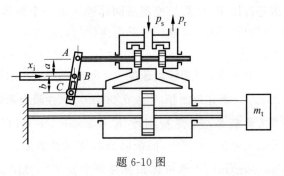

题 6-10 图

6-11　有人为某设备设计了机液伺服机构如题 6-11 图所示。请分析该系统能否有希望构成稳定系统？如不稳定,请将其修改成稳定系统,然后完成下列内容：

（1）分析系统工作原理。

（2）建立系统方块图和系统仿真模型。

（3）分析控制系统稳定性。

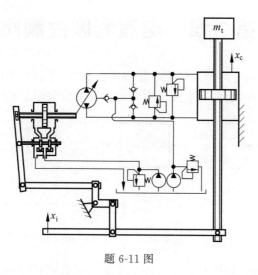

题 6-11 图

# 主要参考文献

[1]　VIERSMA T J. Investigations into the accuracy of hydraulic servomotors [D]. Delft：Technische Hogeschool，1961.

[2]　陈家瑞. 汽车构造：上册[M]. 4 版. 北京：人民交通出版社，2005.

[3]　MERRITT H E. Hydraulic control systems[M]. New York：John Wiley & Sons，1967.

# 第7章 电液伺服控制阀

电液伺服阀和直驱阀是两类高性能电控液压控制阀,它们都可以用在电液伺服系统中,充当控制元件和放大元件,它们在电液伺服系统中的位置如图 7-1 所示。

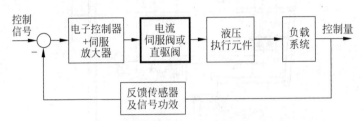

图 7-1 液压控制系统中的电液伺服阀或直驱阀

目前现实情况,电液伺服阀和直驱阀都由专业化制造商研制和生产,人们总是较少有机会自行设计和研制自己将要使用的电液伺服阀和直驱阀。人们总是有更多的机会成为电液伺服阀和直驱阀的用户,而不是它们的设计者。依据应用性质不同,可以将电液伺服阀和直驱阀应用分类为研究型应用和工程型应用。相比较,工程型应用数量更大。

研究型应用需要深入研究电液伺服阀和直驱阀的工作机理,探讨其关键技术,以便使其适应前沿技术研究的性能需求。

工程型应用则在了解电液伺服阀和直驱阀的工作机理的基础上,强调依托于生产制造商提供的说明书及技术参数资料,分析和设计电液反馈控制系统。

电液伺服阀和直驱阀分为流量控制阀和压力控制阀两大类。因目前普通工业较少采用压力控制阀,所以本章只介绍流量电液伺服阀或直驱阀。不加特别说明,在本书中电液伺服阀和直驱阀均指流量电液伺服阀和流量直驱阀。

工程实际中,也有一种带反馈的双电磁铁比例方向阀被用于电液伺服控制的案例,这种带反馈的双电磁铁比例方向阀的结构相对简单,其性能虽然优于无反馈比例方向阀,但其性能远不及直驱阀。本章不对其展开介绍,其选用方法可参考直驱阀。

本章前面介绍电液伺服阀和直驱阀的结构、原理、特点,后面介绍电液伺服阀和直驱阀产品的性能描述及应用方法。

## 7.1 电液伺服阀

电液伺服阀的类型较多,双喷嘴挡板力反馈电液伺服阀是最为常用的电液伺服阀。

本节以双喷嘴挡板力反馈电液伺服阀为主,讲述电液伺服阀的结构与原理。在此基础上,读者不难理解其他类型的电液伺服阀。

### 7.1.1 双喷嘴挡板力反馈电液伺服阀

双喷嘴力反馈电液伺服阀的性能优越、体积小、技术成熟、应用广泛。不足之处是其抗污染能力略差。

**1. 结构与组成**

常见的双喷嘴力反馈电液伺服阀结构如图 7-2 所示,剖视图如图 7-3 所示。主要由力矩马达、双喷嘴挡板阀(第一级控制阀)、滑阀(第二级控制阀)、力反馈装置等组成。下面详述各部分组成及其功能。

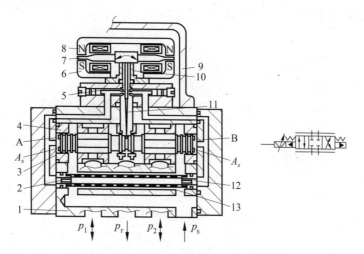

1—阀体;2—固定节流孔;3—第二级滑阀阀芯;4—阀套;5—喷嘴与挡板;6—永磁体;7—衔铁;8—电磁线圈;9—力矩马达外壳;10—弹簧管;11—反馈弹簧;12—固定节流孔;13—滤清器。

图 7-2 双喷嘴挡板二级电液伺服阀结构图及图形符号

图 7-3 双喷嘴挡板力反馈电液伺服剖视图

力矩马达(见图 7-4)由电磁线圈(见图 7-5)、永磁体和衔铁与弹簧管合件(见图 7-6)构成。向力矩马达输入控制电流,电磁线圈产生可控磁场,在衔铁上形成电磁力矩,驱动衔铁与

图 7-4 力矩马达

图 7-5 电磁线圈

图 7-6 衔铁与弹簧管合件

弹簧管合件产生机械转角。在电液伺服中,力矩马达承担了信号转换、指令元件、力比较元件等功能。

双喷嘴挡板阀由挡板、一对喷嘴及两个固定节流孔(见图 7-7)组成。它是伺服阀中的第一级控制阀,承担了液压放大器及控制元件功能。喷嘴与固定节流口孔径很小,为了避免它们堵塞,电液伺服阀内安装一个滤清器(见图 7-8)。

图 7-7　喷嘴与固定节流器

图 7-8　滤清器

滑阀是液控滑阀,它是双喷嘴挡板阀的负载,是执行元件,同时滑阀是对伺服阀外液压执行元件进行控制的控制元件和功率放大元件。在电液伺服控制系统上,电液伺服阀中的滑阀是液压控制系统的控制元件与放大元件,承担液压功率放大器功能。滑阀与双喷嘴挡板阀构成四通阀控对称缸液压动力元件。滑阀阀芯(见图 7-9)中部设有安放反馈杆球头的环槽。

图 7-9　滑阀阀芯

反馈杆是反馈机构，它一端固定在衔铁上，另一端通过端部小球卡在滑阀中部槽中。反馈杆受力变形，它将滑阀位移转变为力矩，并施加在衔铁上。反馈杆产生的力矩与控制电流产生的力矩构成负反馈关系，以力形式反馈滑阀位置信号。

为了清晰和直观表达各部分的功能和原理，将双喷嘴力反馈电液伺服阀的内部结构进行了等效展开，如图 7-10 所示。图中，液控滑阀等效展开为"滑阀＋对称活塞缸"；反馈弹簧杆等效为刚性杆＋螺旋弹簧。

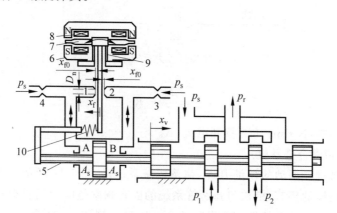

图 7-10
实际案例

1,2—喷嘴；3,4—固定节流孔；5—第二级滑阀阀芯；6—永磁体；7—衔铁；8—电磁线圈；9—弹簧管；10—反馈弹簧。

图 7-10　双喷嘴挡板二级电液伺服阀结构展开图

### 2. 工作原理

若向电液伺服阀输入电流控制信号，控制电流使永磁马达的衔铁产生力偶矩，该力偶矩使衔铁弹簧管系统偏转，同时产生喷嘴挡板阀位移。

假设挡板偏向 A 腔侧，A 腔压力升高，B 腔压力降低，活塞（滑阀阀芯）向 B 腔移动。滑阀阀芯位移通过反馈弹簧（杆）以力（矩）的形式作用在衔铁与弹簧管合件上。反馈弹簧（杆）对衔铁施加的力（矩）与电信号在衔铁上产生的力（矩）方向相反，弹簧杆的力反馈是负反馈，因此构成负反馈系统，且反馈量是滑阀阀芯位置。因此这种弹簧杆反馈称为位置力反馈。

### 3. 系统分析

双喷嘴挡板力反馈电液伺服阀的原理方块图如图 7-11 所示。这个方块图清晰表明双喷嘴挡板力反馈两级电液伺服阀的负反馈闭环控制结构，它以力（矩）形式反馈了滑阀阀芯位置信息。

为了建立电液伺服阀的数学模型，下面分析双喷嘴力反馈电液伺服阀内部控制系统的各个组成环节，并建立它们的数学模型。

1）力矩马达

简化处理：力矩马达衔铁摆动角度很小，分析力矩马达电气特性数学模型时，忽略衔铁运动在线圈内产生的反电动势，忽略线圈内电流变化产生的感应电动势。

通常，电力矩马达的动态响应频率远高于电液伺服阀本身的动态频率，因此力矩马达的系统动态特性可以忽略。建立简化的力矩马达数学模型见式（7-1）。

力矩马达的详细数学建模过程可以参阅 H. E. 梅里特著，陈燕庆译的《液压控制系统》（科学出版社，1976）。

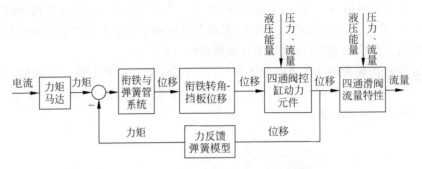

图 7-11　双喷嘴挡板力反馈系统结构图

$$G_{tm} = \frac{T_e}{I} = K_e \tag{7-1}$$

式中，$T_e$ 为电磁力矩，$\mathrm{N \cdot m}$；$I$ 为控制电流，$\mathrm{A}$。

2）衔铁与弹簧管合件系统

衔铁与弹簧管构成摆动的惯量-阻尼-弹簧机械系统，如图 7-12 所示。通常，它是电液伺服阀中动态响应最慢的环节，衔铁与弹簧管系统的固有频率是电液伺服阀系统中最低的，它是限制电液伺服阀系统动态特性不能提高的主要因素。例如，$-90°$ 频宽 $130\sim240\mathrm{Hz}$ 电液伺服阀的机械系统固有频率需要达到 $500\sim1000\mathrm{Hz}$。

用理想的惯量-摆动阻尼-扭转弹簧系统模型作衔铁与弹簧管系统的线性动力学模型。建立衔铁与弹簧管系统的数学模型见式(7-2)。

$$G_{mf} = \frac{\theta_a}{T_d} = \frac{\dfrac{1}{K_{mf}}}{\dfrac{s^2}{\omega_{mf}^2} + \dfrac{2\zeta_{mf}}{\omega_{mf}}s + 1} \tag{7-2}$$

式中，$K_{mf}$ 为弹簧管刚度，$\mathrm{N/rad}$；$\omega_{mf}$ 为衔铁与弹簧管系统固有频率，$\mathrm{rad/s}$；$\zeta_{mf}$ 为衔铁与弹簧管系统阻尼比，$\theta_a$ 为衔铁摆角，$\mathrm{rad}$；$T_d$ 为衔铁与弹簧管系统偏转力矩，$\mathrm{N \cdot m}$。

严格地，通过力耦合作用，机械系统刚度与弹簧管刚度，反馈杆刚度、磁刚度、液流力等都有一定关系，这里面向非阀的设计人员便于理解作了简化。

3）衔铁转角变换为挡板位移

在电液伺服阀工作过程中，衔铁与挡板几乎不变形，它们可以看作刚体。通常，弹簧管壁厚 $0.06\sim0.08\mathrm{mm}$。普通伺服阀的弹簧管材质为铍青铜；煤油工作液的伺服阀弹簧管材质为钢质弹性材料。弹簧管发生变形，则衔铁与挡板绕一定点旋转，见图 7-12。挡板至旋转点距离为 $r$。衔铁转角至挡板位移的传递函数见式(7-3)。

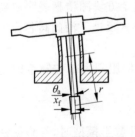

图 7-12　弹簧管变形及
　　　　　挡板摆动

$$G_{ap} = \frac{X_f}{\theta_a} = r \tag{7-3}$$

式中，$X_f$ 为挡板位移，$\mathrm{m}$；$\theta_a$ 为衔铁摆角，$\mathrm{rad}$。

4）双喷嘴挡板阀控滑阀阀芯位置

双喷嘴挡板阀(包括两个固定节流孔)构成液压全桥，具备四通阀功能，它控制第二级滑阀，第二级滑阀是它的负载，相当于对称液压缸。双喷嘴挡板阀控第二级滑阀的数学模型就是四通阀控对称缸液压动力元件模型。

滑阀阀芯质量小,喷嘴挡板阀至滑阀的总压缩容腔小,因此相对于电液伺服阀动态特性,喷嘴挡板阀控制第二级滑阀的液压动力元件固有频率很高,故忽略其动态。双喷嘴挡板阀控滑阀液压动力元件的简化数学模型见式(7-4)。

$$G_{\mathrm{ps}} = \frac{X_{\mathrm{s}}}{X_{\mathrm{f}}} = \frac{K_{qf}/A_{\mathrm{s}}}{s} \tag{7-4}$$

式中,$X_{\mathrm{s}}$ 为滑阀阀芯位移,m;$K_{qf}$ 为双喷嘴挡板阀流量增益,$\mathrm{m}^2/\mathrm{s}$;$A_{\mathrm{s}}$ 为阀芯有效作用面积,$\mathrm{m}^2$。

5) 弹簧反馈机构

第二级滑阀阀芯位移 $x_{\mathrm{s}}$ 使反馈弹簧变形,如图 7-13 所示,产生力矩 $T_{\mathrm{s}}$,建立从滑阀阀芯位移至衔铁上力矩的传递函数,见式(7-5)。

$$G_{\mathrm{s}} = \frac{T_{\mathrm{s}}}{X_{\mathrm{s}}} = (r+b)K_{\mathrm{f}} \tag{7-5}$$

式中,$T_{\mathrm{s}}$ 为滑阀位移产生的反馈力矩,$\mathrm{N \cdot m}$;$K_{\mathrm{f}}$ 为反馈弹簧刚度,$\mathrm{N/m}$;$a$、$b$ 为结构参数,m。

6) 四通滑阀流量模型

四通滑阀负载流量特性用传递函数表示为式(7-6)。

$$G_{sq} = \frac{Q_{\mathrm{s}}}{X_{\mathrm{s}}} = K_{qs} \tag{7-6}$$

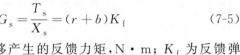

图 7-13　反馈弹簧变形产生力矩

式中,$Q_{\mathrm{s}}$ 为四通滑阀负载流量,$\mathrm{m}^3/\mathrm{s}$;$K_{qs}$ 为四通滑阀流量增益,$\mathrm{m}^2/\mathrm{s}$。

将式(7-1)~式(7-6)代入图 7-11,可得双喷嘴力反馈两级电液伺服阀系统方块图,如图 7-14 所示。

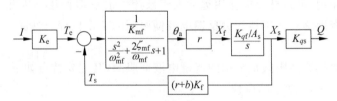

图 7-14　双喷嘴挡板力反馈伺服阀系统方块图

在双喷嘴力反馈电液伺服阀中,决定其动态特性的力反馈系统方块图如图 7-15 所示,它的系统开环伯德图如图 7-16 所示。

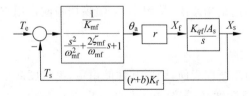

图 7-15　力反馈系统方块图

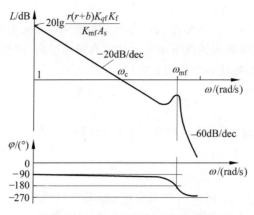

图 7-16　力反馈系统的开环伯德图

双喷嘴挡板二级电液伺服阀反馈系统开环传递函数见式（7-7），绝对稳定性条件用式（7-8）描述。

$$G_{ol}(s) = \frac{\dfrac{r(r+b)K_{qf}K_f}{K_{mf}A_s}}{\left(\dfrac{s^2}{\omega_{mf}^2} + \dfrac{2\zeta_{mf}}{\omega_{mf}}s + 1\right)s} \tag{7-7}$$

$$\frac{r(r+b)K_{qf}K_f}{K_{mf}A_s} < 2\zeta_{mf}\omega_{mf} \tag{7-8}$$

需要说明，上述分析与建模过程中忽略了液流力的作用。电液伺服阀中存在着复杂的液流力作用。依据系统动力学知识，液流力也构成反馈作用关系，表现出阻尼作用。一些液流力产生正阻尼作用，另一些液流力产生负阻尼作用。电液伺服阀设计总是试图让正阻尼作用大于负阻尼作用，弹簧杆反馈作用远远大于液流力的反馈作用。因此上述分析过程与结果能够帮助读者理解双喷嘴挡板力反馈电液伺服阀的工作机理与性能特点。

**4. 特点**

双喷嘴力反馈电液伺服阀是常用的流量电液伺服阀，其主要特点如下。

（1）运动件惯量小、动态响应快

衔铁与弹簧管合件是伺服阀中动态响应最慢的。与其他类型伺服阀相比，永磁桥式动铁力矩马达的衔铁与弹簧管合件的支撑刚度大，运动部分惯量小，因此双喷嘴力反馈电液伺服阀动态响应较快。

（2）体积小，重量轻

永磁桥式动铁力矩马达结构紧凑、体积小，双喷嘴挡板阀占用空间小，伺服阀体积小、重量轻。

（3）性能稳定，灵敏度高

双喷嘴挡板阀没有相互摩擦表面，因而其性能稳定，灵敏度高。

（4）抗干扰能力强，线性度好，零漂小

电液伺服阀内部构成力反馈闭环控制，因而伺服阀线性度好，性能稳定，抗干扰能力强，零漂小。

（5）抗污染能力差，失效安全性差

双喷嘴挡板式两级伺服阀的喷嘴挡板阀孔径微小，喷嘴与挡板间距离更小，固定节流口直径也很小。如果工作液清洁度不高，则伺服阀较易发生堵塞。若伺服阀发生一侧阻尼孔或喷嘴堵塞，主阀芯会失去控制，主阀芯偏向一侧，伺服阀输出最大流量，造成设备失控甚至损毁。

（6）制造工艺性不良

双喷嘴挡板式力反馈两级伺服阀的个别零件制造难度大，工艺性不良。

（7）中位泄漏大，负载刚度差

中位时挡板处于两喷嘴中间，两喷嘴均开放，主阀芯泄漏较大，所以液压控制系统负载刚度稍差。

### 7.1.2　滑阀式直接反馈两级伺服阀

滑阀式直接反馈两级伺服阀是低动态响应、低成本、体积大、工业用伺服阀。

**1. 结构与组成**

滑阀式直接反馈两级伺服阀结构如图 7-17 所示。两级控制阀均采用圆柱滑阀，两级滑阀空间布置采用同轴式结构，第二级滑阀阀芯 3 是第一级控制滑阀的阀套。因此第二级滑阀与第一级滑阀之间构成了直接位置反馈关系，这种电液伺服阀称为直接反馈伺服阀。简单说，第二级滑阀的阀芯位移自动跟踪第一级滑阀的阀芯位移，并且是单位反馈。

为了易于理解，将滑阀式直接反馈两级伺服阀按照结构功能等效展开，并将其各组成部分功能等效处理。例如，液控滑阀等效展开为"滑阀＋对称活塞缸"。滑阀式直接反馈两级伺服阀的结构展开图如图 7-18 所示。

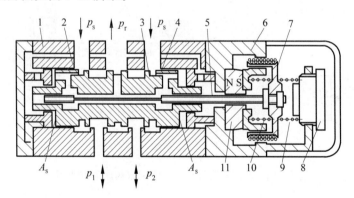

1—阀体；2,4—固定节流孔；3—第二级滑阀阀芯；5—第一级滑阀阀芯；6—动圈力马达；7—衔铁；8—调节螺钉；9,10—定位弹簧；11—永磁体。

图 7-17　滑阀式直接反馈两级伺服阀结构图

通常，滑阀式直接反馈两级伺服阀采用动圈力马达实现控制电流信号与第一级滑阀位移的转换。动圈力马达的衔铁可以实现较大范围位移，而且线性情况良好。

动圈力马达的衔铁与第一级控制滑阀阀芯相连接，并成为一个整体，它们的位置由定位弹簧 9 和 10 进行定位，可以通过旋转调节螺钉 8 调节一级滑阀阀芯位置（见图 7-17）。

第一级滑阀是两凸肩三通阀，它有两个控制油口，一个回油口。第一级滑阀与两个固定

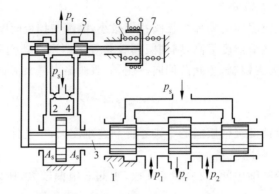

1—阀体；2,4—固定节流孔；3—第二级滑阀阀芯；5—第一级滑阀阀芯；6,7—定位弹簧。

图 7-18　滑阀式直接反馈两级伺服阀结构展开图

节流孔 2 和 4 配合,组合成一个四通阀(三通阀与固定节流孔的组合)。这个四通阀控制第二级滑阀,第二级滑阀相当于对称液压缸(第二级滑阀,阀体相当于缸体、阀芯相当于活塞),它是前一级四通阀的负载液压缸。四通阀与第二级滑阀构成液压动力元件,它是四通阀控对称缸。第二级滑阀阀芯 3 是第一级控制滑阀的阀套。因此第二级滑阀与第一级滑阀之间构成了直接位置反馈关系,第一级滑阀与第二级滑阀构成了直接反馈机液伺服控制系统。

**2. 工作原理**

力马达分析简化处理:分析力马达电气特性数学模型时,忽略衔铁运动在线圈内产生的反电动势;忽略线圈内电流变化产生的感应电动势。

滑阀式直接反馈两级伺服阀的原理方块图如图 7-19 所示。

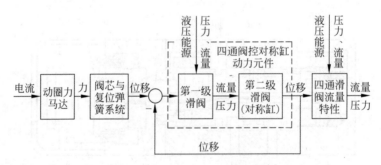

图 7-19　滑阀式直接反馈两级伺服阀原理方块图

衔铁(和一级阀阀芯)与弹簧构成了质量-阻尼-弹簧系统。相比较,衔铁与一级阀阀芯的质量较大;动圈力马达的输出力与体积比小,驱动能力有限,定位弹簧 9 和 10 刚度较低。因此这个平动机械动力学系统的固有频率是比较低的,它是滑阀式直接反馈两级伺服阀中各个组成环节中动态响应最低的。

衔铁与一级滑阀阀芯构成了质量-阻尼-弹簧机械系统,如图 7-18 所示。通常,它是电液伺服阀中动态响应最慢的环节。

不经推导,给出力矩马达(含一级滑阀阀芯)系统的简化数学模型见式(7-9)。

$$\frac{X_{\mathrm{f}}}{I}=\frac{\dfrac{K_{\mathrm{e}}}{K_{\mathrm{m0}}}}{\dfrac{s^{2}}{\omega_{\mathrm{m0}}^{2}}+\dfrac{2\zeta_{\mathrm{m0}}}{\omega_{\mathrm{m0}}}s+1} \tag{7-9}$$

式中，$K_{\mathrm{e}}$ 为力马达系数，N/A；$K_{\mathrm{m0}}$ 为定位弹簧刚度，N/m；$\omega_{\mathrm{m0}}$ 为衔铁与一级滑阀阀芯系统固有频率，rad/s；$\zeta_{\mathrm{m0}}$ 为衔铁与一级滑阀阀芯系统阻尼比。

滑阀式直接反馈两级伺服阀的系统方块图如图 7-20 所示，它与系统原理图 7-19 是对应的。读者可自行推导各个组成部分的传递函数，分析伺服阀性能影响因素。

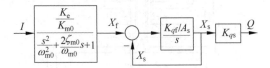

图 7-20　滑阀式直接反馈两级伺服阀系统方块图

**3. 特点**

滑阀式直接反馈两级伺服阀有如下特点。

（1）结构简单、制造工艺性好、制造相对容易、价格低

滑阀式直接反馈两级伺服阀具有相对简单的机械结构，没有难加工结构，滑阀结构制造工艺性好，制造成本低。

（2）力马达线性范围宽

动圈力马达线性范围可达±4mm。

（3）伺服阀调整方便

动圈力马达线性范围宽，滑阀移动位移大，因此伺服阀通常设有外部调零装置，可方便调整零位。

（4）动态响应较慢，工作电流较大

滑阀式直接反馈两级伺服阀的运动质量较大，定位弹簧刚度较低，动态响应较慢。

动圈力马达的负载包括第一级滑阀的质量力、摩擦力、液流力以及弹簧回复力等，为了保证伺服阀控制能力，往往需要较大动圈力马达驱动电流与功率，力矩电流较大。

（5）滑阀结构摩擦力较大，分辨率和滞环较差，使用中要加颤振信号

运动表面接触面积大，配合间隙小，因此结构摩擦力大。

（6）抗污染能力一般

固定节流口直径较大，没有微小的节流孔。轴向和径向配合精度高。

（7）体积大，面向工业应用

在同样体积下，动圈力马达输出力较小。滑阀式直接反馈两级伺服阀体积普遍较大。它是价格低廉、性能稍低的工业用阀。

## 7.1.3　射流管力反馈流量电液伺服阀

射流管力反馈电液伺服阀是一种高抗工作液污染，安全性好，低压性能优良的电液伺服阀。

### 1. 结构与组成

一种典型的射流管力反馈流量电液伺服阀的结构可以用图 7-21 表示。力矩马达采用永磁力矩马达,接收电控制信号,衔铁产生力矩输出。衔铁通过弹簧管与阀体固定,衔铁可绕固定点偏转,使射流管喷嘴相对于两个接收孔发生平移。反馈弹簧一端固定在射流管喷嘴上,另一端的小球被夹持在阀芯的中部环槽内。

图 7-21
实际案例

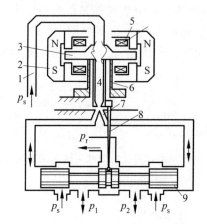

1—供油管;2—永磁体;3—衔铁;4—射流管;5—电磁线圈;6—弹簧管;7—接收器;
8—反馈弹簧;9—滑阀。

图 7-21　射流管式位置力反馈两级伺服阀

高压油连续地从射流管喷嘴喷出,形成浸没射流,射向两个接收孔,接收孔通过油路分别与滑阀阀芯两端油腔相通。

当力矩马达线圈组件输入控制电流时,控制磁通和极化磁通的相互作用产生力矩作用在衔铁上,该力矩使弹簧管变形,衔铁与射流管绕固定点摆动,射流管喷出射流位置改变,致使两个接收孔内腔产生压差引起阀芯位移,阀芯移动一直持续到由反馈弹簧弯曲产生的反馈力矩与控制电流产生的控制力矩相平衡为止。

### 2. 工作原理

射流管位置力反馈电液伺服阀的工作原理可以用图 7-22 表示。

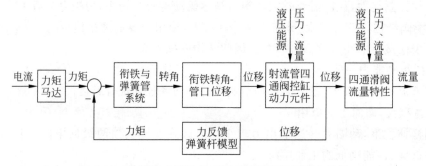

图 7-22　射流管式位置力反馈两级伺服阀原理方块图

射流管位置力反馈两级电液伺服阀内部构成一个机液反馈控制系统。它是衔铁力矩控制滑阀阀芯位置的控制系统。它使阀芯位移与反馈力矩成比例,忽略高频动态,控制力矩与控制电流成比例；伺服阀的输出流量与阀芯位移成比例。因而伺服阀的输出流量与输入的指令控制电信号亦成比例。

若给伺服阀输入反向电控信号,则伺服阀就有反向流量输出。

**3. 特点**

射流管式力反馈两级流量伺服阀有如下特点。

（1）抗污染能力强,可靠性高

射流管喷嘴孔径大,喷嘴与接收器之间的间距大,不易堵塞,抗污染能力强。

（2）具有失效回中功能,安全性高

射流管阀只有一个喷嘴,若阀发生堵塞,第二级滑阀自动回中位,因而安全性高。

（3）线性度好,性能稳定,抗干扰能力强,零漂小

阀内部构成力反馈位置闭环控制系统,因而线性度好,性能稳定,抗干扰能力强,零漂小。

（4）运动部件惯量稍大,动态响应稍慢

射流管阀的运动部件质量较双喷嘴挡板阀大,动态响应稍慢。

（5）前置放大级效率高

射流管前置放大器压力效率和容积效率高,分辨率比双喷嘴挡板阀高得多。

（6）泄漏量较大

射流管喷嘴常开,因此在阀全行程上,阀内泄漏量都较大。

（7）结构复杂、不易采用理论方法分析阀特性、加工调试困难

与双喷嘴挡板阀相比,射流管阀机械结构较为复杂,射流管阀理论分析非常困难,加工调试难度大。

（8）低压工作性能优良

射流管伺服阀适合用于低压系统,最低先导级控制压力 2.5MPa。

## 7.1.4　三级流量电液伺服阀

三级电液流量伺服阀是为了满足大功率和特大功率负载驱动与控制需要,采用二级电液流量伺服阀作为前置级控制元件,控制大功率圆柱滑阀（大直径阀芯滑阀）阀芯位移,从而能够控制大流量（如 500～1000L/min）,甚至控制特大流量。

**1. 结构与组成**

典型的三级电液流量伺服阀结构如图 7-23 所示,基本结构是两级电液伺服阀控制大流量圆柱滑阀。采用电位移传感器测量第三级滑阀阀芯位移,通过电反馈形式构成第三级滑阀阀芯位置闭环。

易于理解,将第三级液控滑阀等效为对称液压缸＋四通滑阀。三级电液流量伺服阀结构展开如图 7-24 所示。

**2. 工作原理**

三级流量电液伺服阀原理方块图如图 7-25 所示。实质上,三级流量伺服阀已经构成由电液伺服阀控制的位置伺服系统,而且是高频率响应控制系统。

三级电液伺服阀的前置级控制阀需要较高的动态响应速度。通常,采用双喷嘴挡板式二级伺服阀或射流管式二级伺服阀。

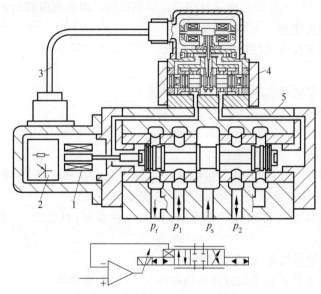

1—位移传感器；2—控制电路板；3—电缆；4—二级电液伺服阀；5—第三级滑阀。

图 7-23　三级流量伺服阀结构图及图形符号

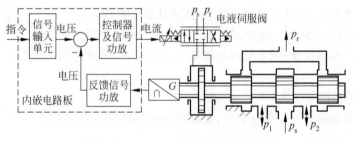

图 7-24　三级流量伺服阀结构展开图

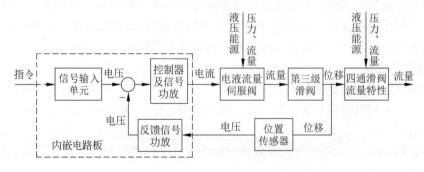

图 7-25　三级流量伺服阀原理方块图

### 3. 特点

三级流量伺服阀主要特点如下。

（1）控制流量大、控制功率大

三级电液伺服阀是为了获得大控制流量和大控制功率，采用二级电液伺服阀＋大功率控制滑阀结构。

（2）普遍采用电反馈

三级电液伺服阀普遍采用 LVDT 作为阀芯位移传感器，阀内部含有电反馈闭环系统，它控制第三级滑阀的阀芯位置。

（3）阀内部嵌入安装了电子控制电路，可接收多种控制电信号

三级电液伺服阀内部嵌入安装了电子控制电路，可接收电流控制信号，也可接收电压控制信号。

（4）动态性能受前置级控制阀动态限制

三级电液伺服阀的前置级控制阀的动态性能是限制三级电液伺服阀动态性能的主要因素。

## 7.2　直　驱　阀

直驱阀（DDV）也称直驱伺服-比例伺服阀（direct drive servo-proportional valve），它是一类新型的控制阀，主要用于构建电液反馈控制系统。它性能明显优于电磁比例方向阀（既明显优于内部无反馈电磁比例方向阀，也明显优于内部有反馈的电磁比例方向阀）。

直驱阀的出现依托于大功率线性位移力马达技术的发展。

### 7.2.1　结构与原理

直驱阀是一种新型高性能电液反馈系统用控制阀，不同制造商生产的直驱阀结构略有差别。这里以一种常见的直驱阀为例介绍直驱阀的原理与结构。

#### 1. 结构与组成

一类常见的直驱阀结构如图 7-26 所示，主要由大功率线性位移力马达、滑阀、阀芯位移检测装置、电子控制板等组成。下面分别阐述各组成部分及其功能。

图 7-26

实际案例

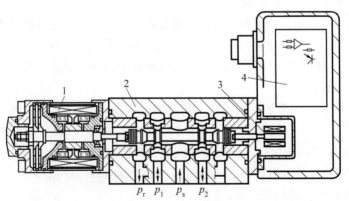

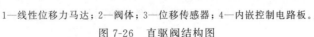

1—线性位移力马达；2—阀体；3—位移传感器；4—内嵌控制电路板。

图 7-26　直驱阀结构图

线性位移力马达结构如图 7-27 所示，由一个线圈、一对高能稀土永磁体、衔铁、定位弹簧等构成。它是永磁体差动马达。

　　线性位移力马达是直驱阀的关键。事实上它是驱动滑阀阀芯的直线电动机。

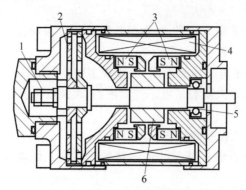

1—调零机构；2—定位弹簧；3—永磁体；4—线圈；5—直线轴承；6—衔铁。

图 7-27　线性位移力马达结构图

　　液压控制滑阀是对液压执行元件进行控制的控制元件,同时具有功率放大功能。

　　滑阀采用阀芯与阀套结构,阀套上开有矩形窗口和环形槽,联通供油口和回油口。阀芯中位时,阀芯轴肩刚好遮盖阀套的供油口和回油口。

　　为了减小线性位移力马达负载,阀芯与阀套结构设计已经进行了充分努力,削弱和抵消液流力,减小液压卡紧力等。

　　直驱阀普遍采用直线位置差动变送器(LVDT)作为反馈传感器。它与滑阀阀芯直接相连,LVDT检测阀芯位移,产生与阀芯位移成比例的电信号。

　　直驱阀内部嵌入安装的电子控制板包含信号输入单元、电子信号放大器、信号比较器、直驱阀控制器、线性位移力马达的PWM驱动器等几部分。

**2. 工作原理**

　　直驱阀的关键元件是线性位移力马达。

　　1) 线性位移力马达工作原理

　　线圈未通电时,磁体和定位弹簧将衔铁确定在平衡位置处。当线圈通电时,环绕一个永磁体处磁通量会增大,相应环绕另一个永磁体处磁通量会减少。电流大小与线性位移力马达的位移成正比。通过改变线圈中电流方向,衔铁移动方向会相应改变。

　　2) 直驱阀工作原理

　　在直驱阀中,LVDT获取的阀芯位置信息的电信号,并将其作为反馈信号,传输给内嵌电子电路板。它将其与控制指令信号相比较,产生偏差信号,偏差信号经过放大后送给PWM电路,产生驱动线性位移力马达的电流信号,线性位移力马达在电流信号作用下,驱动衔铁发生移动,并将驱动滑阀阀芯一起运动,构成闭环负反馈阀芯位置控制系统。阀芯移动位置与指令电信号保持线性关系。

　　滑阀阀芯移动打开相应滑阀阀口。阀口开度与控制信号大小呈线性关系。

## 7.2.2　系统分析

　　直驱阀的结构及工作原理,也可以用图7-28表示。图中忽略衔铁运动在线圈内产生的反电动势;忽略线圈内电流变化产生的感应电动势。这个系统结构图反映出该型直驱阀的负反馈特点。下面分析和建立系统结构图中各个组成环节的数学模型。

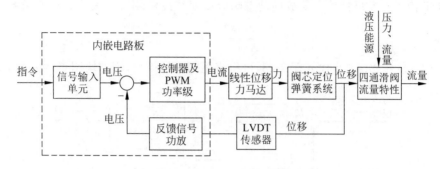

图 7-28　直驱阀系统原理方块图

1) 信号输入单元数学模型

信号输入单元功能是接收控制电信号,并将其转换为相应电压控制信号。信号输入单元是电子电路,它的动态响应速度很快,因此可以用比例环节 $K_i$ 表示信号输入单元数学模型。

$$\frac{U_i(s)}{U_r(s)} = K_i \quad \text{或} \quad \frac{U_i(s)}{I_r(s)} = K_i \tag{7-10}$$

2) 控制器及 PWM 功率放大器数学模型

控制器采用积分控制,数学模型为 $K_a/s$。

PWM 功率放大器是电子电路,动态响应频率很高,用比例环节 $K_{PWM}$ 表示其数学模型。那么,控制器及 PWM 功率放大器数学模型可以用式(7-11)表示。

$$\frac{I(s)}{U_e(s)} = \frac{K_a K_{PWM}}{s} \tag{7-11}$$

3) 线性位移力马达电气特性模型

与直驱阀动态响应相比,线性位移力马达的电气特性响应速度很快,因此用比例环节 $K_e$ 表示其数学模型。

通常,相对于直驱阀的动态,线性位移力马达的电气动态响应频率非常高。故该力马达动态可以忽略,建立力马达的数学模型见式(7-12)。

$$\frac{F(s)}{I(s)} = K_e \tag{7-12}$$

4) 阀芯定位弹簧系统数学模型

阀芯与线性位移力马达的衔铁连接成一体,衔铁、阀芯等运动质量与定位弹簧构成质量-弹簧-阻尼系统。通常,阀芯与定位弹簧系统的固有频率与直驱阀的动态频率往往比较接近。建立阀芯与定位弹簧系统的数学模型,见式(7-13)。

$$\frac{X_s(s)}{F(s)} = \frac{\dfrac{1}{K_{ss}}}{\dfrac{s^2}{\omega_{ss}^2} + \dfrac{2\zeta_{ss}}{\omega_{ss}}s + 1} \tag{7-13}$$

式中,$K_{ss}$ 为定位弹簧刚度,N/m;$\omega_{ss}$ 为阀芯与定位弹簧系统固有频率,rad/s;$\zeta_{ss}$ 为阀芯与定位弹簧系统阻尼比。

5) LVDT 传感器及反馈信号功放数学模型

LVDT 传感器及反馈信号功放的动态响应速度都很高,用 $K_f$ 表示其传递函数。

$$\frac{U_f(s)}{X_s(s)} = K_f \tag{7-14}$$

将式(7-10)~式(7-14)代入图 7-28,可得直驱阀系统模型,用方块图表示为图 7-29。

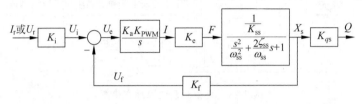

图 7-29　直驱流量阀系统方块图

直驱阀中,电反馈回路如图 7-30 方块。它的开环传递函数见式(7-15)。系统稳定性条件见式(7-16)。

$$G_{ol}(s) = \frac{\dfrac{K_a K_{PWM} K_e K_f}{K_{ss}}}{\left(\dfrac{s^2}{\omega_{ss}^2} + \dfrac{2\zeta_{ss}}{\omega_{ss}} s + 1\right) s} \tag{7-15}$$

$$\frac{K_a K_{PWM} K_e K_f}{K_{ss}} < 2\zeta_{ss}\omega_{ss} \tag{7-16}$$

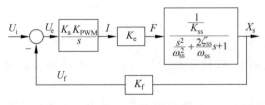

图 7-30　反馈系统方块图

需要说明:前面直驱阀分析过程中忽略了液流力作用,液流力也构成反馈作用关系。在直驱阀设计中,已经通过阀芯与阀套结构设计等措施大幅度削弱液流力作用。液流力是多变的干扰因素。

### 7.2.3　直驱阀特点

直驱阀主要特点如下。

(1) 对供油压力变化不敏感

直驱阀是一级控制阀,没有内部液压前置级控制阀,直驱阀动态特性与供油压力没有直接关系,直驱阀对供油压力变化敏感程度较二级和三级电液伺服阀小,而且直驱阀低压工作性能比较好。

(2) 抗工作液污染能力强

直驱阀内部没有电液伺服阀内部的微小节流孔,因此其抗工作液污染能力强。

（3）体积较大，重量较大

直驱阀采用大功率线性位移力马达，其体积较大。直驱阀内部嵌入安装了大功率力马达驱动器，其体积也较大。

（4）直驱阀性能接近电液伺服阀

直驱阀内部含有一个电信号负反馈阀芯位置控制闭环系统，因此直驱阀具有较高的动态响应频率和稳态技术指标，与同规格电液伺服阀相近。

（5）价格接近普通电磁换向阀

直驱阀价格较电液伺服阀低很多，与规格相近的电磁换向阀相比，直驱阀价格稍高。

（6）控制电流大

直驱阀输出大流量时，控制电流可达 1.4A 或更大。

（7）线性位移力马达输出控制力有限

线性位移力马达输出力较电磁铁大，但比两级伺服阀液压前置级的控制力小很多。

## 7.3　产品特性描述、选型方法

电液伺服阀和直驱阀都是面向闭环液压控制系统应用而专门设计的液压控制阀，同时其自身设计也采用了闭环控制技术。它们内部结构精密，至少包含一个反馈控制系统回路。

目前，电液伺服阀和直驱阀都由专业化制造商研制和生产。不同品牌的电液伺服阀和直驱阀往往在阀内部结构和技术性能是不同的，而且在产品特性描述方式上也有一定差别。

工程上，电液伺服阀和直驱阀的应用方法都是在理解其工作原理的基础上，将它们看作一个整体、一个元件，也就是看作一个黑盒子，如图 7-31 所示。可以通过对电液伺服阀或直驱阀输入输出技术参数及其影响因素等方面认识，了解液压控制阀的功能与特性，从而能够正确进行电液伺服阀与直驱阀选型，以及具备电液反馈控制系统设计与开发的能力。

在控制系统中，电液伺服阀和直驱阀的功能是控制信号转换与控制信号放大。它们能接收控制电信号（电压或电流），并输出受控于电信号的液压信号（流量和压力），也具备信号转换功能，它们是良好的线性转换器。液压信号具有很大功率的驱动能力，能够驱动与控制较大的液压负载。电液伺服阀和直驱阀具备信号放大功能。

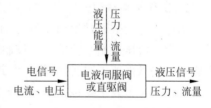

图 7-31　电液伺服阀和直驱阀

为了便于用户进行电液反馈系统设计，制造商常采用产品说明书或产品样本的形式介绍其生产的电液伺服阀或直驱阀。

面向电气液压控制系统设计与开发，了解和掌握电液伺服阀或直驱阀的技术状态描述方法及使用维护常识更凸显实用性。同时，这方面知识也能够提高对电液反馈控制系统性能指标的理解。

### 7.3.1　产品性能描述

电液伺服阀和直驱阀是高性能液压控制阀，其本身就是一个高频响和高精度控制系统。因此描述电液伺服阀和直驱阀性能的方式与描述液压伺服控制系统性能的方式是一致的。

目前,电液伺服阀、直驱阀等制造商在描述产品性能方式尚不完全一致,这里将常见的电液伺服控制阀技术参数作简明介绍。读者在选型和使用某种电液控制阀前,详细阅读其产品说明书是必要的。

为了易于快速了解电液伺服阀和直驱阀的性能描述,现将其技术性能或参数分为六类:规格参数、工作条件参数、静态特性、动态特性、电气技术参数和安装参数。

**1. 规格参数**

规格参数主要说明了电液伺服阀和直驱阀的结构类型和尺度规格。

规格参数主要包括如下内容。

1) 结构类型

阀结构类型说明了液压控制阀的结构分类。通常,可用于电液反馈控制系统的液压控制阀可分为双喷嘴挡板两级伺服阀、射流管两级伺服阀、三级电反馈伺服阀、直驱控制阀等多种类型。

2) 额定供油压力

额定供油压力是制造商用于标定电液伺服阀和直驱阀规格的供油压力,单位为 Pa,工程上常用 MPa。

3) 额定流量

额定流量是在规定阀压降下,对应额定电流的负载流量,单位为 $m^3/s$,工程上常用 L/min。

通常,规定电液伺服阀的阀压降为 1/3 供油压力。例如供油压力 21MPa,则电液伺服阀的阀压降为 7MPa。

通常,规定直驱阀的阀压降为 1.05MPa。

也有电液伺服阀制造商用空载流量定义自己的伺服阀产品额定流量,则阀压降等于供油压力。

**2. 工作条件参数**

工作条件参数通常给出了制造商关于电液伺服阀和直驱阀正常工作的必要条件的说明。当设计液压控制系统的液压控制阀的工作条件接近或超出制造商说明的电液伺服阀和直驱阀工作条件范围边线时,需咨询其制造商获取建议,并评估由此带来的影响。

工作条件参数主要包括如下内容。

1) 供油压力

供油压力指电液伺服阀和直驱阀的实际工作压力。

制造商往往会给出液压控制阀可以正常工作的实际工作压力范围。电液伺服阀和直驱阀可以在额定供油压力以外的压力下工作,但零偏可能会有所变化。随供油压力降低,电液伺服阀的分辨率和动态响应将会变差。

2) 回油压力

回油压力指电液伺服阀和直驱阀实际回油的压力值。

允许回油压力在大范围内变动(通常不大于 2MPa),但需注意回油压力增高会导致零漂增大。

制造商往往通过规定液压控制阀各个油口的耐压范围的方式给出了阀可以正常工作的实际工作压力(供油、回油、负载)范围。

特别强调：多级电液伺服阀决不允许出现回油压力等于或高于供油压力的情况，以免产生不合理的压力分布影响其内部前置先导级液压放大级的正常工作，甚至造成液压放大级工作液倒流现象。

一般情况下，液压控制阀的耐压压力小于破坏压力。阀进油口和工作油口的耐压力为 1.5 倍供油压力，破坏压力则是 2.5 倍供油压力；回油口耐压力为 1 倍供油压力，破坏压力为 1.5 倍供油压力。

3）工作液黏度

工作液黏度指阀正常工作的工作液黏度范围。

制造商也可能采用规定工作液种类的方法，说明液压控制阀的工作液黏度范围。

4）工作液过滤要求

为保障控制阀可靠工作，工作液固体颗粒污染度应符合要求。例如长寿命重要设备工作液污染度要求不低于 GJB420（等同 NAS1638）标准 6 级或 ISO 4406 标准 15/12。

通常，伺服阀进油口前面（至液压泵段）压力管路应安装名义过滤度精度不低于 $10\mu m$ 的无旁通阀的滤清器。

5）工作液温度

工作液温度指阀正常工作的工作液温度范围。

工作液温度范围的影响因素主要包括密封件材料、工作液的黏度等几个方面因素。

6）环境温度

环境温度指阀正常工作的环境温度范围。

环境温度范围的影响因素主要包括密封件材料、工作液的黏度和系统热平衡点等。

**3. 静态特性**

电液伺服阀和直驱阀的静态特性经常采用曲线图和技术参数描述。

静态特性曲线图包括：流量-压力特性（负载特性）曲线（见图 7-32）、压力特性曲线（见图 7-33）、空载流量特性曲线（见图 7-34）、内泄漏特性曲线（见图 7-35）等。

通常，为了描述一类控制阀的共同特性，排除不同规格阀特性曲线因规格参数的影响，静态特性曲线普遍标注归一化的参数。

归一化负载流量 $\bar{q}_L$ 和负载压力 $\bar{p}_L$ 经常按式（7-17）和式（7-18）定义。

一些电液伺服阀内部没有嵌入安装电子电路，它们的控制信号是输入电流，它的归一化电流按照式（7-19）定义。

一些电液伺服阀内部嵌入安装有电子电路，这些电液伺服阀和直驱阀等控制信号可以选用电压作为控制信号，也可以选用电流作为控制信号。若选用电压信号作为液压控制阀输入信号，归一化电压采用式（7-20）定义；若选用电流信号作为液压控制阀输入信号，归一化电流采用式（7-19）定义。

$$\bar{q}_L = \frac{负载流量}{额定流量} \tag{7-17}$$

$$\bar{p}_L = \frac{负载压力}{额定供油压力} \tag{7-18}$$

$$\bar{i} = \frac{输入电流}{额定电流} \tag{7-19}$$

$$\overline{u} = \frac{输入电压}{额定电压} \tag{7-20}$$

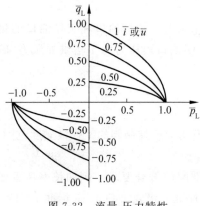

图 7-32　流量-压力特性

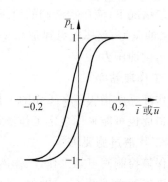

图 7-33　压力特性

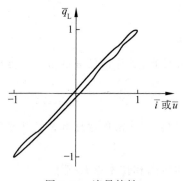

图 7-34　流量特性

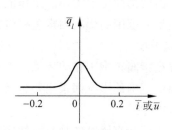

图 7-35　泄漏特性

　　静态参数包括：流量增益、压力增益、滞环、分辨率、非线性度、不对称度、零偏、零漂、内泄漏量、重叠。

　　静态参数作如下解释。

　　1) 流量增益

　　流量增益等于工作点处流量特性曲线的斜率,单位为 m³/(s·A),工程上常用 L/(min·mA)。

　　2) 压力增益

　　压力增益是控制流量为零时,负载压降对控制电流的变化率,单位为 Pa/A,工程上常用 MPa/mA。

　　通常规定用±40%最大负载压降范围内,负载压降对控制电流曲线的平均斜率表示压力增益。同样,压力增益也可规定为阀在零位,输入 1% 额定电流时,负载压降相对于额定供油压力的百分比变化。

　　3) 滞环

　　在正负额定电流之间,以小于动态特性起作用的速度循环(通常不大于 0.1Hz),产生相同流量的正向和反向控制电流之差的最大值对额定电流之比成为滞环,以百分数表示。

4）分辨率

分辨率指使阀的控制流量发生变化的控制电流最小增量，取其最大值与额定电流之比，以百分数表示。

分辨率在零位附近（10%额定电流处）测定。分辨率随控制电流大小和停留时间长短不同而不同。分辨率随供油压力降低、滑阀磨损和工作液污染度程度加剧而变差。

5）非线性度

非线性度指流量曲线偏离直线的程度。用名义流量曲线对名义流量增益线的最大偏差与额定电流之比，以百分数来表示。

6）不对称度

不对称度是两个极性流量增益的不一致性。取一极性的名义流量增益与另一极性的名义流量增益之差对其中较大者之比，以百分数表示。

7）零偏

空载控制流量为零的状态称为零位。为了使阀处于零位所需输入的控制电流（不计及阀的滞环影响）称为零偏电流。零偏电流对额定电流之比的百分数称为零偏。

零偏在标准试验条件下消除阀的滞环后测定。通常，在使用周期内阀的零偏允许增大到 6%。

8）零漂

零漂是因温度、压力、时间等变化造成零位偏移量。

9）内泄漏量

控制流量为零时，从回油窗口流出的流量随控制电流而改变，取最大值为内泄漏，单位为 $m^3/s$，工程上常用 L/min。

内泄漏在负载关断的情况下测定。阀的内泄漏随滑阀的工作尖边磨损而增大。

10）重叠

阀的重叠指滑阀处于零位时，固定节流边与可动节流边之间的轴向位置关系。

重叠的度量方法为：对每一极性分别作出名义流量曲线近似于直线部分的延长线，两延长线的零流量点之间总间隔，用上述总间隔对额定电流的百分比表示重叠。

零重叠为名义流量曲线的两个延长线不存在间隔的情况，正重叠为导致零位区域名义流量曲线斜率减小的重叠情况，负重叠为导致零位区域名义流量曲线斜率增大的情况。

零重叠的公差规定为 $\pm\Delta\%$，通常 $\Delta$ 不大于 3。零重叠阀在 $\pm\Delta\%$ 零位区域内，流量增益变化范围 50% ～ 200% 名义流量增益（见图 7-36）。

**4. 动态特性**

电液伺服阀动态响应特性通常用频率域的频率特性表示，或者用时间域的阶跃特性表示。

频率特性指控制电信号（电流或电压）在某个频率范围内作正弦变化时，阀空载控制流量对控制电信号的复数比。

液压控制阀动态特性的影响因素较多，输入信号幅值大小，工作温度、供油压力和其他工作条件对阀的频率特性都有影响。

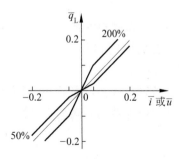

图 7-36　零位区域流量特性

通常在标准试验条件下，用峰间值为 50% 额定值的控制电信号测定液压控制阀的伯德图，如图 7-37 所示。通常要求阀频率特性的幅值比不应大于 +2dB。

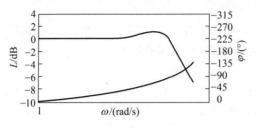

图 7-37　电液伺服阀伯德图

由于电液伺服阀和直驱阀的动态响应特性与控制电流关系密切，且对液压控制系统影响较大。制造商也可能会提供液压控制阀在 25%、75% 和 100% 等额定电流条件下的伯德图，以供设计控制系统参考。

液压控制阀的动态特性可以用幅值为 ±3dB 和相位为 −90° 所对应的频率来衡量，分别称为幅值 ±3dB 频率带宽和相位滞后 90° 频率带宽。

电液伺服阀的动态响应频率与系统供油压力的关系，如图 7-38 所示。

依据液压控制阀的伯德图可以给出阀动态响应的近似数学模型。电液伺服阀或直驱阀的数学模型如图 7-39 所示，图中，$G_{sv}(s)$ 表示电液伺服阀动态模型。

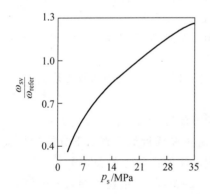

图 7-38　动态频率与供油压力关系

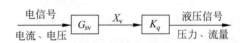

图 7-39　电液伺服阀模型方块图

若伺服阀相位滞后 90° 频率与液压控制系统动态特性频率接近，$G_{sv}(s)$ 用式（7-21）近似。

若伺服阀相位滞后 90° 频率高于液压控制系统动态特性频率 3～5 倍，$G_{sv}(s)$ 用式（7-22）近似。

若伺服阀相位滞后 90° 频率高于液压控制系统动态特性频率 5 倍以上，$G_{sv}(s)$ 可近似为 1，即忽略电液伺服阀动态特性。

$$G_{sv}(s) = \cfrac{1}{\cfrac{s^2}{\omega_{sv}^2} + \cfrac{2\zeta_{sv}}{\omega_{sv}}s + 1} \tag{7-21}$$

式中，$\omega_{sv}$ 为电液伺服阀或直驱阀的固有频率，rad/s；$\zeta_{sv}$ 为电液伺服阀或直驱阀的阻尼比。

电液伺服阀或直驱阀的固有频率是表征液压控制阀动态特性的重要参数。通常取幅值 $\pm 3 \mathrm{dB}$ 频率和相位滞后 $90°$ 频率中的较小者。

$$G_{\mathrm{sv}}(s) = \cfrac{1}{\cfrac{2\zeta_{\mathrm{sv}}}{\omega_{\mathrm{sv}}}s + 1} \qquad (7\text{-}22)$$

有时,制造商也会提供液压控制阀的阶跃响应曲线,用它来描述液压控制阀动态性能。

**5. 电气技术参数**

一些电液伺服阀内部没有嵌入安装电子电路,电气插头或插座上的插针通过引线直接与电磁线圈相连。这类电液伺服阀的控制电信号是电流信号,内部通常采用机械反馈。

另一些电液伺服阀内部嵌入安装了电子电路,电子电路通常包含输入控制电信号接口、内部反馈控制回路的控制器、电子伺服放大器、比较器、反馈信号测量放大器等。采用电信号位移传感器检测滑阀阀芯位移,建立阀芯位移电反馈控制系统。这类电液伺服阀内部设有输入控制信号接口(输入信号单元),通常可以接收电压控制信号、电流控制信号等多种控制信号形式。

直驱阀内部嵌入安装了电子电路,采用电反馈形式控制滑阀阀芯位置。直驱阀可以使用电压控制信号、也可以使用电流控制信号。

没有嵌入安装电子电路的电液伺服阀的电气参数包括:额定电流、零值电流、过载电流、线圈电阻、线圈电感、电气连接类型、电气连接方式等。

1) 额定电流

额定电流指为产生额定流量对线圈任一极性所规定的输入控制电流(不包括零偏电流),单位为 A,工程上常用 mA。

通常,额定电流指单线圈连接、差动连接或并联连接而言,它是串联连接工作额定电流的两倍。

2) 零值电流

零值电流指对于差动连接线圈,当差动电流为零时,流经每个线圈的电流。

3) 过载电流

过载电流指允许流经力矩马达线圈的最大电流。

通常,过载电流是流经力矩马达线圈最大控制电流的二倍。

4) 线圈电阻

线圈电阻指每个线圈的直流电阻,单位为 $\Omega$。

线圈电阻公差为名义值的 $\pm 10\%$,同一台伺服阀中,两线圈电阻值相差不大于名义电阻值的 $5\%$。

5) 线圈电感

线圈电感是线圈阻抗的电感分量,单位为 H,工程上常用 mH。

线圈电感与供油压力、输入电流幅值及频率有关。规定在控制电流频率为 $60 \mathrm{Hz}$,峰间值为 $25\%$ 额定电流和在额定供油压力下测定。线圈电感通常在线圈串联状态下测量。

6) 电气连接类型

通常液压采用国际标准电气连接插头,说明电气插头的国际标准(ISO)类型及插针定义。

7）电气连接方式

没有嵌入安装电子电路的电液伺服阀通常直接向力矩马达电磁线圈供电用于产生电磁力矩。力矩马达通常有两个电磁线圈,它们的连接方式有四种:单线圈(见图 7-40(a),选用线圈 1 或 2)、串联(见图 7-40(b))、并联(见图 7-40(c))、差动(见图 7-40(d))等四种接线方式。

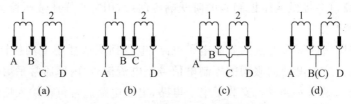

图 7-40　电液伺服阀电气连接方式

单线圈接线方式的输入电阻等于单线圈电阻,线圈电流等于额定电流;串联接线方式的输入电阻为单线圈电阻的两倍,额定电流为单线圈额定电流的一半;并联接线方式的输入电阻是单线圈电阻的一半,额定电流等于单线圈额定电流;差动接线方式的电流等于额定电流,这种接线方式需要采用差动放大器。

嵌入安装电子电路的液压控制阀的电气技术参数主要包括供电电压、工作电流、指令电信号、阀芯位移信号和电气连接类型等。

1）供电电压

供电电压指向液压阀内部嵌入安装的电子电路供电的电源电压,通常标明最大和最小额定工作电压。

2）工作电流

工作电流指向液压阀内部嵌入安装的电子电路的供电电源电流,通常标明最大工作电流。

3）指令电信号

指令电信号指液压控制阀的电气控制指令信号,可以采用电压信号形式,通常为 $\pm 10\text{V}$;也可以采用电流信号形式,通常为 $\pm 10\text{mA}$。

4）阀芯位移信号

阀芯位移信号是输出实际阀芯位移的电信号,通常用电流信号。

5）电气连接类型

说明电气插头的国际标准(ISO)类型及插针定义。

**6. 安装参数**

安装技术参数主要包括如下内容。

(1) 油口尺寸或接口板的国际标准(ISO)类型。

(2) 液压控制阀的外形尺寸及安装维护空间尺寸。

## 7.3.2　选型方法

电液伺服阀和直驱阀是电气液压反馈控制系统中的关键和精密控制元件,其价格昂贵,技术参数较多,产品类型也较多。

电液伺服阀和直驱阀选型程序一般是首先进行液压控制阀类型选择,然后进行液压控制阀规格选择。

**1. 控制阀类型选择**

通常，不同用途和不同行业领域的设备的控制系统工作条件不同，设备制造成本不同，因此液压控制阀的选型前首先要充分理解所设计液压控制系统性能及其对液压控制阀的要求，依据各类液压控制阀的特点进行类型选择。

通常，选择过程中需要遵循如下几项原则。

(1) 阀性能指标优先原则。面向特殊工业应用，普遍对液压控制系统性能要求很高，导致液压元件性能要求高。

(2) 工作条件优先原则。面向军事工业应用，军工产品普遍要求能够适应战场恶劣使用条件和极端的工作条件。

(3) 制造成本优先原则。面向普通工业应用，突出强调降低制造生产成本，通常在相对良好的工作条件下使用，性能可能允许略低。

在上述三项原则指导下，首先可以依据控制阀的特点和控制系统性能要求两个方面进行控制阀类型选择。主要考虑如下几个方面因素：

(1) 可靠性要求；

(2) 工作条件要求；

(3) 价格因素；

(4) 工作液、液压源；

(5) 电气性能和放大器要求；

(6) 安装结构、重量、外形尺寸。

在上述因素之中，可靠性要求、工作条件要求和价格因素是更为主要的因素。

**2. 控制阀规格选择**

控制阀规格选择主要依据液压控制系统对液压控制阀动态响应和流量的需求，确定液压控制阀的型号。

控制阀的动态响应经常用相位滞后 90° 的频率表示。这项参数可以查阅控制阀技术参数列表或在控制阀伯德图上读取。

1) 依据阀动态响应参数确定液压控制阀的型号

首先需计算闭环反馈系统动态响应频率，然后，查阅液压控制阀的产品样本或其他资料，选相频大于该频率 3 倍的伺服阀。

2) 依据阀流量参数确定液压控制阀的型号

选择电液伺服阀或直驱阀需已知负载流量的最大值 $q_{Lmax}$ 和负载压力的最大值 $p_{Lmax}$。

若使液压控制系统具备较高的控制功率为原则，经常按照式(7-23)和式(7-24)确定实际供油压力 $p_s$ 和阀实际压降 $p_{sv}$，则设计在阀实际压降 $p_{sv}$ 产生最大负载流量 $q_{Lmax}$。

$$p_s = \frac{3}{2} p_{Lmax} \tag{7-23}$$

$$p_{sv} = \frac{1}{3} p_s = \frac{1}{2} p_{Lmax} \tag{7-24}$$

查阅电液伺服阀或直驱阀产品样本，获取阀额定压降 $\Delta p_n$。求取在阀额定压降 $\Delta p_n$ 条件下，需要的负载流量 $q_{nc}$

$$q_{nc} = q_{Lmax} \sqrt{\frac{\Delta p_n}{p_{sv}}} \tag{7-25}$$

依据 $\Delta p_n$ 和 $q_n$ 查阅电液伺服阀或直驱阀产品样本,选取额定流量略大于 $q_n$ 的液压控制阀,注意核对其频率特性满足系统动态设计要求。

### 7.3.3 使用维护常识

电液伺服阀是电液压伺服系统中关键的精密控制元件,且价格昂贵,所以安装有伺服阀的液压控制系统使用要谨慎,维护保养要特别细致。

这里列举电液伺服系统的一些使用与维护常识,帮助读者建立良好观念与习惯,避免造成不必要的经济损失和工期延误。

(1) 内部未嵌入电路板的伺服阀应优先采用线圈并联接线方式,可以降低电感,在一个线圈断线时,阀仍可工作。

(2) 实际流经电液伺服阀每个线圈的最大电流不要超过 2 倍额定电流。

(3) 除非外部有机械调零装置,否则不要擅自拆解伺服阀进行调零;不得擅自分解伺服阀;建议定期将伺服阀返回制造商进行清洗、调整。

(4) 双喷挡伺服阀要求先对阀供油,然后才可以加控制电信号。

(5) 伺服阀安装时必须注意核对进油口和回油口,不要装错。

(6) 电液伺服阀安装座尽量选用非磁性材料制造,安装在磁性材料上的电液伺服阀的流量增益有所降低。

(7) 电液伺服阀周围不允许有明显的磁场干扰,切忌让铁磁物质长期与电液伺服阀力马达壳体相接触。

(8) 电液伺服阀安装座表面粗糙度值应小于 $Ra\ 1.6$,表面不平度不大于 $0.025\mathrm{mm}$。

(9) 伺服阀装卸过程必须注意清洁;安装工作环境必须保持清洁;清洁时应使用无绒布或专用纸张。

(10) 为了提高电液伺服阀性能,有些伺服阀允许对其施加颤振信号,通常选用幅值为 10% 额定电流,频率为 1.5~2 倍伺服阀频宽,注意避开伺服阀内部机构的谐振频率。

(11) 若电子伺服放大器的功率级采用 PWM 功率放大器,调制波频率应足够高,注意避开伺服阀内部机构的谐振频率。

(12) 有些伺服阀要求泄油直接回油箱,有些伺服阀要求安装方向,如垂直安装。

(13) 伺服阀的油口封装盖板应在安装前拆下,并保存起来,以备将来维修时使用。

(14) 若发生伺服阀堵塞现象,建议将其返送制造商更换伺服阀滤器;若自行更换,需预先接受专业培训与指导。

(15) 电液伺服系统用油箱尽量选用不锈钢板材制造,油箱应密封,应装有加油及空气过滤用滤清器。

(16) 对于长期工作的液压系统,应选较大容量的滤清器。

(17) 定期检验工作液的污染度。

(18) 禁止使用麻线、密封胶和密封带作为密封材料。

(19) 若工作液污染度保持良好,则可考虑较长时间不换油。

(20) 建立新油是"脏油"的观念:新系统注入新油或旧系统彻底换油前,应彻底清洗油箱；加注新油后需清洗系统，视加新油量确定清洗时间，待检验工作液污染度合格后，方可安装伺服阀。

## 7.4　本　章　小　结

电液伺服阀和直驱阀是构建电液反馈控制系统的关键元件。它们将电气元件与液压元件连接在一起，并实现信号转换、信号放大。

本章以双喷嘴挡板力反馈两级电液伺服阀为主，介绍了双喷嘴挡板力反馈两级伺服阀、直接反馈滑阀式两级伺服阀、射流管式两级伺服阀、三级伺服阀、直驱阀的主要结构和工作原理。以理解设计思想和工作原理为目的，建立了电液伺服阀和直驱阀的系统模型。

电液伺服阀和直驱阀都是复杂和精密的液压控制元件。它们内部也都是采用负反馈原理构建的控制系统，通过控制功率滑阀的阀芯位移实现所需的阀特性。

电液伺服阀和直驱阀结构复杂、制造难度大，通常由专业化制造商生产。

针对电液伺服阀和直驱阀的工程应用而言，总是在理解其工作原理的基础上，将电液伺服阀或直驱阀看作为一个元件或一个整体，通过认识描述液压控制阀产品的技术参数及曲线图，掌握电液伺服阀或直驱阀的特性，从而具备设计电液反馈控制系统的条件。

本章归类介绍了电液伺服阀或直驱阀的技术参数。

## 思考题与习题

7-1　简述双喷嘴挡板式两级电液伺服阀的主要组成部分及其功能。

7-2　简述双喷嘴挡板式两级电液伺服阀的工作原理。

7-3　简述双喷嘴挡板式两级电液伺服阀的特点。

7-4　简述滑阀直接反馈式两级电液伺服阀的主要组成部分及其功能。

7-5　简述滑阀直接反馈式两级电液伺服阀的工作原理。

7-6　简述滑阀直接反馈式两级电液伺服阀的特点。

7-7　简述三级电液流量伺服阀的工作原理。

7-8　简述直驱阀的主要组成部分及其功能。

7-9　简述直驱阀的特点。

7-10　简述电液伺服阀的规格参数有哪些？

7-11　简述直驱阀的动态性能描述方法。

7-12　电液位置伺服系统，负载流量 45L/min，负载压力 14MPa，油源压力 21MPa。请分别按如下要求，为这个系统选择电液伺服阀或直驱阀一个。

（1）按照价格优先选择液压控制阀。

（2）按照动态响应频率优先选择液压控制阀。

（3）按照安全性优先选择液压控制阀。

# 主要参考文献

[1]　SADOUGHI M S,SEYFI R,SADAT F M. Simulation and experimental validation of flow-current characteristic of a sample hydraulic servo valve[J]. Transaction B：Mechanical Engineering,2010,17(5)：327-336.

[2]　THAYER W J. Transfer introduction functions for Moog servovalves[R]. East Aurora：Moog Inc.(Controls Division),1958.

[3]　THAYER W J. Specification standards for electrohydraulic flow control valves[R]. East Aurora：Moog Inc.(Controls Division),1962.

[4]　JOHNSON B. Hydraulic servo control valves part 3：state of the art summary of electrohydraulic servovalves and applications[R]. Wright-Patterson Air Force Base：Wright Air Development Center and Air Research Development Command and United States Air Force,1957.

[5]　REEN G K，TREVETT J A. Electrohydraulic servo valve：US2953123A[P/OL]. 1960-09-20 [2013-08-01]. http://www. google. com/patents/US2953123.

[6]　田源道. 电液伺服阀技术[M]. 北京：航空工业出版社,2008.

[7]　黄增,侯保国,方群,等. 射流管式与喷嘴挡板式电液伺服阀之比较[J]. 流体传动与控制,2007,23(4)：43-45.

[8]　DEGROOTE S. H，COEUR C. Compensation for generic servoamplifier usage with high performance direct drive valves：US5973470 [P/OL]. 1999-10-26 [2013-08-01]. http://www. google. com/patents/US5973470.

[9]　Moog Inc. Products(Servovalves and servo-proportional valves)[EB/OL]. [2013-08-01]. http://www. moog. com/products/servovalves-servo-proportional-valves/.

[10]　Eaton Hydraulics(Vickers). Products(Servo valves)[EB/OL]. [2013-08-01]. http://www. eaton. com/Eaton/ProductsServices/Hydraulics/Valves/IndustrialValves/PCT_258676.

[11]　中国航空工业第六零九所. 产品中心(电液伺服阀)[EB/OL]. [2013-08-01]. http://www. criaa. cn/about. asp? pclassid=7.

[12]　中国火箭技术研究院第十八研究所. 伺服阀产品 [EB/OL]. [2013-08-01]. http://www. calt-18. com/product_big. asp? tid=41.

[13]　九江中船仪表有限责任公司(四四一厂). 产品中心(电液伺服阀)[EB/OL]. [2013-08-01]. http://www. cnjsic. com/products. asp? bigclass=电液伺服阀.

[14]　北京机床所精密机电有限公司. 产品中心(伺服阀)[EB/OL]. [2013-08-01]. http://www. jcsjm. com/production/production. htm.

[15]　Parker Hannifin Corporation. Hydraulic valves[EB/OL]. [2013-08-01] http://ph. parker. com/us/en/hydraulic-valves.

[16]　Bosch Rexroth. Products (Proportional servo valves)[EB/OL]. [2013-08-01] http://www. boschrexroth. com/en/xc/products/product-groups/industrial-hydraulics/proportional-servo-valves/index.

# 第8章 电液伺服控制系统动态设计

电液伺服控制系统,也称电气液压伺服控制系统,它指控制信号传输介质包括电气元器件的液压控制系统。

电液伺服控制系统应用日趋广泛。目前,比较典型的电液伺服控制系统有各种飞机机翼控制装置、液压振动台的控制系统、液压六自由度运动平台控制、钢板轧机的液压控制装置、液压负载模拟器等。

## 8.1 概　　述

电液伺服控制系统可以兼取电气伺服控制系统和液压伺服控制系统的优点,避开两者不足,适宜采用复杂控制策略。因此电液伺服控制系统具有液压伺服控制精度高、响应速度快、输出功率大的优点;同时兼具电气伺服控制信号处理灵活、易于实现各种参量的传感与反馈等优点。电液伺服控制系统能够接受电信号控制,便于采用计算机控制。

液压系统多用于重载、大功率驱动。多数情况下,液压动力元件的固有频率数值偏低。而且,还要进一步受限于机械系统的固有频率。这时,机械系统与液压动力元件的综合固有频率是限制电液伺服系统动态特性的主要因素。因此,常规的电液伺服控制系统设计方案是电液伺服控制阀的固有频率高于液压动力元件的固有频率。也有一些情况下,机械系统与液压动力元件的固有频率都很高,高于电液伺服控制阀的固有频率。这时,电液伺服控制阀的固有频率是限制电液伺服动态特性的主要因素。这种系统的动态特性设计方法有别于前一种常规方法。但是,反馈控制理论同样可以指导系统构建。

电液伺服控制系统的数量很多,类型丰富。同类型电液伺服控制系统的分析与设计规律相近,所以应该采用分类研究的方法讲述电液伺服控制系统的动态性能设计。

下面首先探讨电液伺服控制系统的分类。

### 8.1.1 电液伺服控制系统分类

电液伺服控制系统的分类方法很多,简单列举如下。

依据系统控制功率大小,可以将电液伺服控制系统分为大功率系统、小功率系统。

依据被控物理量不同,可以将电液伺服控制系统分为位置控制系统、速度控制系统、力控制系统等。

依据液压控制元件不同,可以将电液伺服控制系统分为阀控系统、泵控系统。

依据控制信号的形式不同,又可分为模拟电液伺服控制系统和数字电液伺服控制系统等。电子控制信号全部都是模拟信号的电液伺服控制系统称为模拟电液伺服控制系统。电子控制信号包括数字信号的被称为数字电液伺服控制系统。显然计算机控制系统、PLC 控制系统、采样控制系统等都是数字伺服控制系统。

下面对模拟电液伺服控制系统、数字电液伺服控制系统结构和复杂电液伺服控制系统结构等进行简明分析。

### 8.1.2　模拟电液伺服控制系统

在模拟电液伺服控制系统中,全部控制信号都是模拟量。也就是说,输入信号、反馈信号、偏差信号及其放大、校正都是连续的模拟量电信号。

早期的反馈控制系统都是模拟量系统。毋庸置疑,数字计算机出现前,伺服控制系统都是模拟的。

模拟的电信号可以是直流电量,也可以是交流电量。可以是电压量,也可以是电流量。直流电信号模拟电液伺服控制系统中比较典型的是图 8-1 所示的双电位器电液位置伺服控制系统;采用自整角机或旋转变压器作为指令元件和反馈元件的模拟电液伺服控制系统(见图 8-2)是交流模拟信号的电液位置伺服控制系统。

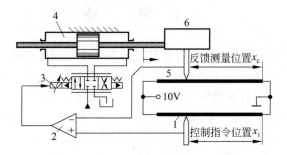

1—指令电位器;2—比较器和放大器;3—电液伺服阀;4—液压缸;5—反馈电位器;6—工作台。

图 8-1　双电位器电液位置伺服控制系统

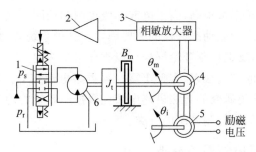

1—电液伺服阀;2—功率放大器;3—相敏放大器;4—接收自整角机;5—发送自整角机;6—液压伺服马达。

图 8-2　交流模拟信号的电液位置伺服控制系统

模拟电液伺服控制系统可以是阀控系统,也可以是泵控系统。它们的系统结构可统一用图 8-3 表示。

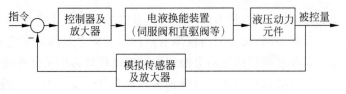

图 8-3　模拟电液伺服控制系统方块图

模拟量控制信号是连续的,因此具备更高的分辨率。模拟电液伺服控制系统往往具备较高的重复精度。

模拟信号的抗干扰能力差,易受外界电磁干扰影响,特别是当控制信号比较微小时,较容易淹没在噪声信号中。模拟信号放大器、比较器等受环境温度等影响会发生工作点漂移,造成模拟信号数值上发生改变,因此模拟量电信号的绝对精度稍低。

通常,模拟式传感器的绝对精度低于数字传感器的绝对精度。

伺服控制系统精度很大程度取决于反馈传感器的精度。一般地,模拟伺服控制系统绝对精度低于数字伺服系统。

### 8.1.3　数字电液伺服控制系统

数字计算机技术的发展为控制技术与工程创造了新的发展机遇,复杂的控制率难以用模拟电路搭建,却可以在数字计算机上快速地完成运算。电子技术及元件的发展,提高了信号转换速率,计算机接口的采样频率超过 100 Hz 已经容易实现。采用数字计算机作控制器的数字电液伺服控制系统是常见闭环控制形式之一。

常见的数字电液伺服控制系统是数字-模拟混合伺服控制系统。数字信号和模拟信号同时用作控制信号。通常,控制器采用数字信号,其余部分采用模拟信号。

一种常见的数字模拟混合式伺服控制系统如图 8-4 所示。数字控制装置包含数字比较环节、数字控制器、D/A 转换器、A/D 转换器等。模拟的反馈传感器发出模拟反馈信号(通常是电压),模拟反馈信号经过测量放大器(反馈放大器)放大以后送给数字控制装置,经过 A/D 转换器转变为数字反馈信号。数字控制指令与数字反馈信号相比较后产生数字偏差信号。数字偏差信号经数模转换器变为模拟偏差信号(通常是电压)。模拟偏差信号送给电子伺服放大器,然后送给电液伺服阀,控制液压动力元件产生控制输出。

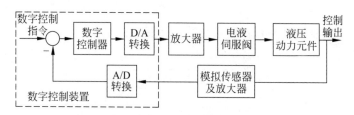

图 8-4　数字模拟混合式伺服控制系统原理方块图

数字传感器有很强的抗干扰能力,不易受外界干扰信号影响,所以数字伺服控制系统可以得到很高的一致性。数字信号不是连续信号,数字信号位数影响数字系统的分辨率,通常高精度伺服控制系统,输出数字信号应不低于 12 位,反馈数字信号应不低于 16 位。

模拟传感器嵌入安装电子电路,电子电路完成测量放大器、A/D 转换器、信号寄存器功能,则可以输出数字测量信号,成为一种数字传感器。数字传感器发出的数字信号可以被数字控制装置直接使用。

模拟电信号控制的电液作动器(执行器)嵌入安装电子电路,电子电路完成数字信号寄存、D/A 转换、信号保持器、模拟信号功率放大器等功能,则可以实现数字控制作动器。

数字信号便于存储和运算,适合远距离传输,便于实现多环路、多参量的实时控制。因此复杂大系统构建首选采用数字控制方式。复杂大型数字控制系统可以直接接收(多个)数字传感器信号,并发出(多路)数字控制信号控制(多个)数字控制作动器,从而实现对复杂机电被控对象的控制。

### 8.1.4　复杂电液伺服控制系统

　　液压并联六自由度运动平台是典型的复杂电液位置伺服控制系统。它常被用作运动模拟平台,用于飞行模拟器、航海模拟器、汽车模拟器、空间对接模拟器等。

　　液压并联六自由度运动平台的运动机构是 Stewart 并联机构。液压 Stewart 并联机构

包括上平台、下平台和六个完全相同的液压伺服作动器。下平台是机架,固定在地面上;上平台是运动输出部件,可以在空间进行六个自由度运动;六个液压伺服作动器用铰接方式按照一定规律连接在上平台和下平台之间,如图 8-5 所示。在上平台运动范围内,上平台位置和姿态可以通过六个液压作动器的长度唯一确定。

　　并联六自由度运动平台机构具有多个执行器分担载荷,系统刚度大;承载能力/自身重量比大,承载能力强;驱动器误差不累积,运动精度高;移动质量和惯量小、动态响应速度高等主要优点。

图 8-5　液压并联六自由度运动平台

　　同时,并联六自由度运动平台机构也具有与自身所占空间相比,运动空间小,转动空间更小;容易出现奇异位形,机构失去控制;机构动力学特性复杂,各个作动器间动态特性高度关联等主要不足。

　　六自由度 Stewart 平台的控制一般采用基于运动学反解的控制策略。

　　运动学反解是指已知并联机构的上平台位置和姿态,求解六个液压缸的位移、速度和加速度的算法。

　　液压并联六自由度运动平台控制系统结构如图 8-6 所示。

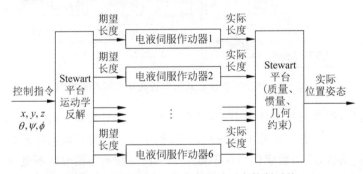

图 8-6　液压并联六自由度运动平台控制系统

　　上平台的预期位置参数(用位移描述三个平动自由度)与姿态参数(通常用欧拉角描述三个转动自由度)可作为控制指令。

　　当向液压并联六自由度运动平台控制系统输入控制指令后,由运动学反解计算出各个液压缸的预期长度,液压缸的预期长度作为液压作动器的控制指令信号,各个液压作动器跟踪自己的指令信号,输出的指令信号描述的液压缸实际长度。六个液压作动器的相互协同

作用的结果是使上平台产生一个实际位置和姿态,它与控制指令描述的位置和姿态一致。

如图 8-7 所示,每个电液伺服作动器都采用数字模拟电液伺服控制系统,都是单输入-单输出系统。

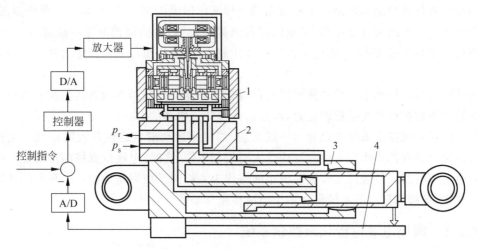

1—电液伺服阀;2—油路块;3—单出杆对称缸;4—位移传感器。

图 8-7　电液伺服作动器示意

液压并联六自由度运动平台控制系统是复杂的多执行器液压伺服控制系统。在系统设计中,将复杂的多执行器系统分解为多个独立的液压位置伺服控制系统。简化了工程问题难度,保障了控制效果。即便设计控制精度更高,更大型的空间对接动力学仿真器的运动模拟器(见图 8-8)控制系统,上述液压伺服控制系统设计思想仍然有效。

图 8-8　空间对接动力学仿真器

基于上述设计理念,复杂的机电液伺服控制系统可以解析为多个独立的液压伺服作动器系统。每个液压作动器系统设计为大稳定裕度、高频响、高精度的局部小系统。它们通常是电液伺服控制系统,以便按照大系统集成设计思想,将多个液压作动器集成设计到大系统之中。依据大系统集成设计需要,液压伺服作动器可以是数字系统,也可以是模拟系统。

综上所述,单自由度、单通道或者单输入单输出的电液伺服控制系统设计问题是基础与基本的。

## 8.2 位置伺服控制系统动态设计

电液位置伺服控制系统是基本和常用的一种液压伺服控制系统,它采用位置传感器(如用磁致伸缩传感器测量直线位移、光电编码器测量角位移)检测被控对象的位置变化,并以闭环负反馈控制方式工作,采用电液伺服阀作控制元件、液压执行元件产生大功率力或力矩输出。

电液位置伺服控制系统的功能可以直白概括为它能将控制指令所表达的被控对象的机械位置转变为被控对象实际物理位置,而且这种转变是快速的、高精度的。

电液位置伺服控制系统可以独自构成系统,如机床运动滑台的位置控制系统。电液位置控制系统也经常作为执行元件参与构建大型控制系统,这时,电液位置控制系统是一个高频响高精度执行器。位置伺服控制系统小回路作为大控制系统回路中的一个环节的情况也常见。例如,飞机飞行控制系统包含多个电液伺服作动器。

### 8.2.1 阀控电液位置伺服控制系统

阀控电液伺服控制系统可以分为阀控液压缸电液位置伺服控制系统和阀控马达电液位置伺服控制系统。

下面用一个典型的模拟电液位置伺服控制系统为例,讲述阀控液压缸系统建模问题。

**1. 系统建模**

阀控对称缸电液位置伺服控制系统原理如图 8-9 所示,这是一个模拟电液位置伺服控制系统。

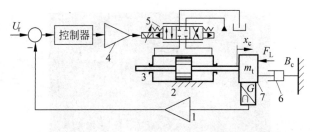

1—反馈放大器;2—机架;3—液压缸;4—电子伺服放大器;5—电液伺服阀;6—黏性阻力负载;7—惯性负载。

图 8-9　阀控对称缸电液位置伺服控制系统原理方块图

参看控制系统实物连接关系,阀控对称缸电液伺服控制系统可以被划分为电液伺服阀、电子伺服放大器、信号加法器+控制器、反馈信号放大器、位移传感器、液压缸+负载等几个相对独立的功能模块。

依据系统功能模块的连接关系,可以将模拟电液位置伺服控制系统用原理方块图 8-10 描述。显然控制信号通道形成环路结构。

下面分别讲述各个功能模块的结构、功能与数学模型。

1) 电子伺服放大器

模拟电子伺服放大器如图 8-11 所示,它是模拟电液伺服控制系统的电子电路的局部,它可以接收电压控制信号。它的负载是电液伺服阀的控制线圈,功率放大级采用推挽式放

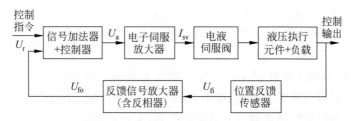

图 8-10　模拟电液位置伺服控制系统方块图

大电路。信号放大级采用集成运放,它具备信号放大增益可调,零点可调,深度电流负反馈。

放大器级间采用直接耦合,信号频带宽。输出电流见式(8-1)。

$$I_{sv} = \frac{R_{36}}{R_{37}} \frac{1}{R_{30}} \left( \frac{R_{26} + \alpha_{16}W_{16}}{R_{26} + W_{16} + R_{27}} \times 30 - 15 \right) + \frac{R_{36}}{R_{37}} \frac{\alpha_{15}(R_{24} + \alpha_{14}W_{14})}{R_{22}R_{28}} \times U_a \quad (8\text{-}1)$$

式中,$I_{sv}$ 为电液伺服阀线圈电流,A;$U_a$ 为电子伺服放大器输入电压,V;$\alpha_{14}$、$\alpha_{15}$、$\alpha_{16}$ 分别为电位器 $W_{14}$、$W_{15}$、$W_{16}$ 的实际电阻值与最大值比值,取值范围 0~1;$W_{14}$、$W_{15}$、$W_{16}$ 分别为电位器 $W_{14}$、$W_{15}$、$W_{16}$ 的最大电阻值,Ω;其余各电阻(见图 8-11),Ω。

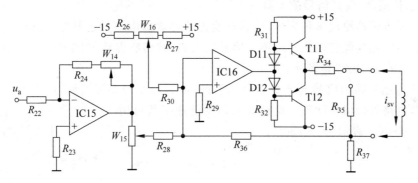

图 8-11　模拟电子伺服放大器

模拟电液伺服放大器的传递函数可用比例系数 $K_a$ 表示,则传递函数见式(8-2)。

$$\frac{I_{sv}(s)}{U_a(s)} = K_a = \frac{R_{36}}{R_{37}} \frac{\alpha_{15}(R_{24} + \alpha_{14}W_{14})}{R_{22}R_{28}} \quad (8\text{-}2)$$

模拟电液伺服放大器用方块图表示为图 8-12。

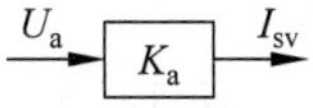

$$\xrightarrow{U_a} \boxed{K_a} \xrightarrow{I_{sv}}$$

图 8-12　模拟电子伺服放大器方块图

2) 控制器＋加法器

图 8-13 是模拟比例积分(PI)控制器＋加法器,它是模拟电液伺服控制系统的电子电路的局部。它由集成运算放大器构成。控制器级间采用直接耦合,通频带宽,动态响应频率高。不经推导,直接给出模拟比例积分(PI)控制器＋加法器的拉普拉斯变换后的关系式(8-3)。它可以用方块图表示为图 8-14,其中 $K_1 = 1/R_{11}$,$K_2 = 1/R_{12}$。

$$U_a(s) = \frac{(R_{14} + \alpha_5 W_5)(R_{17} + \alpha_6 W_6)}{R_{15}} \frac{1}{1 + C_5(R_{17} + \alpha_6 W_6)s} \left[ \frac{1}{R_{11}} \times U_r(s) + \frac{1}{R_{12}} \times U_{f0}(s) \right]$$

$$(8\text{-}3)$$

式中,$U_r$ 为控制指令输入电压,V;$U_{f0}$ 为反馈放大器输出电压,V;$\alpha_5$、$\alpha_6$ 分别为电位器 $W_5$、$W_6$ 的实际电阻值与最大值比值,取值范围 $0\sim1$;$W_5$、$W_6$ 分别为电位器 $W_5$、$W_6$ 的最大电阻值,$\Omega$;$C_5$ 为积分控制电容,F;其余各电阻(见图 8-13),$\Omega$。

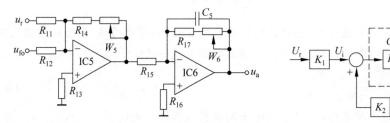

图 8-13 模拟信号 PI 控制器+加法器 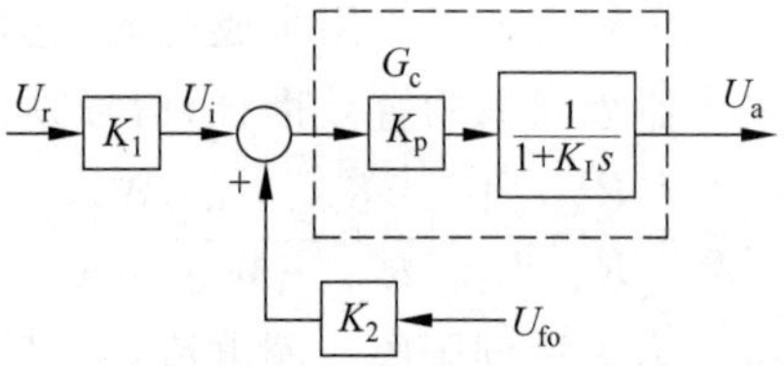    图 8-14 模拟信号 PI 控制器+加法器方块图

3)位移传感器、反馈信号放大器

位移反馈传感器原理多种多样,位移反馈传感器输出电信号也具有多样性。通常传感器制造商会为传感器配套提供专用测量信号放大器,将传感器信号调理至常用控制电信号范围,如 $0\sim5\text{V}$、$0\sim10\text{V}$ 等多种。

若反馈传感器输出信号与指令信号不匹配,或者需要调整反馈增益,则可采用图 8-15 反馈放大器电路进行信号调理。反馈放大器的传递函数可用比例系数 $-1 \times K_{fa}$ 表示,见式(8-4)。

$$\frac{U_{f0}}{U_{fi}} = -1 \times \frac{R_{57} + \alpha_{35} W_{35}}{R_{55}} = -1 \times K_{fa} \qquad (8\text{-}4)$$

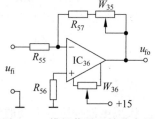

式中,$U_{fi}$ 为反馈放大器输入电压,V;$\alpha_{35}$ 为电位器 $W_{35}$ 的实际电阻值与最大值比值,取值范围 $0\sim1$;$W_{35}$ 为电位器 $W_{35}$ 的最大电阻值,$\Omega$;其余各电阻(见图 8-15),$\Omega$。

图 8-15 模拟信号反馈放大器

位移传感器动态响应频率可以很高,显然位移传感器的传递函数可用比例系数 $K_{fs}$ 表示。

位移传感器与反馈信号放大器可以用图 8-16 描述。

$$U_{fo} \longleftarrow \boxed{-1} \longleftarrow \boxed{K_{fa}} \overset{U_{fi}}{\longleftarrow} \boxed{K_{fs}} \longleftarrow X_c$$

图 8-16 位移传感器、信号反馈放大器方块图

4)电液伺服阀

电液伺服阀是一个复杂的液压控制元件,其内部采用反馈控制原理设计了控制系统。按实际内部系统结构建立的电液伺服阀的数学模型是高阶系统模型。

通常,电液伺服控制系统设计倾向于拉大电液伺服阀的动态频率与电液伺服控制系统动态响应频率的差距,在条件允许的情况下倾向选择动态响应频率更高的电液伺服阀。所以当电液伺服控制系统动态响应频率与电液伺服阀的动态频率的差距比较大时,可以使用

简单的线性模型模拟实际电液伺服阀的动态,不会造成明显失真。

一般地,当伺服阀的频宽与系统液压动力元件固有频率相近时,伺服阀可近似地看成二阶振荡环节。当伺服阀的频宽大于系统液压固有频率(3～5 倍)时,伺服阀可近似看成惯性环节。当伺服阀的频宽远大于系统液压固有频率(5～10 倍)时,伺服阀可近似看成比例环节。

这里,为了得到较简单电液位置伺服控制系统的数学模型。不妨选用较高动态响应频率的电液伺服阀,使其满足伺服阀的频宽远大于液压动力元件固有频率(5～10 倍),伺服阀可近似等效作比例环节 $K_{sv}$。

5) 液压执行元件＋负载

若机架可以看作刚体;液压执行元件与机架连接刚度很大,忽略连接柔度;液压执行元件与负载连接刚度很大,忽略连接柔度;负载中不含弹性负载,则电液伺服控制系统的数学模型具有较简单的形式。

双作用对称液压缸驱动负载,而液压缸接收电液伺服阀末级四通滑阀控制。四通滑阀＋对称液压缸＋负载构成四通阀控对称缸液压动力元件。

阀控对称液压缸液压动力元件的动态方程可由式(5-32)表示,注意伺服阀数学模型中已经包含其末级功率滑阀的流量增益。需要对式(5-32)和图 5-14 作改变,去掉控制滑阀的流量增益,并将输入控制量由阀芯位移改为流体流量,得到的新数学模型见式(8-5)和图 8-17。以使其能够与电液伺服阀传递函数相衔接,满足构建电液伺服控制系统数学模型的需要。

$$X_c = \frac{Q_v - \dfrac{K_{ce}}{A_c^2}\left(1 + \dfrac{V_t}{4\beta_e K_{ce}}s\right)F_L}{s\left(\dfrac{s^2}{\omega_h^2} + \dfrac{2\zeta_h}{\omega_h}s + 1\right)} \tag{8-5}$$

式中,$\omega_h$ 为液压动力元件固有频率,rad/s,见式(5-29);$\zeta_h$ 为液压动力元件阻尼比,见式(5-33)或式(5-34)。

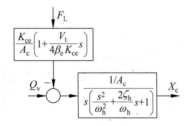

图 8-17　无弹性负载四通阀控对称缸动力元件方块图

图 8-10 所示的模拟电液伺服控制系统原理方块图可以用更简明的图 8-18 描述,它也可分为液压动力元件、电液伺服阀、电子伺服放大器、反馈放大器、控制器、比较环节等部分。

依据图 8-18 整理图 8-12、图 8-14 和图 8-16 等,得到图 8-19 表示的模拟电液伺服控制系统数学模型。图中 $K_f = K_{fa} K_{fs}$。

为了得到较为简单的系统模型,便于后续理论分析讲解,这里将控制器取为较简单的比例控制器,其数学模型 $G_c(s) = K_p$,则系统开环传递函数见式(8-6)。

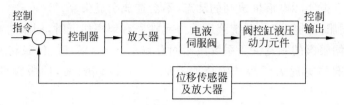

图 8-18 模拟电液位置伺服控制系统原理方块图

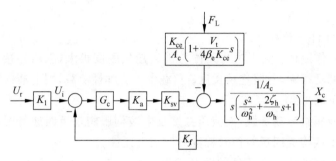

图 8-19 模拟电液位置伺服控制系统方块图

$$G_{ol}(s) = \frac{K_v}{s\left(\dfrac{s^2}{\omega_h^2} + \dfrac{2\zeta_h}{\omega_h}s + 1\right)} \tag{8-6}$$

式中,$K_v$ 为开环增益(也称速度放大系数),见式(8-7)。

$$K_v = K_p K_a K_{sv} K_f / A_c \tag{8-7}$$

系统调试经验值:开环增益不大于液压动力元件固有频率数值的 1/3,也不大于电液伺服阀滞后 90°频率数值的 1/10。

**2. 系统稳定性分析**

当采用比例控制器时,可以调节控制器参数使电液伺服控制系统开环伯德图如图 8-20 所示。

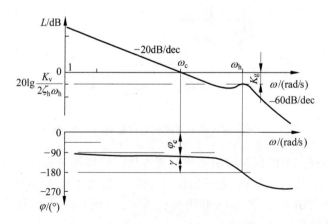

图 8-20 电液伺服控制系统开环伯德图

通常要求幅值裕量 $K_g$ 在 $-3 \sim -6$dB,相角裕量 $\gamma$ 不小于 $40°$,通常 $40° \sim 60°$。系统相

对稳定性满足要求。系统的稳定条件仍然可以写作式(8-8)。

$$K_v < 2\zeta_h\omega_h \tag{8-8}$$

**3. 系统闭环响应分析**

系统闭环响应特性包括对指令信号和对外负载力矩干扰的闭环响应两个方面。在系统设计时,通常只考虑对指令信号的响应特性,而对外负载力矩干扰只考虑系统的闭环刚度。

1) 对指令输入的闭环频率响应

对指令输入的闭环系统模型如图 8-21 所示。若控制器采用比例控制,$G_c(s) = K_p$,系统的闭环传递函数为式(8-9)。

$$\frac{X_c}{U_i} = \frac{K_v/K_f}{\dfrac{s^3}{\omega_h^2} + \dfrac{2\zeta_h}{\omega_h}s^2 + s + K_v} \tag{8-9}$$

式中,$K_v$ 为开环增益(也称速度放大系数),见式(8-7)。

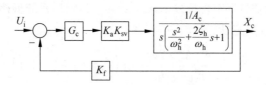

图 8-21　对指令输入的闭环系统模型

它是三阶系统,若手工分析系统,可将其特征方程近似为一个一阶因式和一个二阶因式乘积。

如果系统闭环传递函数(8-9)的参数是具体的数值,则可以使用 MATLAB 软件直接绘制闭环系统伯德图,如图 8-22 所示,该曲线反映了伺服控制系统的响应能力。

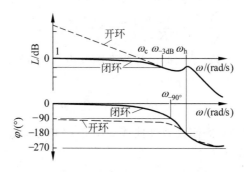

图 8-22　对指令输入的闭环系统伯德图

系统响应的快速性可用频宽表示。幅值频宽 $\omega_{-3dB}$ 是幅值下降至 $-3dB$,即下降到低频值的 0.707 时所对应的频率范围。此外,还可以用相位频宽 $\omega_{-90°}$ 度量响应的快速性。相位频宽是相位滞后 90°时所对应的频率范围。

上述液压伺服控制系统响应问题探讨的条件是电液伺服阀的动态频率响应很高,可以忽略其动态。

2) 系统的闭环刚度特性

由图 8-19 可写出系统对外负载力矩的传递函数为式(8-10)。

$$\frac{X_c}{F_L} = \frac{-\dfrac{K_{ce}}{A_c^2}\left(\dfrac{V_t}{4\beta_e K_{ce}}s + 1\right)}{\dfrac{s^3}{\omega_h^2} + \dfrac{2\zeta_h}{\omega_h}s^2 + s + K_v} \tag{8-10}$$

将传递函数(8-10)的特征方程可近似为一个一阶惯性因式和一个二阶振荡因式的乘积,见式(8-11)。该式的物理意义是闭环系统的柔度特性,式(8-11)的倒数即为闭环系统的刚度特性,则闭环系统的刚度可写成式(8-12)。

$$\frac{X_c}{F_L} = \frac{-\dfrac{K_{ce}}{K_v A_c^2}\left(\dfrac{V_t}{4\beta_e K_{ce}}s + 1\right)}{\left(\dfrac{s}{\omega_b} + 1\right)\left(\dfrac{s^2}{\omega_{nc}^2} + \dfrac{2\zeta_{nc}}{\omega_{nc}}s + 1\right)} \tag{8-11}$$

式中,$\omega_b$ 为闭环系统一阶惯性环节转折频率,rad/s;$\omega_{nc}$ 为闭环系统振荡环节固有频率,rad/s;$\zeta_{nc}$ 为闭环系统振荡环节阻尼比。

$$\frac{F_L}{X_c} = \frac{-\dfrac{K_v A_c^2}{K_{ce}}\left(\dfrac{s}{\omega_b} + 1\right)\left(\dfrac{s^2}{\omega_{nc}^2} + \dfrac{2\zeta_{nc}}{\omega_{nc}}s + 1\right)}{\dfrac{s}{\omega_1} + 1} \tag{8-12}$$

$$\omega_1 = \frac{4\beta_e K_{ce}}{V_t} \tag{8-13}$$

由于闭环惯性环节的转折频率 $\omega_1$ 和 $\omega_b$ 频率值很接近,$\omega_b \approx \omega_1$,因此一阶滞后环节和一阶超前环节可近似抵消,则刚度的表达式简化为式(8-14)。

$$\frac{F_L}{X_c} = -\frac{K_v A_c^2}{K_{ce}}\left(\frac{s^2}{\omega_{nc}^2} + \frac{2\zeta_{nc}}{\omega_{nc}}s + 1\right) \tag{8-14}$$

在式(8-14)中,令 $s = 0$,可得系统的闭环静态刚度为式(8-15)。

$$\left|\frac{F_L(s)}{X_c(s)}\right|_{\omega=0} = \frac{K_v A_c^2}{K_{ce}} \tag{8-15}$$

位置伺服控制系统闭环动态刚度特性曲线如图 8-23 所示。由图可见,在谐振频率 $\omega_{nc}$ 处闭环刚度最小,其值为式(8-16)。

$$\left|\frac{F_L(s)}{X_c(s)}\right|_{\min} = \frac{2\zeta_{nc}K_v A_c^2}{K_{ce}} \tag{8-16}$$

为了减小由外负载力矩所引起的位置误差,希望提高开环放大系数 $K_v$,但是过度提高 $K_v$ 将导致系统相对稳定性降低,严重时系统将失去稳定性。为了得到较高的闭环刚度,可以在系统中加入校正装置。

需要说明:上述关于液压伺服控制系统刚度的讨论的前提条件是连接件、机架等部件均可看作刚体。如果这个条件不具备,则提高伺服控制系统的刚度也不会较大幅度提高液压机械系统的总刚度。

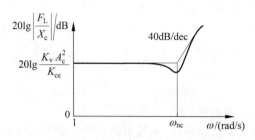

图 8-23　位置伺服控制系统闭环动态刚度特性

**4. 控制系统精度分析**

控制系统控制精度是描述控制系统准确性的重要的性能指标。控制精度是控制系统输出与输入控制指令的符合情况。控制精度需要通过系统控制误差进行评价与度量。

按照控制误差的来源，控制误差可以分为指令输入产生的误差、负载力干扰产生的误差；系统中零漂、死区等干扰因素引起的误差等三类。控制系统误差是上述三类误差共同产生的结果。

为了便于误差问题探讨，将阀控对称缸位置伺服控制系统模型等效变换为单位反馈系统模型，如图 8-24 所示。

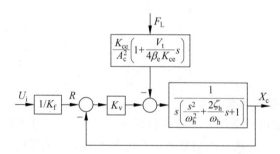

图 8-24　等效单位反馈的阀控对称缸位置伺服控制系统

依据控制系统输入指令不同，反馈控制系统可以分为定值控制系统(调节系统)和伺服控制系统(随动系统)。

定值系统的输入指令为常值信号，采用稳态误差作为指令输入引起的误差即可；伺服控制系统则需要采用跟踪误差的概念，用动态误差计算跟踪误差。

稳态误差是输出量的希望值与它的稳态的实际值之差。计算方法可参阅《自动控制原理》等相关书籍，这里不再赘述。

跟踪误差是系统输入信号变化时，系统输出跟踪系统输入的误差。跟踪误差需要用卷积法计算，这种方法比较繁琐。通常可以用动态误差系数法近似计算跟踪误差。

当输入信号 $r(t)$ 变化时，系统输出跟踪系统输入过程的误差信号可以看作是由输入信号中位置、速度、加速度等各阶分量产生的，各项误差与相对应的输入信号分量的比值称为动态误差系数。

1) 指令输入产生的动态误差

由指令输入引起的动态误差也称跟随误差。根据动态误差的定义见式(8-17)。

$$X_\varepsilon(s) = \Phi_\varepsilon(s)R(s) \tag{8-17}$$

系统对输入误差的传递函数 $\Phi_\varepsilon(s)$ 写为式(8-18)。

$$\Phi_\varepsilon(s) = 1 - \frac{G_{ol}(s)}{1+G_{ol}(s)} = \frac{1}{1+G_{ol}(s)} = \frac{s\left(\dfrac{s^2}{\omega_h^2} + \dfrac{2\zeta_h}{\omega_h}s + 1\right)}{s\left(\dfrac{s^2}{\omega_h^2} + \dfrac{2\zeta_h}{\omega_h}s + 1\right) + K_v} \tag{8-18}$$

式中,$G_{ol}(s)$ 为系统开环传递函数;$K_v$ 为系统开环增益。

对于图 8-24 所示的单位反馈系统,系统对输入指令信号是 I 型系统。

时域指令输入产生的误差计算见式(8-19)。

$$X_\varepsilon(t) = \sum_{i=0}^{2} \frac{C_i}{i!} R^{(i)}(t) \tag{8-19}$$

式中,$X_\varepsilon(t)$ 为输入信号产生的误差;$C_i$ 为输入信号误差系数,见式(8-20);$R^{(i)}(t)$ 为输入信号第 $i$ 阶导数。

$$C_i = \Phi_\varepsilon^{(i)}(0) \tag{8-20}$$

根据图 8-24 和式(8-19)可求出系统对指令输入的动态误差系数见式(8-21)、式(8-22)和式(8-23)。

$$C_0 = 1 \tag{8-21}$$

$$C_1 = \frac{1}{K_v} \tag{8-22}$$

$$C_2 = \frac{K_v \dfrac{2\zeta_h}{\omega_h} - 1}{K_v^2} \tag{8-23}$$

2)负载干扰力引起的动态误差

由负载干扰力引起的动态误差也称负载误差。由图 8-24 可求得系统对外负载力矩的误差传递函数为式(8-25)。该式的倒数就是系统的闭环动态刚度特性。

$$X_{\varepsilon f}(s) = \Phi_{\varepsilon f}(s) F_L(s) \tag{8-24}$$

$$\Phi_{\varepsilon f}(s) = -\frac{X_c}{F_L} = \frac{\dfrac{K_{ce}}{A_c^2}\left(\dfrac{V_t}{4\beta_e K_{ce}}s + 1\right)}{\dfrac{s^3}{\omega_h^2} + \dfrac{2\zeta_h}{\omega_h}s^2 + s + K_v} \tag{8-25}$$

式中,$\Phi_{\varepsilon f}(s)$ 为系统对误差输入的传递函数。

对于图 8-24 所示的单位反馈系统,系统对干扰输入信号是 0 型系统。

时域负载误差见式(8-26)。

$$X_{\varepsilon f}(t) = \sum_{j=0}^{1} \frac{C_{fj}}{j!} F_L^{(j)}(t) \tag{8-26}$$

式中,$X_{\varepsilon f}(t)$ 为负载误差;$C_{fj}$ 为干扰信号误差系数;$F_L^{(j)}(t)$ 为干扰力第 $j$ 阶导数。

$$C_{fj} = \Phi_{\varepsilon f}^{(j)}(0) \tag{8-27}$$

根据图 8-24 和式(8-26)可求出系统对误差输入的动态误差系数,见式(8-28)和式(8-29)。

$$C_{f0} = \frac{K_{ce}}{K_v A_c^2} \tag{8-28}$$

$$C_{f1} = \frac{K_{ce}}{K_v A_c^2}\left(\frac{V_t}{4\beta_e K_{ce}} - 1\right) \approx \frac{1}{K_v K_h} \tag{8-29}$$

从上面分析可以看出,提高速度放大系数 $K_v$,对于减小速度误差和负载误差都是有利的,而且还能减小由库仑摩擦、滞环和间隙等所引起的非线性作用,从而改善系统的准确性。但受到系统稳定性的限制。另外,还可看出,要减小负载误差就应减小 $K_{ce}$,这将使阻尼比减小。因此,减小负载误差和增大阻尼比是矛盾的。解决这些矛盾的方法是对系统进行校正。

3) 零漂和死区等引起的静态误差

电子伺服放大器、电液伺服阀的零漂、死区以及机械系统的静摩擦都要引起位置误差。为了区别上述稳态误差和跟踪误差,将零漂、死区等在系统中造成的误差称为系统的静态误差。

液压缸和负载等运动时的静摩擦力 $F_f$,可以看成外负载力作用于系统。对外负载力来说,系统是 0 型系统,因此静摩擦力要引起位置误差,形成死区(或静不灵敏区)。根据图 8-25,静摩擦力 $F_f$ 引起的静态位置误差 $\Delta X_{c1}$ 写作式(8-30)。

$$\Delta X_{c1} = \frac{K_{ce} F_f}{K_v A_c^2} \tag{8-30}$$

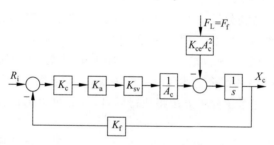

图 8-25　对静干扰的系统方块图

静摩擦力 $F_f$ 可折算到伺服阀输入端的死区电流 $\Delta I_{D1}$,见式(8-31)。

$$\Delta I_{D1} = \frac{K_{ce} F_f}{K_{sv} A_c} \tag{8-31}$$

电液伺服阀的零漂和死区所引起的位置误差 $\Delta X_{c2}$ 为式(8-32)。

$$\Delta X_{c2} = \frac{\Delta I_d + \Delta I_D}{K_c K_f K_a} \tag{8-32}$$

式中,$\Delta I_d$ 为伺服阀的零漂电流值,A;$\Delta I_D$ 为伺服阀的死区电流值,A。

在计算系统的总静差时,可以将系统中各元件的零漂和死区都折算到伺服阀的输入端,以伺服阀的输入电流值表示。假设总的零漂和死区电流为 $\sum \Delta I$,则总的静态位置误差为 $\Delta X_s$,见式(8-33)。

$$\Delta X_s = \frac{\sum \Delta I}{K_c K_f K_a} \tag{8-33}$$

$\Delta X_s$ 也称系统的位置分辨率。因为只有当伺服阀的流入电流大于 $\sum \Delta I$ 时,系统才能有对应的输出。

从上面的分析可以看出,为了减小零漂和死区等引起的干扰误差,应增大干扰作用点以前的回路增益(包括反馈回路的增益)。在系统各元件的增益分配时应考虑这一点。显然,对所讨论的系统而言,增大 $K_a$ 和 $K_e$,对减小各干扰量所引起的位置误差都是有利的。

4) 反映测量传感器的零位误差

反馈测量传感器的误差($\Delta X_f(t)$)在控制回路之外,与回路的增益无关,反馈测量传感器的误差直接反映到系统的输出端,从而直接影响系统的精度。显然,控制系统的精度无论如何也不会超过反馈测量传感器的精度。因此,在高精度控制系统中,要注意反馈测量传感器的选择。

5) 四种误差综合

在指令输入产生的动态误差、负载干扰力引起的动态误差、零漂和死区等引起的静态误差和反馈测量传感器的零位误差等四种误差共同作用下,系统误差见式(8-34)。

$$\Delta X_c(t) = X_\varepsilon(t) + X_{\varepsilon f}(t) + \Delta X_s(t) + \Delta X_f(t)$$

$$= \sum_{i=0}^{2} \frac{C_i}{i!} U^{(i)}(t) + \sum_{j=0}^{1} \frac{C_{fj}}{j!} F_L^{(j)}(t) + \frac{\sum \Delta I}{K_e K_d K_a} + \Delta X_f(t) \tag{8-34}$$

**5. 计算机仿真分析方法**

前面液压伺服控制系统分析过程中,有一个假设条件:使其满足伺服阀的频宽远大于液压动力元件固有频率(5～10 倍),伺服阀可近似等效作比例环节。

在很多情况下,特别是系统动态响应要求较高时,较难实现伺服阀的频宽远大于液压动力元件固有频率(5～10 倍),那么上述假设条件不成立,电液伺服阀必须考虑成惯性环节或二阶振荡环节。按照上述系统分析方法将变得困难,这时可以借助仿真分析软件进行系统分析与设计。

图 8-26 是四通阀控液压马达电液伺服控制系统。为了表达计算机软件分析复杂模型的基本方法。这里将反馈传感器及放大器动态和伺服放大器动态均建立模型。显然,依据图 8-26 模型,很容易建立 Simulink 仿真模型,在 Simulink 环境中可以方便地进行各种仿真分析,这里不再赘述。

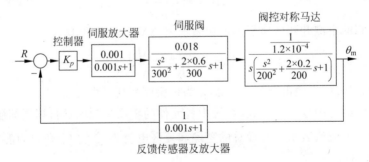

图 8-26　四通阀控液压马达电液伺服控制系统

下面给出一段 M 文件程序,在 MATLAB 环境中运行这个程序可以自动绘制系统开环伯德图和系统闭环伯德图。查看系统开环伯德图,依据稳定裕度一般要求,选取 $K_p = 300$,绘制系统开环伯德图和系统闭环伯德图如图 8-27 所示。

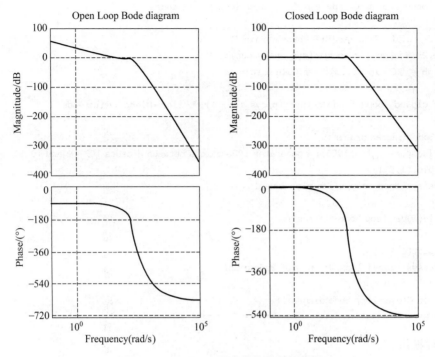

图 8-27　MATLAB 程序软件绘制伯德图

```
% ==========================
% Frequency analysis example
% --------------------------
clear all
% creates Amplifier model
num_amp = [300 * 1e - 3]; % numerator(s)
den_amp = [0.001 1]; % denominator(s)
sys_amp = tf(num_amp,den_amp); % creates transfer function model
%
% creates Servo valve model
num_sv = [0.018];
den_sv = [(1/300^2) (2 * 0.6/300) 1];
sys_sv = tf(num_sv,den_sv);
%
% creates Hydraulic power element model
num_hpe = [1/1.2e - 4];
den_hpe = [(1/200^2) (2 * 0.2/200) 1 0];
sys_hpe = tf(num_hpe,den_hpe);
% creates Forward path model
sys_fp = sys_amp * sys_sv * sys_hpe;
%
% creates Feedback amplifier model
num_fb = [1];
den_fb = [0.001 1];
sys_fb = tf(num_fb,den_fb);
%
% creates Simulation model
```

```
sys_open_loop = sys_fp * sys_fb; % open loop system model
%
% Calculate Gain margin & Phase margin
[Gm,Pm,Wcg,Wcp] = margin(sys_open_loop)
Gm_dB = 20 * log10(Gm)    % Gain margin in dB
%
sys_closed_loop = feedback(sys_fp,sys_fb, - 1); % closed loop system model
%
% Bode diagram drawing;
w = logspace( - 1,5,1000); % generates 1000 points between decades 10^ - 1 and 10^5
subplot(1,2,1)
bode(sys_open_loop,w); % plot Bode diagram
grid
title('Open Loop Bode diagram')
%
subplot(1,2,2)
bode(sys_closed_loop,w); % plot Bode diagram
grid
title('Closed Loop Bode diagram')
% =======================================
```

运行输出：

```
Gm  =    1.7373
Pm  =   67.6934°
Wcg  =     149.85481 rad/s
Wcp  =     47.6860 rad/s
Gm_dB =    4.7974dB
```

幅值裕度 Gm=1.7373,幅值裕度写出分贝形式 Gm_dB=4.7974dB,幅值裕度对应频率 Wcg=149.85rad/s。相角裕度 Pm=67.6934°,相角裕度对应频率 Wcp=47.6860rad/s。

### 8.2.2　变转速泵控位置伺服控制系统

泵控对称液压缸控制系统是较常见的变转速泵控电液位置伺服控制系统。应用于飞机作动器、轮船舵机控制等。

变转速泵控位置伺服控制系统原理图如图 8-28 所示。它的系统结构用图 8-29 表示。液压动力元件是定量泵控对称液压缸。

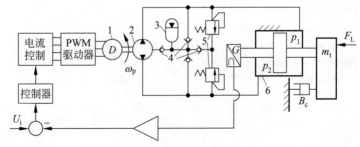

1—伺服电动机；2—定量液压泵；3—蓄能器；4—单向阀；5—安全阀；6—对称液压缸。

图 8-28　变转速泵控对称缸位置伺服控制系统

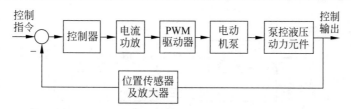

图 8-29　变转速泵控对称缸位置伺服控制原理方块图

1）电流功率放大器

电流控制装置由电子电路构成,它的数学模型可以用式(8-35)描述。

$$G_i(s) = K_i \frac{\tau_i s + 1}{\tau_i s} \tag{8-35}$$

式中,$K_i$ 为电流控制装置增益,A/V。

2）PWM 驱动器

PWM 驱动器的数学模型见式(8-36)。

$$G_{PWM}(s) = \frac{K_{PWM}}{T_{PWM} s + 1} \tag{8-36}$$

式中,$K_{PWM}$ 为 PWM 驱动器增益,单位 V/A; $T_{PWM}$ 为 PWM 驱动器时间常数,s。

3）电动机泵

电动机泵完成电压指令转变为电磁力矩,电磁力矩驱动电动机泵机械模型,产生转速输出。电动机泵系统方块图如图 8-30 所示。

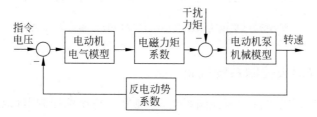

图 8-30　电动机泵原理方块图

控制电动机与定量液压泵采用刚性连接,电动机泵机械模型见式(8-37)。

$$G_M(s) = \frac{1}{J_m s + B_m} \tag{8-37}$$

式中,$J_m$ 为电动机泵转动惯量,kg・m$^2$; $B_m$ 为电动机泵阻尼系数,N・m/(rad/s)。

电动机电气模型见式(8-38)。

$$G_E(s) = \frac{1}{L_c s + R_c} \tag{8-38}$$

式中,$L_c$ 为电动机绕组电感,H; $R_c$ 为电动机绕组电阻,Ω。

依据图 8-31,可以建立电动机泵模型见式(8-39)。

$$G_D(s) = \frac{\dfrac{C_m C_e}{R_c B_m}}{\dfrac{L_c J_m}{R_c B_m} s^2 + \dfrac{R_c J_m + L_c B_m}{R_c B_m} s + 1} \tag{8-39}$$

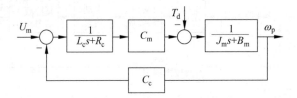

图 8-31　电动机泵数学模型

式中，$C_m$ 为电磁力矩系数，N·m/A；$C_e$ 为反电动势系数，V/(rad/s)。

由于电动机泵 $L_c J_m$ 一般很小，电动机泵模型的数学模型可以近似为式(8-40)，变转速泵控对称缸位置控制系统如图 8-32 所示。

$$G_D(s) = \frac{K_{mp}}{T_{mp}s + 1} \tag{8-40}$$

式中，$K_{mp}$ 为电动机泵电流转速系数；$T_{mp}$ 为电动机泵时间常数。

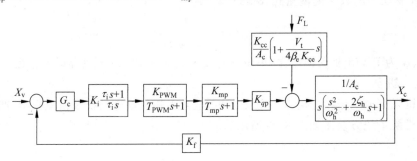

图 8-32　变转速泵控对称缸位置伺服控制系统方块图

### 8.2.3　位置伺服控制系统校正

通常，对于性能高的电液伺服控制系统，单纯靠调整比例控制器(或者放大器)增益，而改变系统开环增益，往往不能协调稳定性指标与快速性和精度指标。若通过增大液压执行元件的规格参数(如液压缸的有效面积或液压马达排量)，则势必整体增大电液伺服控制系统，这样的设计方案占用空间大，制造成本高。因此高性能的电液伺服控制系统一般都要加校正装置。

为了使液压伺服控制系统的校正问题的探讨过程更加简明，用简化的电液位置伺服控制系统模型作被校正系统。假设电液伺服阀动态频响远高于反馈控制系统通频带，则液压动力元件动态是系统的主要动态，可以忽略电液伺服阀动态。

若控制系统中没有弹性负载，则液压伺服控制系统的液压动力元件的动态模型可以看作二阶振荡环节与积分环节的乘积。若弹性负载是主要负载之一，液压动力元件的动态模型可以看作二阶振荡环节与一阶惯性环节的乘积。液压伺服控制动态模型的这种特点决定了其系统伯德图的特点。在幅频特性图上，将伺服控制系统性能指标要求示意出来(见图 8-33)。

液压伺服控制系统具有如下特点：

(1) 液压动力元件的动态经常在伺服控制系统的动态特性占主要成分，液压动力元件

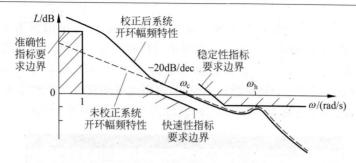

图 8-33　伺服控制系统性能要求边界

可简化为积分环节、一阶惯性环节与二阶振荡环节的乘积。

（2）液压阻尼比一般都比较小，往往使得系统增益裕量不足，相位裕量有余。

（3）系统参数变化较大，特别是阻尼比随工作点变动在很大的范围内变化。

若采用比例控制器无法协调控制系统各项指标要求时，需要进行系统校正。液压伺服控制系统校正需要结合其系统特点进行，通常有滞后校正、速度反馈校正、加速度反馈校正、压力反馈校正、动压反馈校正等多种系统校正方案可供选择使用。

**1. 滞后校正**

在阻尼比较小的液压伺服控制系统中，提高开环增益的限制因素是增益裕量，而不是相位裕量，因此采用滞后校正是合适的。

以图 8-9 所示电液位置伺服控制系统为例，介绍电液反馈控制系统串联校正的思想与方法。为了讲述方便，不妨选定一组系统参数。

负载及液压缸杆总质量 $m_t$ 为 0.9m，活塞最大位移 $x_{cmax}$ 为 0.9m，对称液压缸有效作用面积 $A_c$ 为 $1.45 \times 10^{-4}\,\mathrm{m}^2$。电液伺服阀固有频率 $\omega_{sv}$ 为 534rad/s，电液伺服阀阻尼比为 0.48，在 7MPa 阀压降下额定流量 $1.67 \times 10^{-3}\,\mathrm{m}^3/\mathrm{s}$，额定电流 0.02A。系统总受压容腔的容积为 $0.00025\mathrm{m}^3$，系统供油压力为 21MPa，系统回油压力为 0MPa，最大供油流量为 $1.9 \times 10^{-3}\,\mathrm{m}^3/\mathrm{s}$。工作液体积模量为 $6.9 \times 10^8\,\mathrm{N/m}^2$。

经计算液压动力元件固有频率 $\omega_h$ 为 50.8rad/s，远小于电液伺服阀固有频率，忽略电液伺服阀动态。电液伺服阀增益 $K_{sv}$ 为 $8.35 \times 10^{-2}\,\mathrm{m}^3/(\mathrm{s} \cdot \mathrm{A})$。

建立系统模型如图 8-34 所示。采用 MATLAB 或 Simulink 都可以方便地仿真分析这个模型。下面用 Simulink 作为工具，通过绘制伯德图设计该滞后补偿控制器。

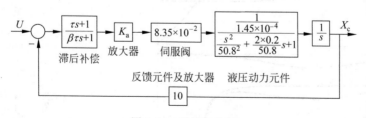

图 8-34　系统方块图

建立图 8-34 系统的开环系统的 Simulink 模型，如图 8-35 中的模型 a。绘制该模型的伯德图，调整电子伺服放大器增益 $K_a$，相对稳定性满足增益裕量要求，例如选择 $K_a = 0.0018$，绘制伯德图如图 8-36 中的曲线 a 所示。

取 $\tau=0.2$，$\beta=4.5$，建立补偿器的 Simulink 模型，如图 8-35 中的模型 b。绘制该模型的伯德图，如图 8-36 中的曲线 b 所示。可以看出滞后网络是一个低通滤波器。

用设计好的滞后校正器，建立校正后的图 8-34 系统的开环系统的 Simulink 模型，如图 8-35 中的模型 c 所示。绘制该模型的伯德图，调整电子伺服放大器增益 $K_a$，相对稳定性满足增益裕量要求，例如选择 $K_a=0.008$，绘制伯德图如图 8-36 中的曲线 c 所示。

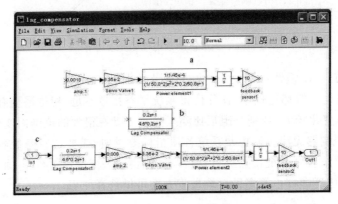

图 8-35　Simulink 模型

滞后校正的主要作用是在保证系统的稳定性的条件下，通过提高低频段增益，减小系统的稳态误差，或者在保证系统稳态精度的条件下，通过降低系统高频段的增益，以保证系统的稳定性。

滞后校正器的实现有多种方式，模拟电液伺服控制系统常用一种由电阻、电容组成的滞后校正网络，如图 8-37 所示，其传递函数为式（8-41）。这个滞后校正网络可以串联在前向通路的反馈比较环节与电子伺服放大器之间。

$$G_c(s)=\frac{R_2Cs+1}{(R_1+R_2)Cs+1} \tag{8-41}$$

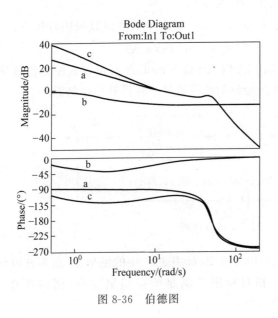

图 8-36　伯德图

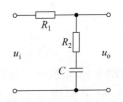

图 8-37　无源滞后校正器

　　滞后校正是利用滞后校正器的高频衰减特性,而不是其相位滞后特性。滞后校正器可以在保持系统相对稳定性不变的条件下,提高系统的低频增益,改善系统的稳态精度;或者在保持系统现有稳态精度不变的条件下,降低系统的高频增益,以提高系统的相对稳定性。

　　上述滞后网络是无源校正网络,它会造成系统开环增益衰减。若为了补偿滞后校正网络的衰减,增设增益放大装置,则构成调节器校正。

　　数字控制系统可以用连续系统设计数字控制器,将按连续系统设计的滞后校正器,离散化为数字控制器,编写入数字控制程序。

**2. 加速度反馈校正**

　　图 8-38 是采用加速度反馈校正的电液位置伺服控制系统,加速度反馈闭环的传递函数见式(8-42),与没有加速度反馈的传递函数相比,阻尼比增加了 $\Delta\zeta$,见式(8-43)。在增加阻尼比的同时,控制系统的开环增益 $K_v$ 和固有频率 $\omega_h$ 均保持不变,唯独增加了阻尼比。

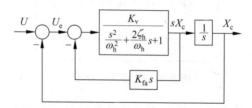

图 8-38　加速度反馈校正

　　液压反馈控制系统的阻尼比偏低,通常为 0.2 左右,幅频特性具有较高的谐振峰值。增加阻尼比可以显著降低谐振峰值。

　　如果可以降低幅频特性曲线的谐振峰值,一方面可以提高稳定性,另一方面允许幅频特性曲线上移,从而提高系统的开环增益和频宽。提高系统开环增益,可以提高系统的刚度及精度。

$$\frac{sX_c}{U_e}=\frac{K_v}{\dfrac{s^2}{\omega_h^2}+\left(\dfrac{2\zeta_h}{\omega_h}+K_vK_{fa}\right)s+1}=\frac{K_v}{\dfrac{s^2}{\omega_h^2}+\dfrac{2(\zeta_h+\Delta\zeta_h)}{\omega_h}s+1} \tag{8-42}$$

式中,$K_{fa}$ 为加速度反馈系数。

$$\Delta\zeta=\frac{K_vK_{fa}\omega_h}{2} \tag{8-43}$$

　　应用加速度反馈主要目的是提高系统的阻尼。低阻尼是限制液压伺服系统性能指标的主要原因,如果能将阻尼比提高到 0.5 左右,液压反馈控制系统的性能可以得到显著的改善。

**3. 速度反馈校正**

　　图 8-39 是速度反馈校正电液位置伺服系统,速度反馈闭环的传递函数见式(8-44),与图 8-39 中被速度反馈的传递函数(即没有速度反馈的传递函数)相比,系统弹性元件对应项增加了 $K_vK_{fv}$。速度反馈校正可以提高主回路的静态刚度,减少速度反馈回路内的干扰和非线性的影响,有助于提高系统的静态精度。

　　传递函数(8-44)也可写作式(8-45)。与图 8-39 中被速度反馈的传递函数(即没有速度反馈的传递函数)相比,系统固有频率增加为 $\sqrt{1+K_vK_{fv}}\ \omega_h$,阻尼比降低为 $\zeta_h/\sqrt{1+K_vK_{fv}}$,并且控制系统的开环增益降低为 $K_v/(1+K_vK_{fv})$。提高固有频率为拓宽系统频宽创造了条件。

$$\frac{sX_c}{U_e} = \frac{K_v}{\dfrac{s^2}{\omega_h^2} + \dfrac{2\zeta_h}{\omega_h}s + (1 + K_v K_{fv})} \tag{8-44}$$

式中,$K_{fv}$ 为速度反馈系数。

$$\frac{sX_c}{U_e} = \frac{\dfrac{K_v}{1 + K_v K_{fv}}}{\dfrac{s^2}{(\omega_h \sqrt{1 + K_v K_{fv}})^2} + \dfrac{2\dfrac{\zeta_h}{\sqrt{1 + K_v K_{fv}}}}{(\omega_h \sqrt{1 + K_v K_{fv}})}s + 1} \tag{8-45}$$

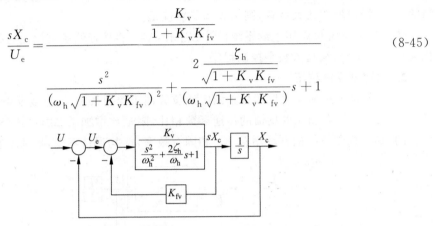

图 8-39　速度反馈校正

速度反馈可以单独使用,但是单独使用速度反馈降低了系统开环增益和阻尼。控制系统开环增益的降低可以通过提高控制器增益进行补偿。控制系统的阻尼比的降低是电液伺服控制系统所不希望出现的,因为液压反馈控制系统的阻尼原本偏低。

速度反馈校正后的固有频率与阻尼比的乘积等于校正前的固有频率与阻尼比的乘积,阻尼比的减小比率抵消了固有频率的增大倍数。因此,采用速度校正后反馈控制系统允许的开环放大系数没有变化。但是如果能通过其他途径提高阻尼比,就可以拓宽系统的频宽。

速度反馈还用于抑制系统内部的非线性。被速度反馈回路所包围的元件的非线性,如死区、间隙、滞环以及元件参数的变化、零漂等都将受到抑制。

### 4. 速度与加速度反馈校正

如果同时采用速度反馈与加速度反馈,利用速度反馈校正提高系统固有频率,同时利用加速度反馈补偿速度反馈造成的阻尼比降低,如果条件具备适当提高反馈控制系统阻尼。

图 8-40 是速度与加速度反馈校正电液位置伺服控制系统,速度与加速度反馈闭环的传递函数见式(8-46),与图 8-40 被速度反馈的传递函数(即没有速度反馈的传递函数)相比,系统弹性元件对应项增加了 $K_v K_{fv}$,速度反馈校正可以提高主回路的静态刚度;阻尼元件对应项增加 $K_v K_{fa}$,增加了液压反馈控制系统阻尼。

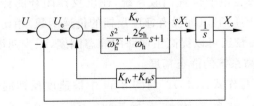

图 8-40　速度与加速度反馈校正

传递函数(8-46)也可写作式(8-47)。与图 8-39 中被速度反馈的传递函数(即没有速度与加速度反馈的传递函数)相比,增大速度反馈系数 $K_{fv}$,系统固有频率增加为$\sqrt{1+K_vK_{fv}}\,\omega_h$,阻尼比只有速度反馈校正情况增加了 $K_vK_{fa}\omega_h/(2\sqrt{1+K_vK_{fv}})$,控制系统的开环增益降低为$K_v/(1+K_vK_{fv})$。增大 $K_{fa}$ 可以提高系统阻尼比,而对开环增益、固有频率没有影响。

$$\frac{sX_c}{U_e}=\frac{K_v}{\dfrac{s^2}{\omega_h^2}+\left(\dfrac{2\zeta_h}{\omega_h}+K_vK_{fa}\right)s+(1+K_vK_{fv})} \tag{8-46}$$

$$\frac{sX_c}{U_e}=\frac{\dfrac{K_v}{1+K_vK_{fv}}}{\dfrac{s^2}{(\omega_h\sqrt{1+K_vK_{fv}})^2}+2\dfrac{\zeta_h+\dfrac{K_vK_{fa}\omega_h}{2}}{\sqrt{1+K_vK_{fv}}}{\omega_h\sqrt{1+K_vK_{fv}}}s+1} \tag{8-47}$$

同时采用速度反馈与加速度反馈有希望把固有频率和阻尼比调到合适的数值,系统的动态及静态指标即可以全面地得到改善。

最后应指出:利用反馈校正提高固有频率 $\omega_h$ 和阻尼比 $\zeta_h$ 要受速度与加速度反馈回路稳定性的限制。

### 5. 压力反馈校正

在液压控制系统中,压力是一个相对容易检测的系统参数,利用压力构成反馈校正系统可以产生类似加速度校正的效果。

在图 8-9 所示的位置伺服控制系统中,增加压力反馈后的控制系统如图 8-41 所示。图中用压力传感器测取液压缸两腔压力求取压差,即是负载压力 $P_L$,将负载压力反馈到电子伺服放大器的输入端可构成压力反馈。

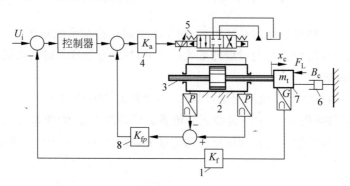

1—反馈放大器;2—机架;3—液压缸;4—电子伺服放大器;5—电液伺服阀;6—黏性阻力负载;
7—惯性负载;8—加速度反馈控制器。

图 8-41　压力反馈校正系统结构

假设电液伺服阀的动态频率远高于反馈控制系统的通频带,则可以忽略电液伺服阀的动态,建立带压力反馈的阀控对称缸位置伺服控制系统模型,如图 8-42 所示。

对图 8-42 进行方块图等效变换,将反馈接入点后移,如图 8-43 所示。其中压力反馈包

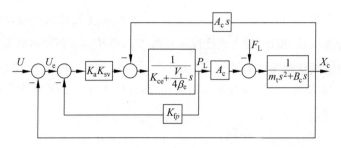

图 8-42  压力反馈校正

围部分的传递函数可写为式(8-48),与图 8-42 对比可知:压力反馈校正相当于将液压动力元件的总流量-压力系数 $K_{ce}$ 增加了 $K_a K_{sv} K_{fp}$。总流量-压力系数增大可以增大系统阻尼比,但同时造成系统压力增益降低,降低了系统的负载刚度,增加了外负载引起的系统误差,降低了系统精度。这是压力反馈校正与加速度反馈校正不同之处,加速度反馈校正能够提高液压控制系统阻尼比,而对控制系统其他参数无影响。

$$\frac{P_L}{Z} = \frac{1}{(K_{ce} + K_a K_{sv} K_{fp}) + \frac{V_t}{4\beta_e}s} \tag{8-48}$$

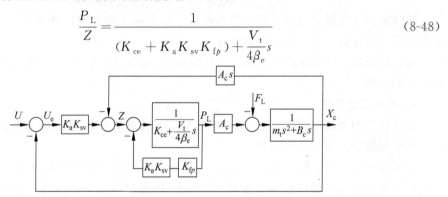

图 8-43  反馈接入点后移的压力反馈校正

综上所述,压力反馈可以增加系统阻尼,而不改变闭环控制系统开环增益和液压动力元件的固有频率,压力反馈校正是通过增加系统的总流量-压力系数来提高阻尼的。

**6. 动压反馈校正**

动压反馈校正可以提高系统的阻尼,同时又不降低系统的静刚度。

用微分放大器替换图 8-41 中的负载压力传感器反馈放大器,取负载压力的微分作为反馈物理量,则构成动压反馈。具有动压反馈的系统方块图如图 8-44 所示,图中 $K_{fdp}$ 为动压反馈系数。

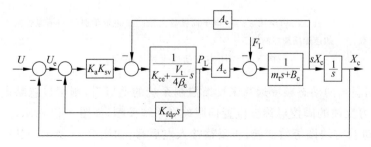

图 8-44  带动压反馈的系统方块图一

为了分析动压反馈的作用机理,将方块图变换为图 8-45 和图 8-46。从图 8-46 可以看出:动压反馈的作用相当于增大了压缩容腔的容积 $V_t$ 或降低了工作液体积模量 $\beta_e$。

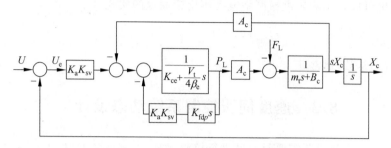

图 8-45　带动压反馈的系统方块图二

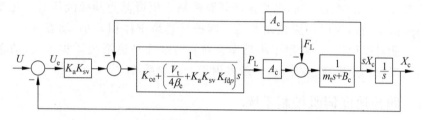

图 8-46　带动压反馈的系统方块图三

将图 8-46 转变为图 8-47,可以看出:当外负载 $s \to 0$ 时,动压反馈的存在并没有改变外负载力对系统的影响,系统静态刚度没有改变。

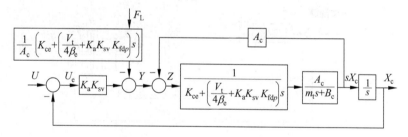

图 8-47　带动压反馈的系统方块图四

从图 8-47 可以得到局部传递函数式(8-49)和式(8-50)。从这两个传动函数中可以看出:动压反馈可以提高系统阻尼,同时也会一定程度降低液压动力元件的固有频率。

$$\frac{sX_c}{Z} = \frac{A_c}{\left(\dfrac{m_t V_t}{4\beta_e} + m_t K_a K_{sv} K_{fdp}\right)s^2 + \left(K_{ce} m_t + \dfrac{B_c V_t}{4\beta_e} + B_c K_a K_{sv} K_{fdp}\right)s + B_c K_{ce}}$$

$$(8\text{-}49)$$

$$\frac{sX_c}{Y} = \frac{A_c}{\left(\dfrac{m_t V_t}{4\beta_e} + m_t K_a K_{sv} K_{fdp}\right)s^2 + \left(K_{ce} m_t + \dfrac{B_c V_t}{4\beta_e} + B_c K_a K_{sv} K_{fdp}\right)s + (A_c^2 + B_c K_{ce})}$$

$$(8\text{-}50)$$

通常 $K_{ce}$ 很小,若 $A_c^2 \gg B_c K_{ce}$,则式(8-50)中可以略去 $B_c K_{ce}$。

动压反馈校正可以采用电反馈实现。工程上,微分放大器常用式(8-51)所示数学模型。动压反馈校正也可以采用液压机械网络或动压反馈伺服阀实现。

$$G_{fdp}(s) = K_{fdp} \frac{s}{T_{dp}s + 1} \tag{8-51}$$

式中,$T_{dp}$ 为时间常数,通常 $T_{dp} \ll 1$。

## 8.3 速度伺服控制系统动态设计

在工程中,许多实际问题需要对速度进行控制,如实验测试装置、加工设备的进给系统、雷达天线、天文望远镜的跟踪系统等。

按液压控制元件的类别不同,电液速度伺服控制系统可分为阀控液压马达速度伺服控制系统和泵控液压马达速度伺服控制系统。阀控马达系统体积较小、动态响应快、精度较高、效率较低、能量损耗大,一般用于小功率系统;而泵控马达系统体积较大、动态响应较慢、精度略低、能量利用率高、效率高,一般多用于大功率系统。

### 8.3.1 阀控速度伺服控制系统

一个阀控马达系统如图 8-48 所示,这是电液速度伺服控制系统,液压马达驱动惯性负载和黏性负载,采用转速传感器检测负载转速,并将它作为反馈信号构建速度伺服控制系统,如图 8-49 所示。

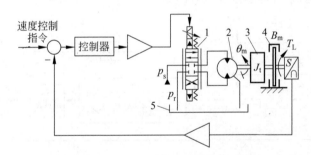

1—伺服阀;2—定量伺服马达;3—惯性负载;4—黏性阻尼负载;5—油箱。

图 8-48 阀控马达速度伺服控制系统

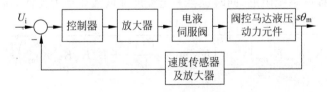

图 8-49 阀控马达速度伺服控制系统原理方块图

通常,电子伺服放大器动态响应频率较高,可以忽略伺服放大器的动态,令其传递函数为 $K_a$。

在系统设计时,若选择高频响伺服阀,使其动态远高于速度伺服控制系统动态,则忽略电液伺服阀的动态,将其传递函数取为 $K_q$。

一般地,可忽略反馈传感器及其放大器的动态,令其传递函数为 $K_f$。

以马达转角为输出的阀控马达液压动力元件数学模型参见式(5-58),则阀控马达速度伺服控制系统的方块图可用图 8-50 表示。

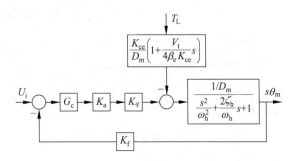

图 8-50　阀控马达速度伺服控制系统方块图

若阀控马达速度伺服控制系统采用比例控制器时,通过比例控制器调整系统开环增益,系统开环伯德图如图 8-51 所示。

从伯德图中看出系统以 $-40\mathrm{dB/dec}$ 斜率穿越 0dB 线,相角余量 $\gamma$ 很小或为负值。控制系统相对稳定性差或系统是不稳定的,系统需要校正。

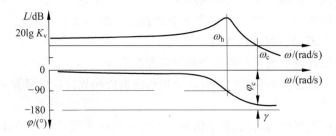

图 8-51　采用比例控制器速度伺服控制系统开环伯德图

速度伺服控制系统校正可以通过改变控制器的控制率实现。

1) 系统校正方案一

图 8-48 系统采用积分控制器,可调试系统至其开环伯德图(见图 8-52)中曲线 a 对应的状态。系统校正后是Ⅰ型系统。

2) 系统校正方案二

图 8-48 系统采用惯性环节作控制器,可调试系统至其开环伯德图(见图 8-52)中曲线 b 对应的状态。系统校正后是 0 型系统。

按照上述两个系统校正方案调整系统后,低频段两个系统校正方案略有差别。系统中高频动态特性几乎相同。系统以 $-20\mathrm{dB/dec}$ 斜率穿越 0dB 线,相角余量 $\gamma$ 和幅值裕量 $K_g$ 均可满足相对稳定性要求。0 型系统对速度信号是有差的,Ⅰ型系统对速度信号是无差的。

对比图 8-51 和图 8-52,校正前后系统稳定性得到保障,系统穿越频率 $\omega_c$ 降低了,也就是说系统校正后响应频率有所降低。

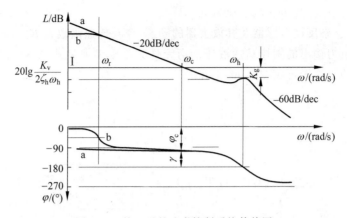

图 8-52   校正后的速度控制系统伯德图

## 8.3.2   泵控速度控制系统

这里用变排量泵控马达系统为例,讲述泵控速度控制系统动态特性。

变排量泵采用斜盘式轴向柱塞泵,斜盘倾角 $\psi$ 采用对称液压缸驱动,对称液压缸受控于电液伺服阀。变量泵的两个工作油口与定量马达的两个工作油口直接相连,构成闭式液压驱动回路。闭式主回路中设置快响应溢流阀作限压安全阀。

提高补油系统压力至 3MPa,补油系统兼作阀系统油源。电液控制阀选射流管伺服阀或 DDV 阀,它们具备较好低压性能。

泵控马达速度控制系统有开环控制和闭环控制两种。

电液开环泵控速度控制系统的斜盘摆角机构由电液阀控缸位置伺服系统控制或由机电位置伺服系统控制。

泵控速度闭环控制中,若斜盘驱动阀控缸系统采用位置闭环控制的称为有位置环的泵控闭环速度控制系统。否则称为无位置环的泵控闭环速度控制系统。

### 1. 泵控开环速度控制系统

如图 8-53 所示,变量泵的斜盘角由比例放大器、伺服阀、液压缸和位移传感器组成控制斜盘倾角的位置控制回路。通过精确控制变量泵斜盘角来改变供给定量液压马达的流量,以此来调节液压马达的转速。

泵控开环速度控制系统的原理方块图如图 8-54 所示。将图中各个方块内文字改写为它们的传递函数可以获得系统方块图(见图 8-55)。

控制斜盘倾角的位置控制系统的控制器 $G_c$ 采用比例控制即可使闭环控制系统稳定,且相对稳定满足要求。

若控制斜盘倾角的位置控制系统的动态频率远高于泵控马达动力元件的固有频率,则可忽略控制斜盘倾角的位置控制系统的动态,令其传递函数用 $K_{\psi c}$,则图 8-55 可简化为图 8-56。显然,这个简化后的系统模型特性是二阶振荡环节,它是我们熟悉的,这里不再进行详细分析。

泵控开环速度控制系统特点:系统是开环控制,当受负载和温度等发生变化,马达控制系统无法自动调节系统,补偿外干扰的影响,系统控制精度差。

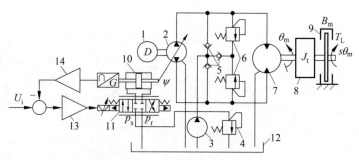

1—动力电动机；2—变量液压泵；3—补油泵；4—溢流阀；5—单向阀；6—安全阀；7—液压伺服马达；8—惯性负载；9—黏性阻尼负载；10—斜盘控制油缸；11—伺服阀；12—油箱；13—控制器＋放大器；14—位置反馈信号放大器。

图 8-53　泵控开环速度控制系统原理图

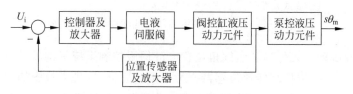

图 8-54　泵控开环速度控制系统原理方块图

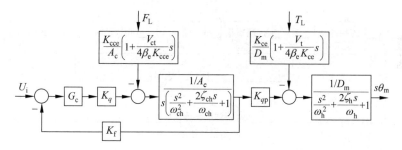

图 8-55　泵控开环速度控制系统方块图一

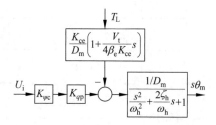

图 8-56　泵控开环速度控制系统方块图二

## 2. 有位置环的泵控闭环速度控制系统

泵控开环速度控制系统无法补偿系统参数或环境参数变化造成的速度波动,考虑在负载安装转速传感器,如图 8-57 所示,这个传感器将作为系统反馈主传感器,构建大系统反馈控制。

变量泵的斜盘倾角由比例放大器、电液伺服阀、液压缸和位移传感器组成的电液位置反馈系统控制。

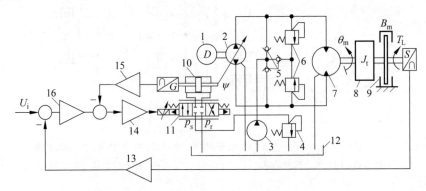

1—动力电动机；2—变量液压泵；3—补油泵；4—溢流阀；5—单向阀；6—安全阀；7—液压伺服马达；
8—惯性负载；9—黏性阻尼负载；10—斜盘控制油缸；11—伺服阀；12—油箱；13—速度反馈信号放
大器；14,16—控制器＋放大器；15—位置反馈信号放大器。

图 8-57　有位置环的泵控闭环速度控制系统原理

泵控马达液压动力元件与斜盘倾角位置电液伺服控制系统等构成了更大的电液反馈控制系统，这个控制系统用负载转速传感器作为反馈传感器，原理方块图如图 8-58 所示。

分别建立图 8-58 中各个方块的传递函数，可以建立有位置环泵控闭环速度控制系统方块图，如图 8-59 所示。

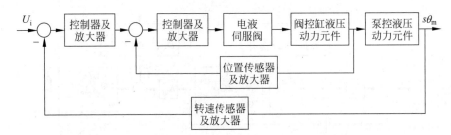

图 8-58　有位置环的泵控闭环速度控制系统原理方块图

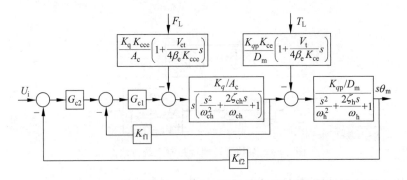

图 8-59　有位置环的泵控闭环速度控制系统方块图

斜盘倾角电液位置反馈系统的开环系统含有一个积分环节，斜盘倾角电液位置反馈系统的控制器 $G_{c1}$ 采用比例控制即可使斜盘倾角电液位置反馈系统稳定，且相对稳定性指标满足要求。

通常,由于变量伺服机构的惯性很小,阀控液压缸系统的固有频率很高,斜盘倾角电液位置反馈系统的闭环系统可以看成比例环节。

速度控制大系统的动态特性主要由泵控液压马达液压动力元件的动态特性所决定。负载转速对斜盘倾角的传递函数是 0 型的。因此控制器 $G_{c2}$ 需要采用大时间常数的惯性环节的校正控制器或者用积分放大器作控制器才能使系统的相对稳定性指标满足要求。

有位置环泵控闭环速度控制系统特点:系统有两级闭环控制,内层阀控系统闭环控制使对称缸位移与控制电流信号保持很好的线性,并具有抗干扰能力。进一步,外层泵控系统闭环控制能够消除外力矩扰动等的影响,系统控制精度高,响应快。泵控系统控制器需要是积分控制器。

若控制斜盘倾角的位置控制系统的动态频率远高于泵控马达动力元件的固有频率,则可忽略控制斜盘倾角的位置控制系统的动态,其传递函数用 $K_{\psi c}$ 表示,则图 8-59 可简化为图 8-60。显然,这个简化后的系统模型特性也是我们熟悉的。

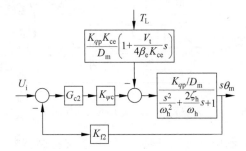

图 8-60　化简后的有位置环的泵控闭环速度控制系统方块图

### 3. 无位置环的泵控闭环速度控制系统

有位置环的泵控闭环速度控制系统含有两个反馈闭环,系统结构和系统调试都稍显复杂。

在一些情况下,控制斜盘的对称液压缸处不便于安装位移传感器,可以考虑构建无位置环的泵控闭环速度控制系统。

电液伺服阀、对称液压缸、变量泵、定量马达、负载、转速传感器等构成无位置环的泵控闭环速度控制系统,如图 8-61 所示。

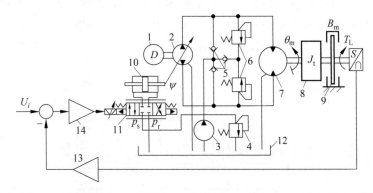

1—动力电动机;2—变量液压泵;3—补油泵;4—溢流阀;5—单向阀;6—安全阀;7—液压伺服马达;8—惯性负载;9—黏性阻尼负载;10—斜盘控制油缸;11—伺服阀;12—油箱;13—速度反馈信号放大器;14—控制器＋放大器。

图 8-61　无位置环的泵控闭环速度控制系统

　　无位置环的泵控闭环速度控制系统的原理方块图如图 8-62 所示。显然这是一个包含较多环节的闭环控制系统。系统构建时需要注意各个组成环节的时间常数,注意它们使各个环节的滞后相角累积不要太大。

　　将图 8-62 中各个方块内改写为它们的传递函数可以获得系统方块图如图 8-63 所示。

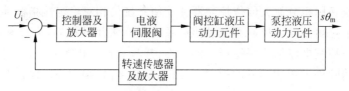

图 8-62　无位置环的泵控闭环速度控制系统原理方块图

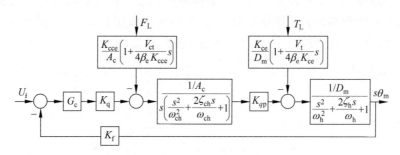

图 8-63　无位置环的泵控闭环速度控制系统方块图

　　对称液压缸在系统控制中具有积分特性,因此系统控制器 $G_c$ 采用比例控制器就可以使系统稳定,并使相对稳定性满足指标要求。

　　无位置环的泵控闭环速度控制系统特点:系统只有一层闭环控制,回路中环节较多,抗干扰和内部参数变化能力不如有位置环的泵控闭环速度控制系统强。但是这种系统结构相对简单,不需要安装控制斜盘倾角的对称缸位移传感器。

　　变量泵的变量机构采用开环控制,抗干扰能力差,易受零漂、摩擦等影响。闭环系统是 0 型的误差系统,但是斜盘控制机构仍是 I 型系统,所以伺服阀零漂和斜盘力等引起的静差仍然存在。

　　若控制斜盘倾角的位置控制系统的动态频率远高于泵控马达动力元件的固有频率,则控制斜盘倾角的位置控制系统的动态可以用积分特性表示,令其传递函数用 $K_{\psi c}/s$ 表示,则图 8-63 可简化为图 8-64。显然,这个简化后的系统模型特性是我们熟悉的。

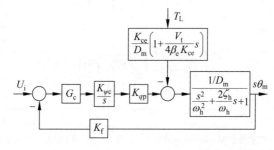

图 8-64　化简后的无位置环的泵控闭环速度控制系统方块图

## 8.4　力伺服控制系统动态设计

力或力矩作为被控制量的液压伺服控制系统称为电液力伺服控制系统。

在工程实际中,电液力伺服控制系统应用的很多,如材料试验机、疲劳试验机、轧机张力控制系统、半实物仿真的负载模拟器等都采用电液力伺服控制系统。

### 8.4.1　力伺服控制系统

电液力伺服控制系统主要由伺服放大器、电液伺服阀、液压缸和力传感器等组成,如图 8-65 所示。

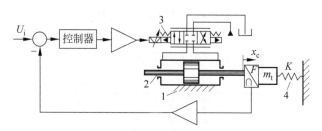

1—机架；2—对称液压缸；3—电液伺服阀；4—弹性负载。

图 8-65　电液力伺服控制系统

电液力伺服控制系统工作原理:当指令元件发出的指令电压信号输入控制系统后,液压缸便输出作用力,该力作用在负载上,力传感器检测作用力,并将其转换为反馈电压信号与指令电压信号相比较,得出偏差电压信号。此偏差信号经伺服放大器放大后,以控制电流输入到伺服阀,使伺服阀输出流量可控的液压油,驱动液压缸活塞,建立起作用于液压缸活塞上的负载压差,使输出力向减小误差的方向变化,直至输出力等于指令信号所规定的值为止。

### 8.4.2　液压动力元件

假设力传感器的刚度远大于负载刚度,可以忽略力传感器的变形,认为液压缸活塞的位移就等于负载的位移。

通常,在力控制系统中,弹性负载是主要负载之一,阻尼力与弹性力相比可以忽略。因此负载刚度 $K \neq 0$,黏性阻尼 $B_c$ 很小,取 $B_c = 0$。

图 8-66 所示系统的液压动力元件类型是阀控对称缸。力伺服控制系统的阀控对称缸液压动力元件的输出量是驱动力,因此需要建立描述驱动力对阀芯位移的数学模型。

依据假设条件,零位附近的四通阀流量方程可以线性化,用变量符号表示流量线性化方程(4-42)的变量增量,然后对其进行拉普拉斯变换,结果书写如下:

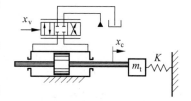

图 8-66　液压动力元件

$$Q_L = K_q X_v - K_c P_L \tag{8-52}$$

列写流量连续性方程,并进行拉普拉斯变换,可以得到式(8-53)。

$$Q_L = A_c s X_c + C_{tc} P_L + \frac{V_t}{4\beta_e} s P_L \tag{8-53}$$

列写活塞力平衡方程,并进行拉普拉斯变换,可以得到式(8-54)。

$$F_c = A_c P_L = m_t s^2 X_c + K X_c \tag{8-54}$$

式(8-52)、式(8-53)和式(8-54)是图 8-66 液压动力元件的基本方程,也是力控制阀控对称缸系统液压动力元件的数学模型。

将式(8-52)改写为式(8-55)。

$$K_c P_L = K_q X_v - Q_L \tag{8-55}$$

将式(8-54)改写为式(8-56)。

$$(m_t s^2 + K) X_c = A_c P_L \tag{8-56}$$

依据负载压力驱动活塞(包括负载系统)产生活塞位移观念,利用式(8-55)、式(8-56)和式(8-53),建立四通阀控对称缸液压动力元件方块图,如图 8-67 所示。

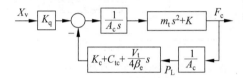

图 8-67　四通阀控对称缸液压动力元件方块图

联立式(8-53)、式(8-54)和式(8-55),或依据方块图 8-67,求解液压缸活塞输出力 $F_c$ 表达式,见式(8-57)。

$$F_c = \frac{\dfrac{K_q}{A_c} K \left( \dfrac{m_t}{K} s^2 + 1 \right) X_v}{\dfrac{m_t V_t}{4\beta_e A_c^2} s^3 + \left( \dfrac{m_t K_{ce}}{A_c^2} \right) s^2 + \left( 1 + \dfrac{K V_t}{4\beta_e A_c^2} \right) s + \dfrac{K K_{ce}}{A_c^2}} \tag{8-57}$$

液压缸活塞输出力 $F_c$ 对阀芯位移 $X_v$ 的传递函数,见式(8-58)。

$$\frac{F_c}{X_v} = \frac{\dfrac{K_q}{A_c} K \left( \dfrac{m_t}{K} s^2 + 1 \right)}{\dfrac{V_t m_t}{4\beta_e A_c^2} s^3 + \left( \dfrac{K_{ce} m_t}{A_c^2} \right) s^2 + \left( 1 + \dfrac{V_t K}{4\beta_e A_c^2} \right) s + \dfrac{K K_{ce}}{A_c^2}} \tag{8-58}$$

式(8-58)可简写为式(8-59)。

$$\frac{F_c}{X_v} = \frac{\dfrac{K_q}{A_c} K \left( \dfrac{s^2}{\omega_m^2} + 1 \right)}{\dfrac{s^3}{\omega_h^3} + \dfrac{2\zeta_h}{\omega_h} s^2 + \left( 1 + \dfrac{K}{K_h} \right) s + \dfrac{K_{ce} K}{A_c^2}} \tag{8-59}$$

式中,$\omega_m$ 为负载固有频率,见式(8-60),rad/s;$\omega_h$ 为液压动力元件固有频率,见式(5-24),rad/s;$\zeta_h$ 为液压动力元件阻尼比,见式(5-33)或式(5-34)。

$$\omega_m = \sqrt{\frac{K}{m_t}} \tag{8-60}$$

$$\omega_{\mathrm{h}} = \sqrt{\frac{4\beta_{\mathrm{e}}A_{\mathrm{c}}^2}{V_{\mathrm{t}}m_{\mathrm{t}}}}$$

$$\zeta_{\mathrm{h}} = \frac{K_{\mathrm{ce}}}{A_{\mathrm{c}}}\sqrt{\frac{\beta_{\mathrm{e}}m_{\mathrm{t}}}{V_{\mathrm{t}}}}$$

式(8-59)简写为

$$\frac{F_{\mathrm{c}}}{X_{\mathrm{v}}} = \frac{\dfrac{K_q}{A_{\mathrm{c}}}K\left(\dfrac{s^2}{\omega_{\mathrm{m}}^2}+1\right)}{\left[\left(1+\dfrac{K}{K_{\mathrm{h}}}\right)s+\dfrac{K_{\mathrm{ce}}K}{A_{\mathrm{c}}^2}\right]\left(\dfrac{s^2}{\omega_0^2}+\dfrac{2\zeta_0}{\omega_0}s+1\right)} \tag{8-61}$$

式中，$\omega_0$ 为液压动力元件综合固有频率，见式(5-45)，rad/s；$\zeta_0$ 为液压动力元件综合阻尼比，见式(5-47)。分别书写如下。

$$\omega_0 = \omega_{\mathrm{h}}\sqrt{1+\frac{K}{K_{\mathrm{h}}}}$$

$$\zeta_0 = \frac{2\beta_{\mathrm{e}}K_{\mathrm{ce}}}{\omega_0 V_{\mathrm{t}}(1+K/K_{\mathrm{h}})}$$

式(8-61)可近似写作式(8-62)，它是液压缸活塞输出力 $F_{\mathrm{c}}$ 对控制信号输入 $X_{\mathrm{v}}$ 的传递函数

$$\frac{F_{\mathrm{c}}}{X_{\mathrm{v}}} = \frac{\dfrac{K_q}{K_{\mathrm{ce}}}A_{\mathrm{c}}\left(\dfrac{s^2}{\omega_{\mathrm{m}}^2}+1\right)}{\left(\dfrac{s}{\omega_{\mathrm{r}}}+1\right)\left(\dfrac{s^2}{\omega_0^2}+\dfrac{2\zeta_0}{\omega_0}s+1\right)} \tag{8-62}$$

式中，$\omega_{\mathrm{r}}$ 为惯性环节转折频率，见式(5-49)，rad/s。书写如下。

$$\omega_{\mathrm{r}} = \frac{K_{\mathrm{ce}}K}{A_{\mathrm{c}}^2\left(1+\dfrac{K}{K_{\mathrm{h}}}\right)} = \frac{K_{\mathrm{ce}}}{A_{\mathrm{c}}^2\left(\dfrac{1}{K}+\dfrac{1}{K_{\mathrm{h}}}\right)}$$

### 8.4.3　力伺服控制系统分析

图 8-68 是电液力伺服控制系统原理方块图。被控制量是驱动力，反馈传感器是力传感器。阀控缸液压动力元件是驱动力对控制流量液压动力元件模型。电液伺服阀采用流量伺服阀。

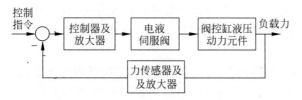

图 8-68　电液力伺服控制系统原理方块图

与液压动力元件固有频率相比，电子伺服放大器的通频带非常宽，因此它的传递函数可用比例环节模型 $K_{\mathrm{a}}$ 表示。

选择高动态响应力反馈传感器,反馈放大器动态响应频率远高于电液力伺服控制系统通频带,则可以忽略力反馈传感器及其放大器的动态,将它们的传递函数用比例系数 $K_f$ 表示。

选取较高动态响应频率的电液伺服阀,使其满足伺服阀的频宽远大于液压固有频率和负载固有频率(5～10 倍),伺服阀可近似看成比例环节,用 $K_q$ 描述。

若机架可以看作刚体,液压执行元件与机架连接刚度很大,忽略连接柔度。液压执行元件与负载连接刚度很大,忽略连接柔度。电液力伺服控制系统的数学模型具有较简单的形式,如图 8-69 所示。

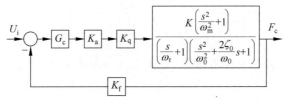

图 8-69 电液力伺服控制系统方块图

在力伺服控制阀控缸系统中,由于负载质量较小,液压弹簧刚度很大,液压固有频率 $\omega_h$ 很高,通常高于负载固有频率 $\omega_m$。液压弹簧与负载弹簧耦合产生的综合固有频率 $\omega_0$ 也高于负载固有频率 $\omega_m$。负载固有频率 $\omega_m$ 高于转折频率 $\omega_r$。

从图 8-69 可知:系统开环的最大滞后相位为 $-90°$。因此系统稳定的相位裕度充裕。只需要确保幅值裕度满足稳定性要求即可使力控制系统稳定。

若系统采用比例控制,电液驱动力伺服控制系统的伯德图通常具有图 8-70 所示的曲线形状。

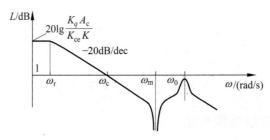

图 8-70 校正前系统开环伯德图

从幅频特性看:力伺服控制系统的稳定性受负载刚度的影响很大,负载刚度越小,系统越不易稳定。

负载刚度变小时,$\omega_0$ 处的谐振峰值较容易超过零分贝线,系统变为不稳定。

在系统工作过程中,若负载刚度会发生变化,通常用最小的负载刚度来分析和设计力控制系统。

为使系统在低负载刚度时仍能稳定工作,而又不降低响应速度,常常采用式(8-63)描述的校正器校正系统。校正后的系统开环伯德图如图 8-71 所示。

$$G_c(s) = \frac{K_p}{\left(\dfrac{1}{\omega_p}s + 1\right)^2} \qquad (8\text{-}63)$$

式中,$K_p$ 为校正器增益;$\omega_p$ 为校正器转折频率,$\omega_c < \omega_p < \omega_m$。

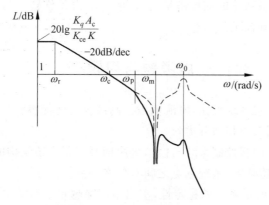

图 8-71　校正后系统开环伯德图

　　力伺服控制系统是 0 型系统,它是有差系统。在稳态情况下,要保持一定的输出力就要求伺服阀有一定的开度,输出力与偏差信号成比例。

　　力伺服控制系统与其他伺服控制系统的异同:在力伺服控制系统中,输出力是被控制量。被控制量是力,系统反馈控制机理使输出力跟踪系统输入指令,液压缸的运动速度和位移依据上述跟踪过程的需要而变化。而在位置或速度控制系统中,位置或速度是控制量。当然产生位移或速度也要通过力驱动负载运动,但这时力不是被控制量,它的量值或量值变化取决于被控制量(位置或速度)和外负载力。

# 8.5　本 章 小 结

　　电液伺服控制系统具有液压伺服控制精度高、响应速度快、输出功率大的优势;同时兼具电气伺服控制信号处理灵活、易于实现各种参量的传感与反馈等优点。电液伺服控制系统能够接受各种电信号控制,便于实现计算机控制。

　　电液伺服控制系统性能优越、类型丰富、应用广泛。

　　本章以阀控电液位置伺服控制系统为主,讲述了电液伺服控制系统建模、稳定性分析、动态响应分析、精度分析、系统校正等内容。

　　通过实例分析指出:常见的模拟电液伺服控制系统和数字电液伺服控制系统一般都是单输入-单输出控制系统。复杂电液伺服控制系统往往也可以分解为多个单输入-单输出结构子系统进行分析与设计。

　　阀控缸位置电液伺服控制系统的被控制量是活塞位移,液压动力元件输出量是活塞位移。位置控制系统采用比例控制就能够使系统稳定,但是高性能电液伺服控制系统通常需要进行系统校正,才能使反馈控制系统具有合适稳定裕度,同时兼具良好的控制精度和较高动态响应速度。

　　阀控马达速度控制电液伺服控制系统的被控制量是马达转轴转速,液压动力元件输出量是马达转轴转速。速度控制系统通常需要进行系统校正,才能使速度伺服控制系统稳定。

　　泵控马达系统通常有开环控制、带位置环的闭环控制和不带位置环的闭环控制三种结构。

力控制电液伺服控制系统的被控制量是力,液压动力元件输出量是负载力。力伺服控制系统通常需要进行系统校正。

# 思考题与习题

8-1　与机液伺服控制系统相比,电液伺服控制系统有何优势?

8-2　电液伺服控制系统如何分类?

8-3　比较数字电液伺服控制系统与模拟电液伺服控制系统结构的异同。

8-4　开环增益、穿越频率、系统频宽之间有什么关系?

8-5　分析题 8-5 图所示系统的稳定性,求出系统穿越频率与稳定裕度。

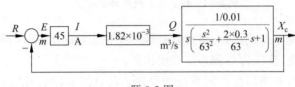

题 8-5 图

8-6　用计算机软件分析题 8-6 图所示系统,绘制系统开环伯德图和系统闭环伯德图,并将其与图 8-27 对比,分析伺服放大器动态是否可以忽略? 反馈传感器与放大器动态是否可以忽略?

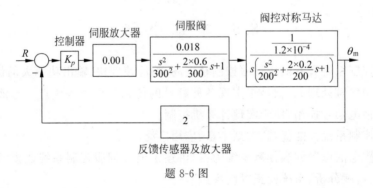

题 8-6 图

8-7　分析题 8-7 图所示系统的稳定性,求出系统穿越频率与稳定裕度。

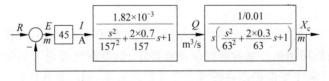

题 8-7 图

8-8　分析题 8-8 图所示系统的稳定性,是否需要进行系统校正,如何进行校正?

8-9　外负载力对系统精度有何影响?

8-10　如何得到数字的滞后补偿控制器?

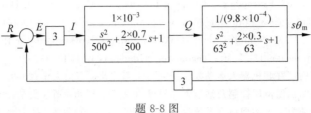

题 8-8 图

8-11  在何种情况下电液伺服控制系统需要加校正装置？针对电液位置伺服控制系统，滞后校正、速度与加速度反馈校正、压力反馈和动压反馈校正功能是什么？

8-12  电液速度伺服控制系统为什么一定要加校正？采用积分校正和采用滞后校正有何区别？

8-13  通常，力伺服控制系统是否需要进行系统校正？为什么？

8-14  阀控对称缸电液位置伺服控制系统，已知：系统负载为惯性负载和黏性阻尼负载，液压缸有效面积 $A_c = 1.7 \times 10^{-4} \, \text{m}^2$，液压动力元件的固有频率为 90rad/s，阻尼比 0.3。试完成如下任务：

(1) 该系统选择电液伺服阀，要求性能优先，不需要考虑系统制造成本。

(2) 选定电液伺服阀后，若幅值裕度按 6dB 考虑，试确定系统电液伺服放大器增益，给出系统穿越频率和相位裕度。

(3) 若已知系统总流量-压力系数 $K_{ce} = 1.2 \times 10^{-11} \, \text{m}^3/(\text{s} \cdot \text{Pa})$，最大工作速度 $\dot{x}_{c\max} = 2.2 \times 10^{-2} \, \text{m/s}$，最大静摩擦力 $F_c = 1.75 \times 10^4 \, \text{N}$，电液伺服阀零漂和死区电流总计为 15mA。求系统跟踪误差和静态误差。

8-15  若现有一个流量电液伺服阀，其参数为流量增益 $K_q = 1.96 \times 10^{-3} \, \text{m}^3/(\text{s} \cdot \text{A})$，伺服阀固有频率为 150rad/s，伺服阀阻尼比为 0.7。欲将该阀用于题 8-14 电液伺服控制系统。试完成如下任务：

(1) 选定电液伺服阀后，若幅值裕度按 6dB 考虑，试确定系统电液伺服放大器增益，给出系统穿越频率和相位裕度。

(2) 若已知系统总流量-压力系数 $K_{ce} = 1.2 \times 10^{-11} \, \text{m}^3/(\text{s} \cdot \text{Pa})$，最大工作速度 $\dot{x}_{c\max} = 2.2 \times 10^{-2} \, \text{m/s}$，最大静摩擦力 $F_c = 1.75 \times 10^4 \, \text{N}$，电液伺服阀零漂和死区电流总计为 15mA。求系统跟踪误差和静态误差。

(3) 试探讨能否用系统校正方法进一步提高系统性能。

# 主要参考文献

[1]  BATESON R N. Introduction to control system technology[M]. 7th ed. Upper Saddle River：Pearson Education，2002.

[2]  TUNAY I，RODIN E Y，BECK A A. Modeling and robust control design for aircraft brake hydraulics [J]. IEEE Transaction on Control Systems Technology，2001，9(2)：319-329.

[3]  EDWARDS J W. Analysis of an electro-hydraulic aircraft control-surface servo and comparison with results[R]. Washington D C：National Aeronautics and Space Administration，1972.

[4]  CALARASU D，SERBAN E，SCURTU D. Dynamic model of the rotative hydraulic motor under

constant pressure[C]. //Proceedings of the 6th International Conference on Hydraulic Machinery and Hydrodynamics. Timisoara: Politehnica University of Timisoara,2004: 319-324.

[5]　SCHOTHORST G V. Modelling of long stroke hydraulic servo systems for flight simulator motion control and system design[D]. Delft: Technology University of Delft,1997.

[6]　王洪瑞. 液压六自由度并联机器人运动控制研究[D]. 秦皇岛:燕山大学,2003.

[7]　王静. 大流量液压源恒温恒压控制及油液弹性模量研究[D]. 杭州:浙江大学,2009.

[8]　常同立. 空间对接动力学半物理仿真系统设计及实验研究[D]. 哈尔滨:哈尔滨工业大学,2007.

[9]　NASA Johnoson Space Center. Engineering test facilities guide[EB/OL]. [2013-03-01]. http://www. nasa. gov/centers/johnson/pdf/639595main_EA_Test_Facilities_Guide. pdf.

[10]　National Aeronautics and Space Administration. Models,simulation and software[EB/OL]. [2013-03-01]. http://www. nasa. gov/centers/johnson/pdf/639993main_ Models_ Simulation_ Software_ FTI. pdf.

[11]　Bosch Rexroth Corporation. Electronics (Valve amplifiers) [EB/OL]. [2013-05-01]. http://www. boschrexroth. com/ics/Vornavigation/Vornavi. cfm? Language = EN&Region = none&VHist = Start,p537409&PageID=p537410.

[12]　Eaton Hydraulics(Vickers). Servo electronics ( Amplifiers, Power supplies, function modules and controllers) [EB/OL]. [2013-05-01]. http://www. eaton. com/ecm/groups/public/@pub/@eaton/@hyd/documents/content/pll_2157. pdf.

[13]　SITUM Z. Force and position control of a hydraulic press[J]. Krmiljenje Hidravlicne Stiskalnice, 2011,17(4):314-320.

# 第9章 液压伺服控制系统设计

设计工作是创新性的活动,而且是主动创新的活动。创新的性质决定了设计是综合的、集成的过程,而非简单相加或组合的过程,因而探讨设计问题是有难度的。

液压控制设计是生动的和丰富的,不是僵化的和教条的。这里探讨液压伺服控制系统设计流程和设计要点只是想给读者一个整体和概略的描述,而绝非液压伺服控制系统设计的固定模式。

## 9.1 一般设计流程

通常,液压伺服控制系统设计工作大致可以分为如下几个步骤。每个步骤依次进行,当某个步骤执行结果偏离预期设计目标时,则应视情况后退几步,通过修改设计,完成各阶段预定设计目标。

1)明确设计任务

依据主机设计或方案规划,明确液压控制系统的负载及工况,明确系统动态和静态性能要求。

2)控制系统方案设计

拟定控制系统方案;绘制控制系统结构示意图、液压系统原理图、控制系统原理方块图等;规划各个组成部分解决方案。

3)稳态设计及元件选型

分析及折算负载;确定系统供油压力;设计液压执行元件规格;计算负载压力、负载流量;进行控制闭环系统组成元件选型。

4)动态设计和精度分析

设计系统动态特性,使之具备稳定性,并具备合适相对稳定性。使系统的动态响应快速性满足要求。在动态设计确定开环增益后,分析系统精度,并采取合适的校正措施,使其精度满足要求。

电液伺服控制系统动态分析内容详见第8章。机液伺服控制系统动态分析详见第6章。

5)结构设计

进行液压控制系统结构设计;进行阀块、管路等零部件结构设计;进行油源选型或设计。

6)系统安装、调试

安装系统,并调试性能使之符合预期设计目标。

7)整理设计材料

整理撰写设计说明书、使用说明书。整理设计图纸、技术条件等。

# 9.2　方案设计

方案设计是液压控制系统设计的起点,也是液压系统设计过程中最重要的阶段。在方案设计阶段要对所设计系统进行战略布局和规划。在专项设计过程中,则只是实现和完成了总体方案设计中安排的某项具体设计任务。

方案设计具有全局性和战略性,方案设计中出现的不足甚至错误,很难在后续专项设计和样机研制过程中进行彻底补偿或修正。经验丰富的设计师总是在总体设计中投入更多的时间和精力,进行充分的论证和研讨。特别是在没有近似设计案例供参考的情况下,更应加大对方案设计的重视。

## 9.2.1　明确设计任务

通常,液压控制系统不独立构成设备或产品,而只是机械设备或产品(称之为主机)的重要组成部分。液压控制系统需与机械系统、电控系统融合成为一个整体。

若将机械机构比喻作"骨骼",液压控制系统通常比喻作"肌肉或筋"。而且液压控制系统是可以接受"神经支配"的"肌肉或筋"。这种关系要求液压控制系统设计师具备机电液一体化的意识,并在工作中践行将液压控制系统设计与机械系统设计高度协调,乃至融合。若主机系统中有电控系统,则液压控制系统也要与之协调与融合。因此,液压系统设计师与主机总体设计师和机械系统设计师等的密切沟通协商是不可少的。

在开展液压控制系统设计之前,或承接液压控制系统设计任务之初,液压设计师应积极主动了解主机用途、工作原理和工作条件等,协商主机对控制系统的技术要求及指标参数等。或者通过阅读电液伺服系统设计任务书和整机设计任务书等相关资料,明确设备使用用途、特点和工作条件等。

在此基础上,需要根据主机要求明确设计任务。

1) 明确被控制的物理量及控制规律

什么是被控制的物理量? 是位置,是速度,是力,还是其他物理量? 控制规律是恒值控制,还是随动控制?

2) 明确负载特性

负载特性是负载的类型、大小和负载的运动规律。

通常,描述负载情况有三种方式:

第一种,直接给出负载最大位移、最大速度、最大加速度、最大消耗功率及控制运动范围等参数。

第二种,给出液压执行元件的负载循环图和速度循环图等曲线图。例如某设备的负载循环图,以行程 $s$ 为变量曲线图,如图 9-1 所示; 或者以时间 $t$ 为变量的曲线图,如图 9-2所示。

第三种,给出液压控制系统外特性图。某设备的液压控制系统外特性如图 9-3 所示,图中粗实线标明了液压控制系统的外特性。图中 $M$ 点标明了设备同时具备的最大速度和最大加速度。

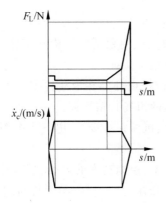

图 9-1　$F_L$-$s$ 和 $\dot{x}_c$-$s$ 曲线图

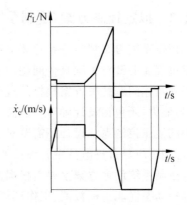

图 9-2　$F_L$-$t$ 和 $\dot{x}_c$-$t$ 曲线图

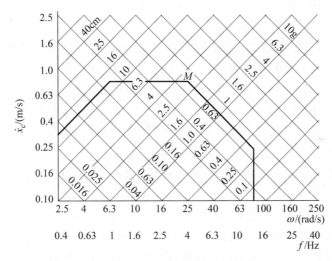

图 9-3　液压控制系统外特性

3）明确控制精度的要求

控制精度要求通过限制与减少系统误差实现。系统误差包括：由指令信号和负载力引起的稳态误差、动态误差和跟踪误差；由参数变化和元件零漂引起的静差；非线性因素（执行元件和负载的摩擦力，放大器和伺服阀的滞环、死区，传动机构的间隙等）引起的静差；测量元件精度引起的静差等。

4）明确动态品质的要求

相对稳定性要求可用相位裕量和增益裕量、谐振峰值或超调量等来描述。

响应的快速性要求可用穿越频率、频宽、上升时间和调整时间等来描述。

5）明确工作环境

如环境温度、周围介质、环境湿度、外界冲击与振动、噪声干扰等。

6）明确其他要求

如尺寸重量、可靠性、寿命及成本等。

上述设计要求内容最终应以文件形式（包括协议书、任务书、技术协调卡等）确定下来。

### 9.2.2　拟定控制方案,绘制系统原理图

液压控制系统方案拟定是在总体上布局和规划液压控制系统的结构和工作原理,系统方案拟定过程需要针对多项具体问题的多种可选方案做出抉择。

在每项具体问题解决方案抉择的过程中,都需要依托设计师在液压控制技术方面的知识、经验与能力,还包括设计师对当前液压技术和产品的市场行情把握。

完美的液压控制系统设计还需要对主机总体设计、机械系统设计、电气系统等相关方面的理解,特别是应具备机电液融合设计的能力。

液压控制系统设计方案主要是根据被控物理量类型、控制功率的大小、执行元件运动方式、各种静、动态性能指标数值、工作环境条件、可靠性要求、生产成本与元件价格等因素做出决策。

为了便于概略地了解液压控制系统设计方案制定过程与内容,这里将液压控制系统方案设计关键节点以决策问题的形式,依次列举如下,并给出扼要解释。

1) 采用开环控制,还是闭环控制

主机设计要求液压控制系统结构简单,生产成本低,对控制精度要求不高,环境干扰因素相对较小时宜采用开环控制。反之,如果主机要求液压控制系统具备较高抗外界干扰能力,控制精度要求高,响应速度要求快时,则宜采用闭环控制方案。

2) 执行元件采用液压缸,还是液压马达

液压执行元件分为直线执行元件和旋转执行元件两类。直线执行元件通常指液压缸;旋转执行元件通常指液压马达。

液压缸结构简单,容易制造,各种规格液压缸都方便自行制造。液压缸通常多用于直驱。

液压马达结构复杂,规格受限,制造较难,通常只能由专业厂商制造。因此液压马达驱动负载可能会出现无某种特定规格液压马达适合实现当前直接驱动任务的情况。

在选择执行元件时,除了运动形式以外,还需考虑行程和负载。例如,直线位移式伺服系统在行程短、负载大,具备液压缸安装空间时宜采用液压缸;运动行程长、安装空间受限、负载略小时宜采用液压马达。

3) 采用直接驱动,还是间接驱动

运动控制系统的负载驱动方式可分为直接驱动和间接驱动两种。

直接驱动系统的执行元件与负载直接连接,两者之间是无间隙、高刚性连接。

直接驱动的优点:

(1) 直接驱动系统能获得很高的传动精度,避免传动装置的齿轮传动间隙等产生的非线性影响;

(2) 直接驱动方式可以提高机械机构连接刚度,避免了传动机构柔度的影响;

(3) 直接驱动系统能获得较大的负载加速度,负载加速特性好;

(4) 直接驱动系统的机械机构简单,摩擦阻力小,磨损小;

(5) 直接驱动设备可靠性高、维护工作量少、寿命长。

直接驱动的缺点:

直接驱动要求执行元件具有特定尺寸规格,且具备良好低速性能,能用于直接驱动的执

行元件不一定方便得到。

间接驱动系统的执行元件不直接连接负载,如图 9-4 所示,执行元件经过齿轮箱等传动装置连接负载。在驱动过程中,传动装置进行力或力矩变换,速度或转速变换。

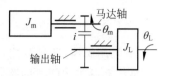

图 9-4 　马达驱动惯性负载模型

间接驱动的优点:

(1) 间接驱动能充分利用传动装置变换力或力矩作用,实现执行元件与负载的灵活匹配。例如小排量马达＋减速器可以驱动大力矩负载。

(2) 间接驱动可以一定程度缓解控制系统对执行元件的低速性能要求。液压马达中高速性能普遍好于低速性能,中高速马达品种和规格相对多,选型方便。

(3) 通过设计间接驱动传动比,能减少折合负载惯量,提高系统固有频率。

间接驱动的缺点:

间接驱动必须使用传动装置。传动装置将传动误差、传递间隙、传动刚度等带入控制系统。通过折合负载得到直驱模型的动态特性与实际系统动态特性是不同的。间接传动系统必然包括传动装置的动态,因而可能需要按多自由度负载进行分析与设计。

在选定间接传动方案后,应进一步确定传动机构方案和传动比。

传动机构方案设计请参阅有关书籍,需注意减小或消除传动间隙,提高传动刚度和精度。

传动比确定应该考虑如下三方面。

(1) 必须满足负载速度的要求,即满足不等式(9-1)。

$$\frac{\omega_{mmin}}{\omega_{Lmin}} \leqslant i \leqslant \frac{\omega_{mmax}}{\omega_{Lmax}} \tag{9-1}$$

式中,$\omega_{mmin}$ 为马达最小转速,rad/s;$\omega_{Lmin}$ 为负载最小转速,rad/s;$\omega_{mmax}$ 为马达最大转速,rad/s;$\omega_{Lmax}$ 为负载最大转速,rad/s。

(2) 应使液压动力元件具有更大的固有频率。

(3) 应能使负载获得尽量大的加速度,提高负载加速能力。

马达驱动惯性负载模型如图 9-4 所示,若忽略传动效率,只有惯性负载,则负载轴上力矩平衡方程见式(9-2)。

$$iT_m = (i^2 J_m + J_L)\ddot{\theta}_L \tag{9-2}$$

式中,$T_m$ 为马达驱动力矩,N・m;$J_m$ 为马达转动惯量,kg・m$^2$;$J_L$ 为负载转动惯量,kg・m$^2$;$i$ 为传动比;$\ddot{\theta}_L$ 为负载最大角加速度,rad/s$^2$。

负载角加速度为

$$\ddot{\theta}_L = \frac{iT_m}{i^2 J_m + J_L} \tag{9-3}$$

式(9-3)对 $i$ 求导,并令其等于零,可求得最大角加速度对应的传动比,见式(9-4)。

$$i = \sqrt{\frac{J_L}{J_m}} \tag{9-4}$$

将式(9-4)代入式(9-3),可求得最大角加速度见式(9-5)。

$$\ddot{\theta}_{\text{Lmax}} = \frac{T_{\text{m}}}{2\sqrt{J_{\text{m}}J_{\text{L}}}} \tag{9-5}$$

4）采用阀控，还是泵控

泵控系统采用闭式回路，效率高、发热量小。系统需要补油和冲洗装置，仅采用小容量油箱。控制系统结构复杂些，系统制造成本高。液压控制系统包括补油和冷却系统的全部空间占用相对小。

阀控系统采用开式回路，系统效率低、发热量大，控制系统响应速度快，控制精度高，控制系统结构简单，控制功率小，系统需设计大于负载功率液压源。

通常若主机设计要求液压控制系统工作时间长，控制功率大，液压控制总体安装空间有限，而容许响应速度较慢时，可采用泵控方式。其他情况多采用阀控系统。

5）采用机液伺服，还是电液伺服

通常从制造成本要求、控制精度要求、控制系统动态响应要求以及是否需要复杂控制率等方面考虑。若液压控制系统允许控制精度不高、响应慢、制造成本很低的情况可以考虑采用机液伺服机构方案。其他情况考虑电液伺服系统方案。

6）变排量泵控，还是变转速泵控

变排量泵控系统采用变量液压泵。变量液压泵结构复杂，变量机构通常采用闭环位置系统控制。变排量泵控系统制造成本较高。变排量泵控系统可实现大功率控制。

变转速泵控系统采用定量液压泵。定量液压泵结构简单，但是变转速泵控系统需要采用伺服电动机驱动与控制，需要配备相应的电子控制器。定量泵控系统通常只有中小功率系统。定量泵控系统需要进行机电一体化设计，实现紧凑、高效、占用空间小。

7）采用直驱阀，还是电液伺服阀

若主机设计对液压控制系统生产成本有严格限制，而且允许控制精度略低、响应速度略慢时，可采用直驱阀控制方式。反之，主机要求液压控制系统控制精度高、响应速度快，而容许液压控制系统生产成本高些时，可采用伺服控制方式。

8）模拟控制，还是数字控制

若控制任务简单，控制率简单，控制系统相对独立，制造成本要求低，液压控制系统可采用模拟控制方式；若出现如下情况之一时可以考虑采用数字控制方式，主机系统普遍采用数字控制且液压控制需要与之通信，允许控制系统制造成本略高，液压控制系统任务较为复杂等。

9）采用定量油源，还是变量油源

液压源选型一般从安装空间、制造成本、能量损耗、系统功率、控制系统要求几个方面考虑。

在完成上述决策后，绘制液压控制系统原理图，绘制液压控制系统组成方块图，图中各个组成环节用文字表示，标记输入输出信号。

快捷的液压控制系统方案决策可参考图 9-5，从上至下，依次完成各个选项，将得到一个关于液压控制系统的框架描述，这就是设计方案的骨架，经过进一步细化，设计方案可以出炉。

设计方案制定需要多领域、多学科的综合能力与知识基础。设计方案制定的知识需要逐步积累，设计方案制定能力需要逐步培养。

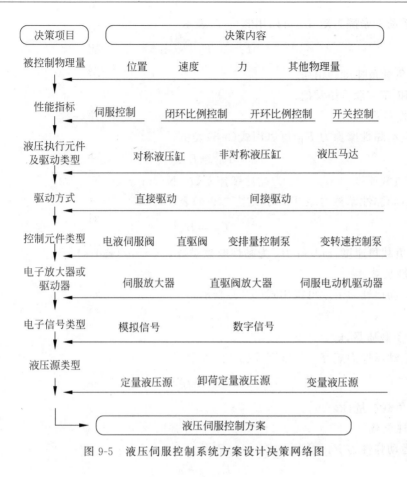

图 9-5　液压伺服控制系统方案设计决策网络图

## 9.3　负载分析计算

液压控制系统都要驱动被控对象作机械运动。被控对象往往是主机的一部分,它可以是简单的质量块,也可以是复杂的机械系统。探讨控制系统驱动能力问题时,被控对象也称作负载。负载的情况对控制系统影响很大。

对于实际负载的分析往往从典型负载分析开始,达到对实际负载进行分解与模拟。

### 9.3.1　典型负载与负载模型

实际负载往往很复杂,利用典型负载的组合可以方便建立负载模型,按实际负载匹配模型参数,对其进行定量模拟。

**1. 典型负载**

运动控制常见典型负载可以分为如下几类。

1) 干摩擦负载

直线运动干摩擦力 $F_c$ 可以用式(9-6)表示。

$$F_c = |F_c| \, \text{sign}\dot{x} \tag{9-6}$$

式中,$\dot{x}$ 为负载速度,m/s。

旋转运动干摩擦力矩 $T_c$ 可以用式(9-7)表示。

$$T_c = \mid T_c \mid \mathrm{sign}\,\dot\theta \tag{9-7}$$

式中,$\dot\theta$ 为负载角速度,rad/s。

$\mid F_c \mid$ 和 $\mid T_c \mid$ 常看作常值。

2) 黏性负载

直线运动黏性摩擦力 $F_B$ 可以用式(9-8)表示。

$$F_B = B_x \dot x \tag{9-8}$$

式中,$\dot x$ 为负载速度,m/s;$B_x$ 为黏性摩擦系数,N/(m/s)。

旋转运动黏性摩擦力矩 $T_B$ 可以用式(9-9)表示。

$$T_B = B_\theta \dot\theta \tag{9-9}$$

式中,$\dot\theta$ 为负载角速度,rad/s;$B_\theta$ 为黏性摩擦系数,N·m/(rad/s)。

3) 惯性负载

直线运动惯性力 $F_m$ 可以用式(9-10)表示。

$$F_m = m\ddot x \tag{9-10}$$

式中,$m$ 为负载质量,kg。

旋转运动惯性力矩 $T_J$ 可以用式(9-11)表示。

$$T_J = J\ddot\theta \tag{9-11}$$

式中,$J$ 为负载惯量,$\mathrm{kg/m^2}$。

4) 弹性负载

直线运动弹性力 $F_K$ 可以用式(9-12)表示。

$$F_K = Kx \tag{9-12}$$

式中,$K$ 为弹性系数,N/m;$x$ 为负载位移,m。

旋转运动弹性力矩 $T_G$ 可以用式(9-13)表示。

$$T_G = G\theta \tag{9-13}$$

式中,$G$ 为扭转刚度,N·m/rad;$\theta$ 为负载角度,rad。

5) 位能负载

直线运动位能用重力 $W$ 表示;旋转运动位能用不平衡力矩 $M_G$ 表示。简化的位能负载为常数,且方向不变。

**2. 经验负载计算**

工程上常用近似计算的方法确定执行元件负载力。这是一种近似估算方法,认为各类负载力同时存在,确定需求力。总需求力按式(9-14)计算。

$$F_R = F_L + F_A + F_E + F_S \tag{9-14}$$

式中,$F_R$ 为总需求力,N;$F_L$ 为负载力,N;$F_A$ 为加速阻力,N;$F_E$ 为外部干扰力,N;$F_S$ 为密封阻力,N。

对于速度较高的液压伺服控制系统,计算负载时需要考虑加速阻力产生的影响。通常用式(9-15)估算加速阻力。

$$F_A = m_t \frac{v_{\max}}{t_A} \tag{9-15}$$

式中，$v_{max}$ 为最高速度，m/s；$t_A$ 为加速时间，s。

在液压伺服控制系统中，液压密封常采用弹性密封件，这些密封件会对运动部件产生阻力。通常可以按经验公式(9-16)计算密封阻力。

$$F_S = 0.1F_{max} \tag{9-16}$$

式中，$F_{max}$ 为最大驱动力，N。

在估算总需求力时需要注意液压执行元件不同安装方式、安装方向对负载力的影响，也需注意机械结构变形、零部件振动等造成的外部干扰力。

**3. 负载模型**

理论上，每一种实际负载均可用上述几种典型负载的组合进行模拟。显然其中一些典型负载是非线性的，如干摩擦负载等。非线性负载不便于用古典控制理论进行系统分析与设计，工程上常采用其他负载模拟。

常用的一种线性负载模型见式(9-17)或式(9-18)。

$$F_t = m\ddot{x} + B_x\dot{x} + Kx + F_L \tag{9-17}$$

$$T_t = J\ddot{\theta} + B_\theta\dot{\theta} + G\theta + T_L \tag{9-18}$$

## 9.3.2　负载折算

当系统采用间接方式驱动负载，且负载系统较为复杂时，工程上通常采用负载折算方法，将各种间接驱动情况折算为直接驱动模型。在折算得到的直接驱动模型上，进行控制系统设计。这是一种简化系统参数计算方法和系统初步设计方法。

下面以齿轮传动为例，探讨负载折算方法。

齿轮传动的传动比用 $i$ 表示。输入轴的转角 $\theta_i$ 与输出轴的转角 $\theta_o$ 关系见式(9-19)。输入轴的角速度 $\dot{\theta}_i$ 与输出轴的角速度 $\dot{\theta}_o$ 关系见式(9-20)。输入轴的角加速度 $\ddot{\theta}_i$ 与输出轴的角加速度 $\ddot{\theta}_o$ 关系见式(9-21)。

$$\theta_i = i\theta_o \tag{9-19}$$

$$\dot{\theta}_i = i\dot{\theta}_o \tag{9-20}$$

$$\ddot{\theta}_i = i\ddot{\theta}_o \tag{9-21}$$

传动效率用 $\eta$ 表示，输入轴的力矩 $T_i$ 与输出轴的力矩 $T_o$ 关系式(9-22)。

$$T_i = \frac{T_o}{i\eta} \tag{9-22}$$

利用式(9-22)，可以将在齿轮传动输出轴处的负载模型(9-23)折算为输入轴处负载模型(9-24)。

$$T_o = J_o\ddot{\theta}_o + B_o\dot{\theta}_o + G_o\theta_o \tag{9-23}$$

$$T_i = J_i\ddot{\theta}_i + B_i\dot{\theta}_i + G_i\theta_i \tag{9-24}$$

将齿轮传动输出轴上黏性负载的弹性阻力系数 $G_o$ 折算为齿轮传动输入轴的等效弹性负载的弹性阻力系数 $G_i$ 可按式(9-25)计算。

$$G_i = \frac{G_o}{i^2\eta} \tag{9-25}$$

将齿轮传动输出轴上黏性负载的黏性阻力系数 $B_o$ 折算为齿轮传动输入轴的等效黏性负载的黏性阻力系数 $B_i$ 可按式(9-26)计算。

$$B_i = \frac{B_o}{i^2 \eta} \tag{9-26}$$

将齿轮传动输出轴上惯性负载的惯性阻力系数 $J_o$ 折算为齿轮传动输入轴的等效惯性负载的惯性阻力系数 $J_i$ 可按式(9-27)计算。

$$J_i = \frac{J_o}{i^2 \eta} \tag{9-27}$$

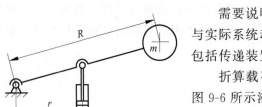

图 9-6　液压缸驱动摆动载荷折算

需要说明：折合负载得到直驱模型系统的动态特性与实际系统动态特性是不同的。而且间接传动系统必然包括传递装置动态，因而是多自由度负载。

折算载荷时需要考虑作动器的有效作用方向。如图 9-6 所示液压缸驱动摆到惯性载荷，惯性载荷折算到液压缸活塞杆上，按照公式(9-28)进行。

$$m_e = m \left(\frac{R}{r}\right)^2 \tag{9-28}$$

# 9.4　阀控系统稳态设计

液压控制系统的稳态设计对系统性能关系重大。例如，若稳态设计得到较大规格(活塞有效面积或马达排量)的执行元件，系统供油压力可以降低，但是系统流量需要加大，就需要较大规格的管路、阀、油泵、油箱等，整机重量和体积均比较大。反之，稳态设计得到较小规格的液压执行元件，则需要较高的供油压力，整机重量和体积均比较小。

## 9.4.1　供油压力设计

液压控制系统采用较高的供油压力，可以减小液压动力元件、液压能源装置和连接管道等部件的重量和尺寸。

液压控制系统采用较低的供油压力，可以减小系统泄漏、减小能量损失和温升，可以延长使用寿命，易于维护，噪声较低。在条件允许时，通常还是选用较低的供油压力。

系统供油压力的确定一般从三个方面考虑：

首先是遵从行业习惯或参考同类型装置，这是借鉴行业经验。

在一般工业的伺服系统中，供油压力可在 6~21MPa 的范围内选取，高压的伺服系统供油压力可在 21~35MPa 的范围内选取。

其次是参考备选液压控制阀的阀压降要求，液压控制系统可制造的条件。

二级电液伺服阀通常需要恒压液压源，且需提供持续的流量供给，以维持先导级液压桥路平衡。通常规定阀压降要求，伺服阀压降应是供油压力的 1/3，通常若供油压力为 21MPa，则伺服阀压降为 7MPa；直驱阀压降为 1.05MPa。

最后是液压动力元件与负载的匹配，这是协调系统性能与经济性。

经过负载匹配，通常液压动力元件具有较高的能源利用效率。

## 9.4.2  对称阀控对称缸系统稳态设计

对称阀控对称缸系统稳态设计主要参数包括供油压力、液压执行元件主要规格参数。液压控制阀主要规格参数、负载流量与负载压力等。

**1. 液压执行元件主要规格尺寸**

一般可以按照经验公式法、负载匹配法、固有频率法三个方法确定液压执行元件的规格参数,下面以四通阀控对称液压缸液压动力元件为例,阐述上述三个方法。

1) 经验公式法

工程上常用近似计算的方法确定执行元件的主要规格尺寸。这是一种近似估算方法,认为各类负载力同时存在,确定需求力,依据经验公式求液压执行元件的规格参数。

对称液压缸有效作用面积可按经验式(9-29)计算。

$$A = 1.3 \frac{F_R}{p_s} \tag{9-29}$$

2) 负载匹配法

用典型负载建立负载模型,参考式(9-14)。假设液压执行元件运动部分在作正弦运动,见式(9-30)。则负载模型的轨迹可以绘制在 $F\text{-}\dot{x}$ 曲线图上,如图 9-7 所示。

$$x = x_0 \sin(\omega t) \tag{9-30}$$

式中,$x$ 为液压执行元件运动部分(液压缸的活塞杆)位移,m;$x_0$ 为正弦运动的幅值,m;$\omega$ 为正弦运动角频率,rad/s;$t$ 为时间,s。

将液压动力元件的外特性曲线也绘制在上述 $F\text{-}\dot{x}$ 曲线图上。

液压动力元件外特性曲线应从外部包围负载曲线,如图 9-7 所示,它表明液压动力元件具备能力控制负载。两条曲线间面积表示控制功率的储备,这部分面积小,则表明功率利用率高。

通过调整控制阀(规格或类型)、液压执行元件的规格,甚至调整供油压力。可以实现液压动力元件外特性曲线与负载曲线相切,且两条曲线间面积较小,则实现了负载与液压动力元件的匹配。可以确定供油压力、液压执行元件的规格尺寸(如液压缸有效作用面积)。进一步计算出负载流量和负载压力。

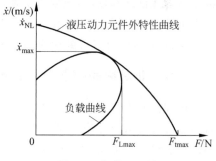

图 9-7  负载匹配图

按负载匹配确定执行元件的主要规格尺寸,系统效率较高,适合于较大功率的伺服系统。

若液压控制系统设计需特别关注系统效率,则负载匹配时应注意减少功率储备。

3) 液压固有频率法

当液压控制系统动态性能要求高时,可按液压固有频率确定液压执行元件的规格参数。四通阀控对称缸的液压缸活塞面积可按式(9-31)计算。

$$A = \omega_h \sqrt{\frac{m_t V_t}{4\beta_e}} \tag{9-31}$$

按照液压动力元件固有频率确定执行元件的主要规格尺寸,则可以保证控制系统具备较高动态性能。

液压动力元件固有频率可按系统要求频宽的 3 倍来确定,如有条件可选择 5 倍。按液压固有频率确定的执行元件规格尺寸一般偏大,系统功率储备大,以提供更多能量产生良好的动态性能。

上述三个确定液压执行元件规格参数的方法各有其特点,方法一是从液压控制系统设计经验归纳出的设计方法;方法二是依据效率优先的方法;方法三则是从系统动态特性要求提出的方法。通常采用方法一或方法二初步计算液压动力元件规格参数,然后采用方法三检验其是否满足控制系统动态特性要求。

计算后有效作用面积 $A$ 还需要依据相关标准圆整缸筒直径或活塞杆直径,进一步得到圆整后的有效作用面积 $A_c$,它将作为后续计算依据。

**2. 负载流量与负载压力**

负载流量 $q_L$ 依据式(9-32)求取。

$$q_L = A_c v_L \tag{9-32}$$

式中,$q_L$ 为负载流量,$m^3/s$; $v_L$ 为负载最大速度,$m/s$。

负载压力依据式(9-33)求取。

$$p_L = F_R/A_c \tag{9-33}$$

### 9.4.3　阀控马达系统稳态设计

通常液压马达两个工作腔是对称的,控制液压马达采用对称结构液压阀。确定阀控马达液压动力元件的参数时,只要将上述对称阀控对称缸系统稳态设计计算公式中,力符号 $F$ 换成力矩符号 $T$,对称缸有效作用面积符号 $A$ 换成马达排量符号 $D$,负载质量符号 $m$ 换成负载惯量符号 $J$,就可以得到相应的计算公式。

### 9.4.4　非对称阀控非对称缸系统稳态设计

对称阀控对称缸是非对称阀控非对称缸的一种特例,因此本节阐述的非对称阀控非对称缸稳态设计方法也适用于对称阀控对称缸。只是设计对象复杂,导致非对称阀控非对称缸系统稳态设计的方法比较复杂。

非对称阀控非对称缸系统稳态设计主要参数包括供油压力、液压执行元件规格参数、液压控制阀选型规格参数、负载流量与负载压力等。

**1. 液压执行元件主要规格尺寸**

非对称四通阀控非对称液压缸的活塞杆伸出运动与缩回运动特性是不同的,需要分别计算。

非对称四通阀控非对称液压缸液压动力元件的稳态设计通常包括三个步骤:首先按照驱动力设计液压缸尺寸和系统供油压力,然后进行液压动力元件与负载的匹配设计,最后进行固有频率验证。

1) 按照负载驱动力需求设计液压缸尺寸和系统供油压力

明确液压缸杆伸出负载力 $F_L$,液压缸杆缩回负载力 $F_L'$。

工程上,常遇到三种设计非对称液压缸及液压系统压力的情况。

第一种情况,可以依据机械机构情况,初步确定液压缸尺寸:缸径 $D$、杆径 $d$、行程 $s$。则单杆非对称缸无杆腔和有杆腔的有效面积分别为

$$A_1 = \pi D^2 / 4 \tag{9-34}$$

$$A_2 = \pi (D^2 - d^2) / 4 \tag{9-35}$$

系统供油压力可以用公式(9-36)确定。

$$p_s \geqslant 1.5 \max\left(\frac{F_L}{A_1}, \frac{F_L'}{A_2}\right) \tag{9-36}$$

第二种情况,可以依据机械设备类型等,初步确定系统供油压力 $p_s$,设计液压缸尺寸:缸径 $D$、杆径 $d$。

$$A_1 \geqslant 1.5 \frac{F_L}{p_s} \tag{9-37}$$

$$A_2 \geqslant 1.5 \frac{F_L'}{p_s} \tag{9-38}$$

利用公式(9-34)和式(9-35)计算出液压缸缸径和杆径尺寸数值,并按照标准尺寸系列进行尺寸圆整。

第三种情况,可以依据机械设备类型等,初步确定系统供油压力 $p_s$,液压缸的有杆腔与无杆腔的有效作用面积比 $R_c$。设计液压缸尺寸:缸径 $D$、杆径 $d$。

$$A_1 \geqslant 1.5 \max\left(\frac{F_L}{p_s}, \frac{F_L'}{R_c p_s}\right) \tag{9-39}$$

换算出有杆腔有效作用面积 $A_2$。进一步设计液压缸尺寸:缸径 $D$、杆径 $d$。

2) 液压动力元件与负载匹配设计

分析实际负载,绘制负载力-速度曲线图。或者假设液压执行元件运动部分在作正弦运动,用典型负载建立负载模型,绘制负载力-速度曲线图。

将液压动力元件的外特性曲线也绘制在上述负载力-速度曲线图上。

调整动力元件参数(供油压力和活塞有效面积)和伺服阀规格,使液压动力元件外特性曲线从外部包围负载曲线。例如,若电液控制阀与液压缸不完全匹配,且 $R_c < R_v$,典型负载模型的液压动力元件与负载匹配情况如图 9-8 所示,它表明液压动力元件具备能力控制负载。

液压动力元件与负载的匹配设计应避免负载曲线进入超压区域,出现超压现象。同时避免负载曲线进入气蚀区域,出现气蚀现象。

为实现负载与动力元件的较佳匹配,应通过液压动力元件设计将负载轨迹图形中心设计在液压动力元件的外特性曲线图的点 $(F_{L0}, 0)$ 附近。

3) 液压固有频率验证

按照驱动力设计的液压缸尺寸还需要进行液压固有频率验证,保证控制系统具备较高动态性能。

当液压控制系统动态性能要求高时,可按液压固有频率确定液压执行元件的规格参数。四通阀控非对称缸的液压缸的无杆腔有效作用面积计算用式(9-40)。

$$A_1 = \omega_h \sqrt{\frac{m_t}{\beta_e}\left(\frac{V_1 V_2}{V_2 + V_1 R_c^2}\right)} \tag{9-40}$$

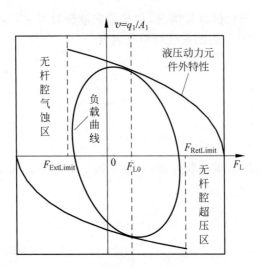

图 9-8　非对称阀控非对称缸动力元件与负载匹配($R_v > R_c$)

## 2. 负载流量与阀口压降

非对称缸两腔的有效作用面积是不相同的,非对称四通阀控非对称液压缸的活塞杆伸出运动与缩回运动时负载流量和负载压力可能是不同的,需要分别计算。

1) 液压缸杆伸出

负载流量 $q_L$ 依据式(9-41)求取。

$$q_L = A_1 v_L \tag{9-41}$$

式中,$q_L$ 为负载流量,$m^3/s$;$v_L$ 为负载最大速度,$m/s$。

液压缸伸出工况阀压降依据式(9-42)求取。

$$\Delta p_v = \frac{R_c^2 + R_v^2}{R_c^3 + R_v^2}(p_s - F_L/A_1) \tag{9-42}$$

2) 液压缸杆缩回

负载流量 $q_L$ 依据式(9-43)求取。

$$q_L = A_2 v_L \tag{9-43}$$

式中,$q_L$ 为负载流量,$m^3/s$;$v_L$ 为负载最大速度,$m/s$。

液压缸缩回工况阀压降依据式(9-44)求取。

$$\Delta p_v' = \frac{R_c^2 + R_v^2}{R_c^3 + R_v^2}(R_c p_s + F_L'/A_1) \tag{9-44}$$

3) 计算单边阀口压降的公式

(1) 若阀口正向开启,$x_v < 0$,活塞杆伸出工况

阀口 1 控制无杆腔,阀口 1 压降用式(9-45)计算。阀口 2 控制有杆腔,阀口 2 压降用式(9-46)计算。

$$\Delta p_{v1} = \frac{R_v^2 p_s - R_v^2 F_L/A_1}{R_c^3 + R_v^2} \tag{9-45}$$

$$\Delta p_{v2} = \frac{R_c^2 p_s - R_c^2 F_L/A_1}{R_c^3 + R_v^2} \tag{9-46}$$

（2）若阀口反向开启，$x_v < 0$，活塞杆缩回工况

阀口 4 控制无杆腔，阀口 4 压降用式（9-47）计算。阀口 3 控制有杆腔，阀口 3 压降用式（9-48）计算。

$$\Delta p_{v4} = \frac{R_c R_v^2 p_s + R_v^2 F_L' / A_1}{R_c^3 + R_v^2} \tag{9-47}$$

$$\Delta p_{v3} = \frac{R_c^3 p_s + R_c^2 F_L' / A_1}{R_c^3 + R_v^2} \tag{9-48}$$

如若控制阀与液压缸完全匹配，即 $R_c = R_v$，则 $\Delta p_{v3} = \Delta p_{v4}$，$\Delta p_{v1} = \Delta p_{v2}$。阀口计算公式具有简单形式。

### 9.4.5　确定液压伺服控制阀的参数及选型

液压伺服控制阀选择主要依据额定流量和频宽两个参数选型。一般做法是选择液压控制阀的上述两项指标等于或略高于计算值。

用于电液伺服系统的控制阀主要有电液伺服阀和直驱阀。两种阀在阀压降这个参数上是不同的。

#### 1. 额定流量参数

有些伺服阀或直驱阀制造商将额定流量规定为阀压降 $\Delta p_{vR}$ 下的负载流量；有些制造商则将额定流量规定为空载流量。

定义阀额定流量时，电液伺服阀的阀压降 $\Delta p_{vR}$ 一般取 7MPa；直驱阀的阀压降 $\Delta p_{vR}$ 一般取 1.05MPa。

阀的实际阀压降 $\Delta p_v = p_s - p_L$ 下的负载流量 $q_L$ 换算为在额定阀压降 $\Delta p_v$ 下的负载流量 $q_{RL}$，按照式（9-49）计算。

$$q_{RL} = q_L \sqrt{\frac{\Delta p_{vR}}{\Delta p_v}} \tag{9-49}$$

空载时，$p_L = 0$，阀的压降为 $\Delta p_v = p_s - p_L = p_s$。标定阀额定空载流量的供油压力 $p_{sR}$ 常取 21MPa。

液压伺服阀的额定空载流量 $q_{NL}$ 按照式（9-50）计算。

$$q_{NL} = q_L \sqrt{\frac{p_{sR}}{\Delta p_v}} \tag{9-50}$$

依据额定供油压力的空载流量或额定阀压降 $\Delta p_{vR}$ 下负载流量 $q_{RL}$，查阅伺服阀或直驱阀制造商提供的产品样本，从中选出合适的液压控制阀，记下其型号和主要参数。

实际使用的伺服阀空载流量应留有一定余量，通常取该余量为负载所需流量的 10%～15%。若选择伺服阀规格过大，则会引起系统精度降低。

#### 2. 频宽参数

电液伺服阀或直驱阀频宽一般用幅值 $\pm 3$dB 频率和相位滞后 90° 频率中比较小的频率数值描述。

电液伺服系统液压控制阀频宽应高出液压动力元件固有频率的 3～5 倍。

电液伺服阀或直驱阀频宽过低将限制液压控制系统的动态响应特性。

**3. 其他考虑因素**

在选择电液伺服控制系统的控制阀时,除了关注流量和频宽之外,还应考虑以下因素:

(1) 位置、速度控制系统要求流量增益的线性好,压力灵敏度较大;

(2) 力控制系统要求流量增益的线性好,压力灵敏度较小;

(3) 不灵敏度、温度和压力零漂尽量小,泄漏尽量小;

(4) 对污染的敏感性;

(5) 是否需要加颤振信号、可靠性、价格等。

**4. 数学模型**

依据系统频宽与电液伺服阀频宽的对比情况,确定电液伺服阀传递函数。

# 9.5 泵控系统稳态设计

## 9.5.1 泵控系统参数计算

泵控系统主要参数包括工作压力、液压执行元件主要规格尺寸、负载流量与负载压力、泵控对称液压缸动力元件参数等。

**1. 工作压力**

若液压控制系统采用较高的工作压力,可以减小液压动力元件、液压能源装置和连接管道等部件的重量和尺寸。

若液压控制系统采用较低的工作压力,可以减小泄漏、减小能量损失和温升,可以延长使用寿命,易于维护,噪声较低。

在条件允许时,通常还是倾向选用较低的工作压力。

工作压力的确定一般从两个方面考虑。

首先,遵从行业习惯或参考同类型装置,确定工作压力。

在一般工业的伺服系统中,工作压力可在 $6 \sim 21\mathrm{MPa}$ 的范围内选取,高压的伺服系统工作压力可在 $21 \sim 35\mathrm{MPa}$ 的范围内选取。

其次,参考备选控制用液压泵和控制电动机参数确定工作压力。

系统工作压力+补油压力不超过控制用液压泵要求的工作压力。

系统工作压力应不使控制电动机或驱动电动机(或其他原动机)过载。

**2. 液压执行元件主要规格尺寸**

液压执行元件的选择对系统设计关系重大。选择较大规格的执行元件,则系统工作压力可以降低,但是加大了系统流量,则需要较大规格管路、阀、油泵、油箱等。反之选择较小规格的液压执行元件,则需要较高的工作压力。

液压执行元件的规格参数确定一般有三个方法。

1) 经验公式法

工程上常用近似计算的方法确定执行元件的主要规格尺寸。这是一种近似估算方法,认为各类负载力矩同时存在,确定需求力矩,依据经验公式求液压执行元件的规格参数。

若液压执行元件为马达,其排量可以如下计算。

总需求力矩按式(9-51)计算。

$$T_R = T_L + T_A + T_E + T_S \tag{9-51}$$

式中，$T_R$ 为总需求力矩，$N \cdot m$；$T_L$ 为负载力矩，$N \cdot m$；$T_A$ 为加速阻力矩，$N \cdot m$；$T_E$ 为外部干扰力矩，$N \cdot m$；$T_S$ 为密封阻力矩，$N \cdot m$。

对于速度较高的液压控制系统，计算负载时需要考虑加速度力产生的影响。通常用式(9-52)估算加速度力矩。

$$T_A = J_t \frac{\omega_{max}}{t_A} \tag{9-52}$$

式中，$\omega_{max}$ 为最高速度，$rad/s$；$t_A$ 为加速时间，$s$。

在液压控制系统中，液压密封常采用弹性密封件，这些密封件会对运动部件产生阻力矩。通常可以按经验式(9-53)计算密封阻力矩。

$$T_S = 0.1 T_{max} \tag{9-53}$$

式中，$T_{max}$ 为最大驱动力矩，$N \cdot m$。

在估算总需求力矩时需要注意液压执行元件不同安装方式、安装方向、对负载力矩的影响。也需注意机械结构变形，零部件振动等造成的外部干扰力矩。

液压马达排量可按经验式(9-54)计算。

$$D = 1.3 \frac{T_R}{p_s} \tag{9-54}$$

2) 负载匹配

通过负载匹配，实现液压泵与原动机的匹配，控制用液压泵在较佳转速下工作，具备较高的效率等。

3) 按液压固有频率确定执行元件的主要规格尺寸

在负载很小并要求有较高的频率响应时，可按液压固有频率确定执行元件的规格尺寸。

液压马达排量为

$$D = \omega_h \sqrt{\frac{J_t V_t}{4\beta_e}} \tag{9-55}$$

按照液压动力元件固有频率确定执行元件的规格尺寸，则可以保证控制系统动态性能较高。

液压动力元件固有频率可按系统要求频宽的 3 倍来确定，如有条件可选择 5 倍。按液压固有频率确定的执行元件规格尺寸一般偏大，系统功率储备大，以提供更多能量产生良好的动态性能。

上述两个方法各有其特点，方法一是一种经验设计方法；方法二是效率优先的设计方法；方法三则是从系统动态特性要求提出的方法。

通常采用方法一或方法二初步计算液压动力元件规格参数，然后采用方法三检验其是否满足控制系统动态特性要求。

计算得到马达排量 $D$ 还需要查阅液压马达制造商的产品样本等资料，查阅其尺寸规格系列，并通过调整系统工作压力等将计算马达排量圆整至产品的马达排量 $D_m$，它将作为后续计算依据。

**3. 负载流量与负载压力**

负载流量依据式(9-56)求取。

$$q_L = D_m \omega_L \tag{9-56}$$

式中,$q_L$ 为负载流量,$m^3/s$;$\omega_L$ 为负载最大角速度,$rad/s$。

负载压力依据式(9-57)求取。

$$p_L = T_R / D_m \tag{9-57}$$

**4. 泵控对称液压缸动力元件参数**

选择泵控对称液压缸的参数时,只要将上述计算公式中,力矩符号 $T$ 换成力符号 $F$,马达排量符号 $D$ 换成对称缸有效作用面积符号 $A$,负载惯量符号 $J$ 换成负载质量符号 $m$,就可以得相应的计算公式。

### 9.5.2　控制用液压泵参数及选型

在已知工作压力、负载压力和负载流量等参数后,计算控制用液压泵的参数,并进行选型。变排量控制和变转速控制的液压泵计算流程略有差别。

**1. 控制用变量泵参数计算**

1) 确定原动机转速 $n_p$

依据控制系统方案选定驱动原动机(如电动机)及其工作点。综合考虑原动机和液压泵的情况,确定原动机额定转速,也就是液压泵工作转速。

2) 液压泵弧度排量

液压泵弧度排量可按式(9-58)计算。

$$D = \frac{q_L}{2\pi n_p \eta_{pV}} \tag{9-58}$$

式中,$D$ 为初算泵弧度排量,$m^3/rad$;$\eta_{pV}$ 为泵容积效率。

计算后弧度排量 $D$ 还需要依据相关产品样本,进一步得到确定型号液压泵的实际排量 $D_p$,它将作为后续计算依据。

3) 原动机力矩

原动机力矩可按式(9-59)计算。

$$T_p = \frac{p_L D_{pmax}}{\eta_{pM}} \tag{9-59}$$

式中,$D_{pmax}$ 为变量泵实际最大排量,$m^3/rad$;$\eta_{pM}$ 为泵机械效率。

4) 确定原动机与变量泵型号

依据 $n_p$、$D_{pmax}$、$T_p$ 可以确定原动机与变量泵型号。

5) 设计泵控系统辅助装置

进行安全保护装置、补油系统设计。

**2. 控制用定量泵参数计算**

变转速泵控系统多采用伺服电动机＋定量泵＋对称液压缸的组合。

伺服电动机与定量液压泵常设计成一个整体,如图9-9所示。

图 9-9　变转速泵控系统电动机与定量泵组合实物图

定量泵与伺服电动机参数可按如下步骤初步确定。

1）确定原动机最高转速 $n_{\mathrm{pmax}}$

依据控制系统方案选定驱动原动机（如电动机）及其工作点。综合考虑原动机和液压泵的情况，确定原动机最高转速，也就是液压泵最高转速。

2）液压泵弧度排量

液压泵弧度排量可按式（9-60）计算。

$$D = \frac{q_{\mathrm{L}}}{2\pi n_{\mathrm{pmax}} \eta_{\mathrm{pV}}} \tag{9-60}$$

计算后弧度排量 $D$ 还需要依据相关产品样本，进一步得到确定型号液压泵的实际排量 $D_{\mathrm{p}}$，它将作为后续计算依据。

3）原动机力矩

原动机力矩可按式（9-61）计算。

$$T_{\mathrm{p}} = \frac{p_{\mathrm{L}} D_{\mathrm{p}}}{\eta_{\mathrm{pM}}} \tag{9-61}$$

4）确定原动机与变量泵型号

依据 $n_{\mathrm{pmax}}$、$D_{\mathrm{p}}$、$T_{\mathrm{p}}$ 可以确定原动机与变量泵型号。

需要进行多方核算，检验电动机与定量泵组合能否满足系统静态、动态设计要求。通常进行如下三个方面检验：

（1）验算电动机发热；

（2）验算电动机短时超载情况；

（3）验算电动机与泵组合的动态性能，确保其满足系统通频带要求。

变转速泵控系统的电动机与定量泵组合需细致匹配，致力趋近最佳匹配。以期实现最少系统发热，最小补油系统，最小系统体积。这里不再进行更详细介绍。

目前，市场上已经可以购买到用于变转速泵控系统的电动机与定量泵组合如图 9-9 所示，构建系统如图 9-10 所示。通常，通过液压泵设计，这种电动机与定量泵的组合已经完成了电动机与定量泵的匹配，以及补油系统设计等。在控制系统设计过程中，尚需进行液压动力元件构建与负载匹配。

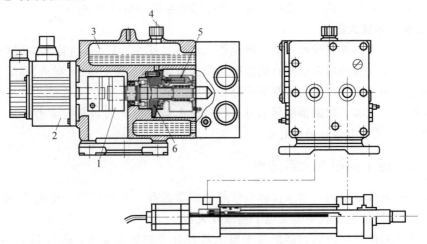

1—联轴器；2—伺服电动机；3—油箱；4—加油口和通气器；5—柱塞泵；6—斜盘。

图 9-10　变转速泵控系统电动机与定量泵组合

# 9.6 反馈元件和信号放大器等选型与设计

完成液压动力元件设计后,构建电液伺服系统的闭环回路还需要反馈传感器及其放大器、电子伺服放大器、数字控制器、数字与模拟信号的转换器等。电子设备或电子电路往往还需要电源才能正常工作。上述各项为构建电液控制系统所必须,通常可采用选型采购方式得到。这里简介它们的技术指标确定、选型和设计要点。

## 9.6.1 确定反馈元件及其放大器

反馈传感器对于液压闭环控制系统非常重要,反馈传感器检测被控物理量,并将检测结果实时反馈给控制系统,因此反馈传感器的特性直接对控制系统产生影响。

### 1. 反馈传感器

依据控制系统的精度要求进行反馈传感器的选型。液压反馈系统传感器主要用于检测位移、转角、速度、角速度、加速度、角加速度、力、力矩、压力等物理量。

传感器选用的基本原则是传感器本身的精度和分辨率等要满足整个控制系统的精度要求。在控制系统中传感器的检测范围内,传感器的输入输出都是固定的单值对应关系。

传感器误差在控制回路之外,不受回路增益影响,传感器误差直接反映到系统的输出端,从而直接影响系统的精度。显然,控制系统的精度不会超过反馈测量系统的精度。在高精度控制系统中,尤其要注意反馈传感器的选型。

除了精度外,液压控制系统的反馈传感器还要求具备如下特性:

(1) 线性好;

(2) 分辨率高,滞环小;

(3) 时间漂移和温度漂移小;

(4) 响应频率高。通常,传感器动态响应频率至少是控制系统中最慢环节的 3 倍,最好超过 10 倍。

反馈传感器安装应该牢固可靠,连接环节应有足够刚度。避免产生低固有频率的质量-阻尼-弹簧系统,降低了实际被控对象与反馈传感器系统的响应频率。

### 2. 反馈信号放大器

反馈信号放大器是测量放大器。传感器输出信号往往比较弱,而且其中混杂着各种噪声信号。要求反馈信号放大器具有很高的共模抑制比,具备高增益、低噪声、高输入阻抗等。

传感器的制造商往往会为传感器配套相对应的电子信号放大器,在购买传感器时,可以选购相应信号放大器。如果传感器的电子信号放大器输出电信号与需求不一致,则设计信号调理电路,对反馈电信号进行处理。

## 9.6.2 电子伺服放大器选型

电液伺服阀或直驱阀的输入控制电信号都需要具有一定电压和一定电流,也即具有一定功率,因而电液伺服系统中需要电子伺服放大器。

控制系统对电子伺服放大器的基本要求具有合适的放大能力;输入-输出特性是线性的,且性能稳定。

除此之外,电子伺服放大器选型应考虑如下几个方面:

(1) 放大器要带有限流功能,避免烧毁电液伺服阀。

(2) 电子信号放大器应具备零位调节功能。

(3) 电子伺服放大器通频带应是控制系统通频带的 5 倍以上。

(4) 电子伺服放大器的输入输出接口电气参数与所设计反馈控制系统一致,放大器增益满足要求,且大范围可调。

(5) 依据电液伺服阀的控制信号,选择电子伺服放大器末级反馈形式。

例如,阀内部未嵌入安装电子电路的普通电液伺服阀,电控制信号是流过电磁线圈的电流,因此选用末级反馈是电流深度负反馈的伺服电子放大器,这种放大器的输出量是电流。深度电流负反馈可以消除阀线圈阻抗变化引起阀的增益变化和相位滞后。若液压控制阀内部嵌入安装电子电路板,它可以接收控制电流信号,也可以接收控制电压信号。电子伺服放大器末级输出需要匹配液压控制阀接收控制信号类型,并匹配电信号数值范围。

(6) 能够提供颤振信号,通常频率可调范围 $100 \sim 400\,\mathrm{Hz}$。

(7) 电子伺服放大器输出端不要有过大的旁路电容或泄漏电容。

避免将电子部件安放在电动机和其他强磁场附近,变化的强磁场会干扰电子产品的正常工作,特别是模拟电子产品。

控制信号线与反馈信号线应有屏蔽,并正确接地,以减少外界电磁干扰。

### 9.6.3 数字控制器及转换器

数字电子系统通常不用动态特性评价其响应速度,通常依据如下要求选择相应数字电子部件。

(1) 如采用 PLC 作控制器,其扫描频率应该是电液伺服阀相位滞后 90°频率的 20 倍;

(2) D/A 转换频率不低于电液伺服阀相位滞后 90°频率的 20 倍,最好是 100 倍;

(3) 使用 12 位或 16 位 D/A 转换器,低数位 D/A 转换器会影响实际电液伺服阀控制的分辨率。

### 9.6.4 电源

电源不出现在电液伺服控制系统回路中,但是电液伺服系统中各种电子装置往往都需要电能供应才能工作,也即它们正常工作都需要相应电源供电。

电源选择受制于主机和被供电对象。

电液控制系统所需电源依据供电对象不同而不同,很难统一。一般来说可以分为两类:低压直流电源和动力电源。

**1. 低压直流电源**

传感器、电子放大器等普遍采用直流低压电源。伺服控制系统用直流低压电源适宜采用模拟电源,不应选用数字开关电源。后者容易引入高频方波噪声。

电压类型分单极性正、负电压,双极性的电压。

常用电压数值 5V、10V、12V、15V、18V、24V 等。

**2. 动力电源**

动力电源往往用于驱动电动机。依据被驱动对象不同,采用电动机不同,动力电源也不同。可以是直流电源,也可以是交流电源。

动力电源要求有较好的保护措施,如过电压保护、过电流保护、失压保护、短路保护等。也要有必要的抗干扰措施,如隔离、滤波、屏蔽、解耦等。

## 9.7 液压源设计

在反馈液压控制系统中,液压源没有出现在闭环回路中,因而对系统控制问题而言,液压源只是辅助设备。但是液压源对控制系统的基础保障性作用是非常重要的,供油压力波动和工作液黏度等参数变化会影响液压控制系统性能,液压源清除和过滤污染物的能力影响控制系统可靠性和寿命,因而需要重视液压源的选型与设计。

### 9.7.1 液压源的作用

**1. 液压源用途**

液压源在液压控制系统中主要有两种用途:

(1) 用作阀控系统电液伺服阀的压力供给系统;

(2) 用作泵控系统的补油系统。

**2. 液压源功能**

在液压控制系统中,液压源的功能可概括为如下几个方面。

1) 向液压控制系统提供压力可调节,压力波动小的工作液

供油压力波动会对控制回路特性造成影响,液压控制系统常用的液压源是恒压力型的。为了达到更好的恒压效果,经常在伺服阀供油压力口前安装皮囊式蓄能器,用于吸收油泵的压力脉动,提高流量供给的响应速度。

2) 清洁工作液,保障工作液清洁

据统计,超过80%的液压伺服系统故障是由于工作液污染造成的,因此清洁工作液和保障工作液清洁是保证液压伺服系统能够可靠地工作的关键。

液压控制系统液压源需要安装滤清器。工作液流出和流回液压源可以经过滤清器,因而工作液得到清洁。通过更换滤芯可将污染物带出液压系统,清洁工作液。

3) 保持油温恒定

温度过高或过低都会造成密封失效,工作液黏度等特性超过控制系统允许的工作液指标范围,导致控制系统无法正常工作。

液压油温度变化大,其黏度等参数也会大幅度变化,从而引起控制系统特性变差。对于普通工业控制系统,一般油温控制在 $35\sim65$℃。通常,液压源通过安装加温器和冷却器等可以调控油温,使其在合理范围。

泵控系统的补油系统兼具换油和冷却的作用。

### 9.7.2 液压源类型选择

对液压控制系统来说,液压能源的作用非常重要。通常在控制系统设计时,会为之规划独立的液压能源。

液压控制系统一般采用恒压型液压源,常用的恒压型液压源有定量液压源、低能耗定量

液压源、卸荷型液压源、低波动卸荷型液压源、变量液压源和加压型变量液压源等几种类型。

1）定量恒压液压源

定量恒压液压源采用定量泵＋溢流阀组合的形式，其系统原理图如图 9-11 所示。

液压泵的输出压力由溢流阀调定并保持恒定。液压泵输出压力与负载流量之间的动态关系取决于溢流阀的动态特性。

定量恒压液压源的液压泵流量是按负载所需的最大峰值流量选择的。当负载流量较小时，多余的流量从溢流阀 5 溢出。特别是当系统处于平衡位置附近时，这时负载流量几乎为零时，液压泵 2 的输出流量几乎全部经溢流阀流回油箱 1，产生大量能量损失，并使工作液升温。所以这种恒压能源只适用于小功率液压伺服系统，而且是地面系统。

定量恒压液压源的优点：压力平稳，流量供给反应迅速，液压源系统结构简单，占用空间小，制造成本低。

缺点：效率低、能耗大、油温升大。

2）低能耗定量恒压液压源

若控制系统所要求的峰值液压流量持续时间短，又允许供油压力有一定范围波动，可以采用一种实用的低能耗定量恒压源方案，如图 9-12 所示，它比较适合车载系统应用。该方案采用较小流量定量液压泵 2 满足系统常态流量需求，加装合适容量蓄能器 9 储存液压油，满足短时峰值流量的需求。

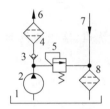

1—油箱；2—定量液压泵；3—单向阀；4—高压滤清器；5—溢流阀；6—供油管；7—回油管；8—回油滤清器。

图 9-11　定量恒压液压源

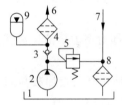

1—油箱；2—定量液压泵；3—单向阀；4—高压滤清器；5—溢流阀；6—供油管；7—回油管；8—回油滤清器；9—蓄能器。

图 9-12　低能耗定量恒压液压源

低能耗定量恒压源方案优点：生产成本低，液压源系统结构简单，而且能大幅度降低功率损失和温升。

缺点：供油压力有一定波动，液压源适应性差。液压控制系统流量需求规律应确定不变，其参数确定需要精细计算、仿真分析或试验调试，液压控制系统工况变化则液压源参数将不能与之匹配。

3）卸荷型恒压液压源

卸荷型恒压液压源采用定量泵＋蓄能器＋卸荷阀的形式，其中卸荷阀也可采用压力继电器＋电磁溢流阀的组合。

如图 9-13 所示，供油压力变动范围由卸荷阀控制，液压源适应性强，不需要将其与控制系统工况进行严格匹配。当系统压力上升达到设定值时，卸荷阀使液压泵卸荷，液压源系统压力由蓄能器保持。当系统压力降到某一值时，卸荷阀使液压泵处于加载状态，液压泵又向系统供油，同时向蓄能器充油。为了保证液压泵能有一定的卸荷时间，避免液压泵频繁起停会降低液压泵寿命,供油压力会在一定的范围内变动。

卸荷型恒压液压源优点:液压源系统结构简单、能量损失少、效率高、成本低、适应性好。

缺点:液压源供油压力在一定范围波动,液压泵断续加载与卸荷。

4) 低波动卸荷型恒压液压源

为了降低供油压力波动,可采用图 9-14 液压源方案。快响应减压阀 5 起到滤波作用,将液压源波动滤出。

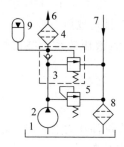

1—油箱;2—定量液压泵;3—卸荷阀;4—高压滤清器;5—溢流阀;6—供油管;7—回油管;8—回油滤清器;9—蓄能器。

图 9-13　卸荷型恒压液压源

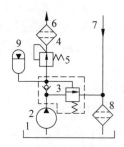

1—油箱;2—定量液压泵;3—卸荷阀;4—高压滤清器;5—减压阀;6—供油管;7—回油管;8—回油滤清器;9—蓄能器。

图 9-14　低波动恒压液压源

低波动卸荷型恒压液压源优点:具备卸荷型恒压液压源优点,液压源供油压力波动明显降低。

缺点:液压泵断续加载与卸荷,液压源系统略复杂。

5) 变量恒压液压源

变量恒压液压源采用恒压变量泵＋蓄能器组合的形式。

恒压变量泵液压能源如图 9-15 所示,变量泵液压源的必须采用蓄能器 9。

恒压变量泵 2 由变量泵和恒压控制变量机构组成;恒压控制变量机构由恒压阀(滑阀)和变量活塞组成。液压泵输出压力由恒压阀弹簧调定。当液压泵的输出压力与恒压阀弹簧调定值不同时,恒压阀动作,改变变量活塞控制腔的压力,推动变量活塞移动改变泵的排量,直到泵的输出压力恢复到给定值为止。

当系统所需流量变化较大时,由于变量机构响应跟不上,会引起较大的压力变化。因此系统中常配有蓄能器,用来满足系统峰值流量的要求。另外,恒压变量泵在液压控制系统需要的流量很小时,特别是系统处于平衡位置而不需要流量时,恒压变量泵的输出流量很小,而此时变量泵仍在高压下运转,变量泵产生的热量不能被工作液带走,造成变量泵温升过高,所以在使用时要解决好泵的发热问题。

恒压变量泵液压能源的优点:液压源系统组成简单、重量轻。液压泵的输出流量取决于系统的需要,因此效率高,适合于高压、大流量系统,也适用于流量变化大和间歇工作的液压控制系统。

缺点:恒压变量泵的结构复杂,变量机构惯性大,流量供应动态响应不如溢流阀快,生产成本高。

　　6）加压型变量恒压液压源

　　一些移动设备如飞机等,采用图 9-16 所示的加压油源。系统安装冷却器 10,采用小容量加压油箱 1,气源接口 11 连接气源,高压气体经过空气滤清器 12、气压减压阀 13 和单向阀 14 进入加压油箱 1,对油箱内工作液进行加压,改善油泵吸油情况。油箱上安装气体加压安全阀 15,通过排气管 16 排入大气,避免油箱损坏。

　　加压恒压变量泵液压能源的优点:具备恒压变量泵液压能源的优点,采用加压油箱改善了液压泵吸油,提高工作液体积模量。

　　缺点:液压能源的结构更加复杂,生产成本高。

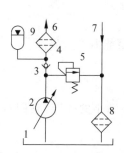

1—油箱;2—变量液压泵;3—单向阀;4—高压滤清器;5—溢流阀;6—供油管;7—回油管;8—回油滤清器;9—蓄能器。

图 9-15　变量恒压液压源

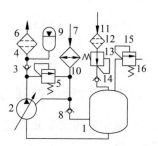

1—加压油箱;2—变量液压泵;3,14—单向阀;4—高压滤清器;5—溢流阀;6—供油管;7—回油管;8—单向阀;9—蓄能器;10—冷却器;11—气源接口;12—空气滤清器;13—气压减压阀;15—加压安全阀;16—排气管。

图 9-16　加压型变量恒压液压源

### 9.7.3　液压源与液压控制系统的匹配

　　液压源与液压控制系统匹配的目的是协调液压源能量供给与液压控制系统能量需求的关系,既满足应用需求,又尽量减少能源损失与浪费。

　　液压控制系统类型不同,它对液压源要求也不同,所以需针对液压控制系统类型,进行液压源与控制系统匹配。

　　泵控系统的主要液压功率由控制液压泵产生,泵控系统仅需要小功率液压源补偿泵控回路因泄漏造成的流量损失即可。视闭式回路系统发热情况,决定是否需要加装冲洗冷却功能。

　　阀控系统的全部液压功率均来自液压源。液压源功率 $E_s$ 应大于控制系统消耗功率,控制系统消耗功率可分为伺服控阀消耗功率 $E_{sv}$ 和负载功率 $E_L$,表达为式(9-62)。不仅如此,而且流量与压力分别满足一定要求。

$$E_s > E_L + E_{sv} \tag{9-62}$$

　　在流量方面,液压源输出流量 $q_s$ 必须满足最大负载流量 $q_{Lmax}$ 需求,用式(9-63)表示。

$$q_s \geqslant q_{Lmax} \tag{9-63}$$

　　在压力方面,液压源供油压力 $p_s$ 需略大于负载压力和阀压降之和,见式(9-64),若忽略液压源与液压控制阀间压力损失,式(9-64)可取等号。

$$p_s \geqslant p_L + p_{sv} \tag{9-64}$$

阀控系统液压源与液压控制系统匹配可以表示为图 9-17。

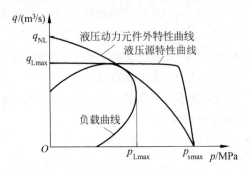

图 9-17　液压源特性曲线与控制系统关系

如果液压源为多个液压反馈控制执行器供油,用单向阀和蓄能器进行隔离。

### 9.7.4　工作液污染度控制与过滤

闭环液压控制系统的液压元件包含极为精密的配合和极为细小的孔隙,它们对工作液污染情况非常敏感。

**1. 污染物对液压控制系统的危害**

(1) 污染颗粒会造成阀口锐边快速磨损,永久地改变液压控制阀特性;

(2) 污染颗粒可能堵塞固定节流口或喷嘴,造成双喷嘴挡板式伺服阀的主阀芯失控且偏向一边;

(3) 污染物也会加速变量泵中变量伺服机构和柱塞配合等磨损。

与液压传动的液压源相比,闭环控制液压系统的液压源要求具有更为严格的控制工作液污染度能力。

**2. 污染物来源**

通常,液压系统内主要有如下几种污染物来源:

(1) 空气中的尘埃颗粒也可能通过油箱空气过滤器等进入液压系统。

(2) 在液压系统安装和维修过程中,不恰当的操作也会将污染物带入液压系统。

(3) 液压控制系统内部会自行产生一些污染物。例如,泵和马达等金属元件正常磨损会产生的金属颗粒;密封件磨损会产生的橡胶质的颗粒;过滤器滤材和软管等可能产生一些脱落物等。

(4) 液压控制系统制造过程中,对液压元件进行不恰当的清洗也可能将污染物引入液压元件,并残留在液压系统。甚至严重时,不恰当的清洗可能成为液压控制系统污染物主要来源。

不恰当的清洗一方面包括没有将该除去的切屑、沙粒等有效地去除;另一方面也包括在清洗过程中引入新的织物纤维、灰尘等污染物。

**3. 主要污染物尺寸及其危害**

不同尺寸的污染物颗粒对液压控制系统的损害不同,尺寸 $5\sim10\mu m$ 的固体污染颗粒,往往会堵塞阻尼孔和喷嘴挡板阀等处的微小孔隙。尺寸 $10\sim20\mu m$ 的固体污染颗粒对滑阀和柱塞磨损造成更大的危害。

#### 4．工作液污染检查方法

液压控制系统工作液污染情况检查不能采用目测法。人类的视力只能看到大于 $40\mu m$ 的污物颗粒，如图 9-18 所示。如果用目测法能看到液压油中有污物时，工作液已经严重污染，造成液压控制系统故障了。

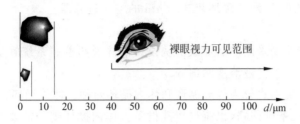

图 9-18　污染物尺寸与裸眼视力范围示意

目前，使用广泛的检测液压系统工作液污染程度的方法有电子粒子计数器法和光学粒子计算法。

1）电子粒子计数器法

电子粒子计数器法需使用专用电子检测设备检测工作液污染情况。

电子检测设备的工作原理是令工作液试样通过一个透明管子，同时以一束光线照射该管，用光电传感器在另一侧检测此光束。电子计数器记录下光线间断的次数，从而获得对指定几个微米范围颗粒数目。

电子检测设备能直接而迅速地算出各个尺寸的固体颗粒的数目，并折算为每 100mL 试样中各种尺寸范围的污物颗粒数。

电子粒子计数器法优点是测试过程自动化程度高，排除人为因素干扰，数据结果客观。电子粒子计数器法既可离线采样测量，也可在线观测。

缺点是电子检测设备价格昂贵。

2）光学粒子计算法

使 100mL 污染工作液的试样流过一个规则正方形的分析过滤纸，污物将沉积于过滤纸上，再将滤纸置于显微镜下，目测有限范围内不同尺寸范围的污物颗粒数。按统计方法折算每 100mL 试样中不同尺寸范围的污物颗粒数。

光学粒子计算法的优点是简便，设备成本低，并能给出有关污物颗粒的种类和形状，便于查找污染源。

缺点是测试结果受多种因素影响，包括人为因素，如技术熟练程度、操作者的疲劳程度等，也包括客观因素，例如光学仪器和照明的质量，污物的分布情况等。光学粒子计算法通常只能离线采样测量。

#### 5．工作液污染控制措施

滤清器是清洁工作液并将污染物带出系统的有效装置。如有可能，控制系统液压源会在多处安装多种滤清器。

通常，伺服阀前供油管路需安装过滤精度不低于 $10\mu m$ 的无旁通阀高压滤清器，对要求比较高的系统，则应安装 $5\mu m$ 的无旁通阀高压滤清器。过滤器应安装滤芯堵塞指示器，以便于实时掌握滤油器工作状态，及时更换滤芯。

一般来说,低压滤清器过滤工作液的效果好于高压滤清器。如空间允许应考虑安装回油滤清器(低压滤清器),如图 9-19 所示。

如果安装空间允许,建议在深度型滤清器前加装表面型滤清器,可以提高工作液过滤效率,延长滤清器的使用寿命。

防止外部污染物进入,液压源加装 $3\sim5\mu m$ 的空气过滤器。

**6. 系统清洗**

液压控制系统清洗是采用滤清器或清洗设备清洗液压控制系统管道及工作液的过程。它包括系统管道清洗和工作液清洗两部分。

液压控制系统清洗方式分为体外循环和体内循环两种。体外循环方式需配备专用清洗设备,液流经过被清洗系统回路,也流过清洗设备。体内循环则不需要专用清洗设备,只需用被清洗系统回路,通过更换滤清器滤芯方式,利用系统自身液压泵完成液压控制系统清洗。

批量清洗液压控制系统采用体外循环方式清洗效率高、成本低,且不损害液压控制系统元件寿命。

单件清洗液压控制系统采用体内循环方式不需要添置新设备,更容易实施操作,可随时随地安排清洗系统,但影响系统元件寿命,且清洗效率受限。

下面扼要介绍体内清洗方式。例如,图 9-19 所示系统采用体内循环方式清洗,需构建如图 9-20 所示的清洗回路系统,方法是用清洗油路块(见图 9-21)替换伺服阀,安装在系统中,使被清洗管路构成回路。将高压滤清器 4 与低压滤清器 5 内的滤芯换成清洗滤芯,清洗完成后更换为工作滤芯。

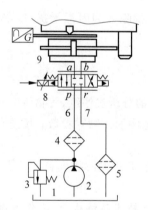

1—油箱;2—液压泵;3—溢流阀;4—高压滤清器;5—低压滤清器;6—压力管;7—回油管;8—伺服阀;9—执行缸。

图 9-19　液压反馈控制系统

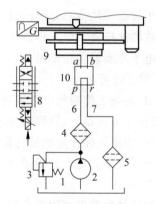

1—油箱;2—液压泵;3—溢流阀;4—高压滤清器;5—低压滤清器;6—压力管;7—回油管;8—伺服阀;9—执行缸;10—清洗油路块。

图 9-20　系统清洗回路

如考虑清洗液压缸内部,也可采用图 9-22 所示的换向阀,必要时加工连接油路块。

通常系统清洗需用清洗油液,待工作液检验合格后,更换工作液,短时清洗工作液,取样检验工作液污染度,检验合格后方可安装电液伺服阀进行系统调试,控制系统调试完成后方可投入工作运行。

　　无论是采用体内循环或是采用体外循环清洗系统,均要注意区分清洗液与工作液。若使用不同牌号的油液,则需确保它们的相容性。

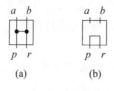

图 9-21　系统清洗油路块

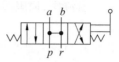

图 9-22　系统清洗阀

## 9.7.5　工作液加温与冷却

　　液压控制系统应用领域宽,安装液压控制系统的设备使用范围大,则液压控制系统的环境温度变化大。

　　液压控制系统的许多重要参数受温度影响较大,因而实际液压系统是非定常系统,随着工作时间、工作负荷变化,而液压控制系统会变化。在工程分析时通常将液压控制系统假定为定常系统。在工程实践中,控制液压系统工作液的温度范围,创造条件使液压控制系统可以近似为定常系统。

　　为了保障液压控制系统正常工作,需进行系统热平衡分析计算,必要时加装加温和冷却装置。

### 1. 高温或过冷危害

　　为了保障控制系统性能,液压控制系统对工作环境温度和工作液温度有要求。

　　除了温度大范围变化会对液压控制系统性能有较大影响外,工作液温度过高或过低往往造成如下危害:

　　(1) 工作液温度长期过高,会加速工作液氧化变质;

　　(2) 导致润滑性降低,摩擦阻力增大,磨损加剧;

　　(3) 密封件弹性降低,密封性降低,泄漏风险增大。

　　工作液温度过低时,工作液参数变化,造成控制系统性能改变;密封件弹性变硬,密封性降低,泄漏可能性增大。

### 2. 热量来源

　　液压系统中产生的热量主要有以下几个来源:

　　(1) 泵、马达和阀中的泄漏损失都会加大系统的发热量。

　　(2) 在液压管道、管接头、油滤和各种元件(如阀、马达和热交换器通道)的阻力压降是产生热量的另一个重要来源,为了减小发热量,应当避免采用过小直径的油管与油道,将液流流速控制在合理的范围内。

　　(3) 当泵处于压缩行程时,渗入液压油的空气被压缩至高压时,也将产生热量。当充气式蓄压器急速地循环工作时,蓄能器内气体的温度可能会高于油温,这就会使热量向工作液传导。

　　(4) 密封件摩擦阻力、机械摩擦阻力、相对运动表面间的黏性阻力等也都会产生热量。

　　(5) 液压控制系统中,热量产生主要来自于节流孔和控制阀对液流产生的节流和控制作用。它们消耗的大部分液压功率都转换为热量,其中大部分热量被工作液吸收,使工作液发热;其中少量热量被液压阀吸收,使其自身局部发热。

需要建立液压控制阀本身就是液压系统主要热源的观念。这一观念对设计和使用液压控制系统都很重要。溢流阀、伺服阀和直驱阀都是典型的热源,热量产生是对液流进行节流控制所必须付出的代价。

与控制阀工作窗孔节流所产生的热量相比,其他四种因素产生热量要小得多,但总的效果却很可观。另外,液压系统还会从外部热源吸收热量。

**3. 确定系统散热量**

液压系统工作液温度控制需要对系统的发热和散热能力进行计算。

系统发热算法通常是算出油泵(或泵组)产生的总的液压功率,减去由执行元件(活塞或马达)驱动负载的机械功率,就可得到必须散发的热量。

系统散热能力则需要依据系统结构和尺寸情况进行计算。

**4. 解决措施**

液压控制系统对工作液的温度变化敏感。液压控制系统设计需要考虑工作液的加温与冷却,短时间工作液压控制系统的油温必须控制在合适的温度范围内,长时间工作的液压控制系统需能够在合适的温度让系统达到热平衡。

# 9.8　本章小结

液压控制设计工作是主动创新的活动。创新的性质决定了液压控制系统设计是综合与集成的过程,而不是僵化的和教条的简单重复与拼凑。

本章概述了液压控制系统设计的基本流程;概述了液压控制系统方案设计要点;阐述了阀控系统和泵控系统的稳态设计方法;介绍了反馈元件、电子信号放大器、数字控制器等选型要点,介绍了控制系统液压源的选型与设计。

## 思考题与习题

9-1　如何进行液压控制系统方案设计? 是否可以将它与结构设计一起进行?

9-2　何谓液压控制系统设计一般流程? 是否要求液压控制系统设计严格按照这个一般流程进行?

9-3　典型负载有几种? 分析典型负载模型有何意义?

9-4　当系统采用间接方式驱动负载时,如何采用负载折算方法分析系统?

9-5　阀控系统参数有几种确定方法? 它们的关系如何?

9-6　如何确定控制用定量泵参数? 它的计算过程与变排量液压泵有何异同?

9-7　电液伺服系统对反馈元件有何基本要求?

9-8　如何进行电液伺服系统电子放大器的选型?

9-9　液压反馈控制系统液压源有几种类型? 大功率液压控制系统用何种液压源?

9-10　目视观察液压系统工作液无污染颗粒,是否有必要使用污染度检测仪进行检查? 通常采用何种仪器检测工作液污染度?

9-11　为何要关注液压系统的发热与冷却？

# 主要参考文献

［1］　ULRICH K T，EPPINGER S D. Product design and development［M］. New York：McGraw-Hill，2004.

［2］　胡祐德，曾乐生，马东升.伺服系统原理与设计［M］.北京：北京理工大学出版社，1993.

［3］　CHAPPLE P J. Principles of hydraulic system design［M］. Oxford：Coxmoor Publishing Company，2003.

［4］　Yuken Kogyo co.，ltd. Yuken AC servo motor driven hydraulic pump control system（Intelligent hydraulic servo drive pack）［EB/OL］.［2013-06-01］. http：//www. yuken. org/ pdf/yuken-catalog. pdf.

［5］　TAKAKU K，HIRAIDE K，OBA K. Application of the"ASR series" AC servo motor driven hydraulic pump to injection molding machines［C］.//Proceedings of the 7th JFPS International Symposium on Fluid Power. Toyama：The Japan Fluid Power System Society，2008.

［6］　Bosch Rexroth Corporation. Variable-speed pump drives［EB/OL］.［2013-01-01］. http：//www. boschrexroth. com/en/xc/products/systems-and-functional-modules/variable-speed-pump-drives/variable-speed-pump-drives.

［7］　Moog Inc. Electrohydraulic valves...（A technical look）［EB/OL］. http：//www. moog. com/literature/ICD/Valves-Introduction. pdf.

［8］　PARK R W. Contamination control-A hydraulic OEM perspective［C］.//Workshop on Total Contamination Control Centre for Machine Condition Monitoring. Melbourne：Monash University，1997.

# 附录 A  方块图变换

方块图变换的原则是：变换前后回路中传递函数乘积保持不变；变换前后前向通道传递函数乘积不变。

下表列举一些规则示例。

| | 变换前 | 变换后 |
|---|---|---|
| 串联 | $R(s) \to \boxed{G_1} \to \boxed{G_2} \to C(s)$ | $R(s) \to \boxed{G_1 G_2} \to C(s)$ |
| 并联 | $R(s)$，$\boxed{G_1}$，$\boxed{G_2}$ $\to C(s)$，$\pm$ | $R(s) \to \boxed{G_1 \pm G_2} \to C(s)$ |
| 反馈 | $R(s) \to G_1 \to C(s)$，$G_2$ | $R(s) \to \boxed{\dfrac{G_1}{1 \pm G_1 G_2}} \to C(s)$ |
| 取出点移动 | $R(s) \to \boxed{G} \to C(s)$ | $R(s) \to \boxed{G} \to C(s)$，$C(s) \leftarrow \boxed{G}$ |
| 汇合点移动 | $R_1(s) \to \boxed{G} \to C(s)$，$R_2(s)$，$\pm$ | $R_1(s) \to \boxed{G} \to C(s)$，$R_2(s) \to \boxed{G}$，$\pm$ |
| 汇合点变换 | $R_1(s) \to C(s)$，$R_2(s)$，$R_3(s)$，$\pm$ | $R_1(s) \to C(s)$，$R_2(s)+R_3(s)$，$\pm$ |

# 附录 B　MATLAB 控制系统仿真分析指令

常用 MATLAB 软件进行控制系统分析与仿真。这里,列举了一些 MATLAB 控制系统分析常用指令。

**1. 建模指令**

sys = tf(num,den)

用函数 TF 建立一个用传递函数描述的连续系统模型。其中 num 为传递函数的分子系数向量,den 为传递函数的分母系数向量。

sys = tf(num,den,Ts)

用函数 TF 建立一个用传递函数描述的离散系统模型。其中,Ts 为采样周期。

sys = zpk(z,p,k)

用函数 zpk 建立一个用零点、极点、增益描述的连续系统模型。其中 z 为零点;p 为极点;k 为增益。

sys = zpk(z,p,k,Ts)

用函数 zpk 建立一个用一个用零点、极点、增益描述的离散系统模型。

sys = ss(A,B,C,D)

用函数 ss 建立一个用状态方程描述的连续系统模型。其中 A、B、C、D 系统状态方程的矩阵。

sys = ss(A,B,C,D,Ts)

用函数 ss 建立一个用状态方程描述的离散系统模型。

**2. 模型连接**

[num,den] = series(num1,den1,num2,den2)

将用传递函数描述的系统模型进行串联连接得到新模型。

[A,B,C,D] = series(A1,B1,C1,D1,A2,B2,C2,D2)

将用状态方程描述的系统模型进行并联连接得到新模型。

[num,den] = parallel (num1,den1,num2,den2)

将用传递函数描述的系统模型进行并联连接得到新模型。

[A,B,C,D] = parallel (A1,B1,C1,D1,A2,B2,C2,D2)

将用状态方程描述的系统模型进行并联连接得到新模型。

```
[num,den] = feedback (num1,den1,num2,den2,sign)
```

将用传递函数描述的系统模型进行反馈连接得到新模型。若为正反馈,sign 为 1;若为负反馈,sign 为-1。

```
[A,B,C,D] = feedback (A1,B1,C1,D1,sign)
```

将用状态方程描述的系统模型进行反馈连接得到新模型。若为正反馈,sign 为 1;若为负反馈,sign 为-1。

### 3. 模型转化

```
[num,den] = zp2tf(z,p,k)
```

将(z,p,k)描述的零极点增益模型转换为(num,den)描述的传递函数模型。

```
[num,den] = ss2tf(A,B,C,D,iu)
```

将(A,B,C,D)描述的状态空间模型转换为(num,den)描述的传递函数模型。iu 为输入次序。

```
[z,p,k] = tf2zp(num,den)
```

将(num,den)描述的传递函数模型转换为(z,p,k)描述的零极点增益模型。

```
[z,p,k] = ss2zp(A,B,C,D,iu)
```

将(A,B,C,D)描述的状态空间模型转换为(z,p,k)描述的零极点增益模型。iu 为输入次序。

```
[A,B,C,D] = tf2ss(num,den)
```

将(num,den)描述的传递函数模型转换为(A,B,C,D)描述的状态空间模型。

```
[A,B,C,D] = zp2ss(z,p,k)
```

将(z,p,k)描述的零极点增益模型转换为(A,B,C,D)描述的状态空间模型。

```
[F,G] = c2d(A,B,T)
```

将系统矩阵 A 和输入矩阵 B 描述的连续系统模型转换为系统矩阵 F 和输入矩阵 G 描述的离散系统模型。T 为采用周期。

```
[A,B] = d2c(F,G,T)
```

将系统矩阵 F 和输入矩阵 G 描述的离散系统模型转换为系统矩阵 A 和输入矩阵 B 描述的连续系统模型。T 为采用周期。$A=(1/T)\ln(F)$;$B=(F-I)^{-1}AG$。

```
[Ad,Bd,Cd,Dd] = c2dm(A,B,C,D,Ts,'method')
```

将(A,B,C,D)描述的连续系统模型转换为(Ad,Bd,Cd,Dd)描述的离散系统模型。'method'说明离散化方法,例如'tustin'为双线性变换法。

```
sysd = c2d (sysc,Ts,'method')
```

将 sysc 描述的连续系统模型转换为 sysd 描述的离散系统模型。'method'说明离散化方法,例如'tustin'为双线性变换法。

```
[Ac,Bc,Cc,Dc] = d2cm(A,B,C,D,Ts,'method')
```

将带选项离散化的用(A,B,C,D)描述的离散系统模型转换为(Ac,Bc,Cc,Dc)描述的连续系统模型。'method'说明离散化方法,例如'tustin'为双线性变换法。

**4. 瞬态响应分析**

```
[y,x,t] = impulse(num,den,t)或 impulse(num,den)
```

求取传递函数模型的脉冲响应。其中 t 为仿真时间;y 为时间 t 的响应输出;x 为时间 t 的状态响应。

若用[y,x,t]=impulse(num,den,t)格式,产生系统输出向量、状态向量、时间向量,不画波形图。若用 impulse(num,den)格式,不产生向量,绘制波形图。

```
[y,x,t] = step(num,den,t)或 impulse(num,den)
```

取单位输入时,传递函数模型的阶跃响应。

```
[y,x,t] = lsim(num,den,u,t)
```

在任意已知函数作用下,传递函数模型的系统响应。其中,u 为系统输入信号,其他参数含义同前。

**5. 频率特性分析**

```
bode(sys)
bode(sys,ω)
bode(sys1,sys1,sys1,…,sysN)
[mag,phase,ω] = bode(sys)
```

绘制系统 sys 的 Bode 图。其中 mag 为幅值;phase 为相角;ω 为频率范围。

```
margin(sys)
```

绘制 Bode 图并标出幅值裕度和相位裕度。

```
[Gm,Pm,Wcg,Wcp] = margin(sys)
```

计算系统的幅值裕度 Gm 及对应相位穿越频率 Wcg,计算幅值裕度 Pm 及对应幅值穿越频率 Wcp。

```
nyquist(sys)
```

绘制 Nyquist 图。

```
rlocus(sys)
```

自动绘制根轨迹图。

```
R = rlocus(sys)
```

返回闭环特征值 R。

[R,K] = rlocus(sys)

返回闭环特征值 R 及系统增益 K。

[K,Poles] = rlocfind(sys)

用户可在根轨迹图上选定极点或设置极点坐标两种形式。返回实际极点和开环增益。

# 附录 C   ISO4406

ISO4406 标准污染分级（由原标准颗粒数目/1mL，本表换算为颗粒数目/100mL，忽略 ISO24～28）。

| ISO 代码 | 颗粒数目/100mL | |
|---|---|---|
| | 从 | 至 |
| 0 | 0.5 | 1 |
| 1 | 1 | 2 |
| 2 | 2 | 4 |
| 3 | 4 | 8 |
| 4 | 8 | 16 |
| 5 | 16 | 32 |
| 6 | 32 | 64 |
| 7 | 64 | 130 |
| 8 | 130 | 250 |
| 9 | 250 | 500 |
| 10 | 500 | 1000 |
| 11 | 1000 | 2000 |
| 12 | 2000 | 4000 |
| 13 | 4000 | 8000 |
| 14 | 8000 | 16000 |
| 15 | 16000 | 32000 |
| 16 | 32000 | 64000 |
| 17 | 64000 | 130000 |
| 18 | 130000 | 250000 |
| 19 | 250000 | 500000 |
| 20 | 500000 | 1000000 |
| 21 | 1000000 | 2000000 |
| 22 | 2000000 | 4000000 |
| 23 | 4000000 | 8000000 |

# 附录 D　NAS1638

NAS1638 标准污染分级。

| NAS 代码 | 颗粒数目/100mL | | | | | |
|---|---|---|---|---|---|---|
| | 2～5μm | 5～15μm | 15～25μm | 25～50μm | 50～100μm | ＞100μm |
| 00 | 625 | 125 | 22 | 4 | 1 | 0 |
| 0 | 1250 | 250 | 44 | 8 | 2 | 0 |
| 1 | 2500 | 500 | 88 | 16 | 4 | 1 |
| 2 | 5000 | 1000 | 176 | 32 | 8 | 1 |
| 3 | 10000 | 2000 | 352 | 64 | 16 | 2 |
| 4 | 20000 | 4000 | 704 | 128 | 32 | 4 |
| 5 | 40000 | 8000 | 1408 | 256 | 64 | 8 |
| 6 | 80000 | 16000 | 2816 | 512 | 128 | 16 |
| 7 | 160000 | 32000 | 5632 | 1024 | 256 | 32 |
| 8 | 320000 | 64000 | 11264 | 2048 | 512 | 64 |
| 9 | 640000 | 128000 | 22528 | 4096 | 1024 | 128 |
| 10 | 1280000 | 256000 | 45056 | 8192 | 2048 | 256 |
| 11 | 2560000 | 512000 | 90112 | 16384 | 4096 | 512 |
| 12 | 5120000 | 1024000 | 180224 | 32768 | 8192 | 1024 |
| 13 | — | 2048000 | 360448 | 65536 | 16384 | 2048 |
| 14 | — | 4096000 | 720896 | 131072 | 32768 | 4096 |

# 附录 E　术语中英文对照

常用术语中英文对照，以中文汉语拼音首字母为序。

**B**

| | |
|---|---|
| 闭环控制 | closed-loop control |
| 闭环控制系统 | closed loop control system |
| 比例积分控制 | proportional-integral control |
| 比例积分控制系统 | PI-controlled system |
| 比例积分微分控制系统 | PID-controlled system |
| 比例积分微分控制 | proportional-integral-derivative control |
| 比例控制 | proportional control |
| 比例控制系统 | P-controlled system |
| 比较元件，比较环节 | comparing element |
| 变量 | variable |
| 变量泵 | variable-displacement pump |
| 变量泵控旋转作动器 | variable-displacement pump-controlled rotary actuator |
| 变量泵控直线作动器 | variable-displacement pump-controlled linear actuator |
| 泵控系统 | pump-controlled system |
| 泵设计 | pump design |
| 泵效率 | pump efficiency |
| 伯德图 | Bode diagram,Bode plot |
| 补偿 | compensation |
| 不对称 | unsymmerical |
| 不可压缩液流 | incompressible flow |
| 不确定性 | uncertainty |
| 不稳定 | instability,unstable |

**C**

| | |
|---|---|
| 采样控制 | sampling control |
| 采样频率 | sampling frequency |
| 采样周期 | sampling period |
| 参数 | parameter |
| 层流 | laminar flow |
| 程序控制 | programmed control,program control |
| 传递函数 | transfer function |
| 串联补偿（校正） | cascade compensation,series compensation |

**D**

| | |
|---|---|
| 带宽 | bandwidth |

| | |
|---|---|
| 单出杆直线作动器 | single-rod linear actuators |
| 单输入-单输出 | Single-Input-Single-Output (SISO) |
| 单位反馈 | unity feedback |
| 单位阶跃函数 | unit step function |
| 挡板喷嘴阀 | flapper nozzle valve |
| 低通特性 | low-pass characteristic |
| 电磁 | electromagnetic |
| 电磁力 | electromagnetic force |
| 电磁铁 | solenoid |
| 电路 | electrical circuit |
| 电液 | electrohydraulic |
| 定量泵 | fixed-displacement pump |
| 定量泵控旋转作动器 | fixed-displacement pump-controlled rotary actuator |
| 定量泵控直线作动器 | fixed-displacement pump-controlled linear actuator |
| 定排量 | fixed-displacement |
| 叠加 | superposition |
| 动能 | kinetic energy |
| 动态方程,动力学方程 | dynamic equation |
| 动态过程 | dynamic process |
| 动态误差 | dynamic error |
| 动态系统,动力学系统 | dynamic system |
| 动态响应 | dynamic response |

**E**

| | |
|---|---|
| 额定供油压力 | rated supply pressure |
| 额定电流 | rated current |
| 额定流量 | rated flow |
| 二阶流量控制阀 | two-stage flow control valve |
| 二阶模型 | second-order model |
| 二阶系统 | second-order system |
| 二阶响应 | second-order response |

**F**

| | |
|---|---|
| 阀口 | valve porting |
| 阀口方程 | orifice equation |
| 阀控系统 | valve-controlled system |
| 阀设计 | valve design |
| 阀死区 | valve deadband |
| 阀系数 | valve coefficient |
| 阀性能 | valve performance |
| 反馈补偿 | feedback compensation |
| 反馈控制 | feedback control |
| 反馈环节,反馈元件 | feedbackelement |

| | |
|---|---|
| 反馈弹簧 | feedback spring |
| 方块图,方框图,结构图 | block diagram |
| 非线性 | nonlinearity |
| 分母 | denominator |
| 分子 | numerator |
| 峰值时间 | peak time |
| 复合控制 | compound control |
| 复合控制系统 | combination control system |
| 复数域 | complex plane |
| 负载 | load |
| 负载分析 | load analysis |
| 负载弹簧 | load spring |
| 幅值 | amplitude |
| 幅值裕度,增益裕度 | magnitude margin,gain margin |

**G**

| | |
|---|---|
| 干扰 | disturbances |
| 高阶系统 | higher-order system |
| 高阶响应 | higher-order response |
| 供油压力 | supply pressure |
| 工业液压系统 | industrial hydraulic system |
| 固有频率 | natural frequency |
| 过滤 | filtration |
| 过载电流 | overload current |

**H**

| | |
|---|---|
| 滑阀 | spool valve |
| 滑阀液流力 | spool-valve flow force |
| 回油压力 | return pressure |

**J**

| | |
|---|---|
| 基尔霍夫电压定律 | Kirchoff's voltage law |
| 积分控制 | integral control |
| 机械阀 | mechanical valve |
| 机械系统 | mechanical system |
| 机液系统 | hydromechanical system |
| 建模 | modeling |
| 阶跃信号 | stepsignal |
| 阶跃响应 | step response |
| 截止频率 | cut off frequency |
| 经典控制理论 | classical control theory |
| 静液传动 | hydrostatic transmission |
| 绝对黏度 | absolute viscosity |

**K**

| | |
|---|---|
| 开关阀 | on/off value |
| 开环 | open loop |
| 开环控制 | open-loop control |
| 可压缩流体 | compressible fluid |
| 可压缩性 | compressibility |
| 控制器设计 | controller design |
| 控制容积 | control volume |

**L**

| | |
|---|---|
| 拉氏变换 | Laplace transform |
| 拉式方程 | Laplace equation |
| 拉氏算子 | Laplace operator |
| 劳斯-赫尔维茨<br>　稳定性判据 | Routh-Hurwitz stability criterion |
| 雷诺数 | Reynolds-number |
| 力反馈 | force feedback |
| 力控制 | force control |
| 力矩控制 | torque control |
| 力矩马达 | torque motor |
| 力矩效率 | torque efficiency |
| 理想化系统 | Idealized system |
| 连续系统 | continuous system |
| 连续性方程 | continuity equation |
| 两级电液阀 | two-stage electrohydraulic valve |
| 两通滑阀 | two-way spool valve |
| 临界阻尼二阶系统 | critically damped second-order system |
| 临界阻尼响应 | critically damped response |
| 零重叠阀 | critically lapped valve |
| 零阶保持器 | zero-order holder |
| 零开口阀 | critically centered valve |
| 零偏 | null bias |
| 零漂 | null shift |
| 零值电流 | quiescent current |
| 灵敏度 | sensitivity |
| 流量控制阀 | flow-control valve |
| 流量-力系数 | flow-force coefficient |
| 流量特性 | flow characteristics |
| 流量系数 | flow coefficient |
| 流量-压力系数 | flow-pressure coefficient |
| 流量增益 | flow gain |
| 流体特性 | fluid properties |

**M**

| | |
|---|---|
| 模拟计算机 | analog computer |
| 模拟控制 | analogy control |
| 模拟信号 | analog signal |

**N**

| | |
|---|---|
| 耐压力 | proof pressure |
| 内环 | inner loop |
| 内漏 | internal leakage |
| 黏性摩擦 | viscous friction |
| 黏性阻尼系数 | viscous damping coefficient |
| 牛顿第二定律 | Newton's second law |
| 牛顿液体 | Newtonian fluid |

**P**

| | |
|---|---|
| 偏差 | deviation |
| 频率响应 | frequency response |
| 破坏压力 | burst pressure |

**Q**

| | |
|---|---|
| 前馈 | feedforward |
| 前向通道 | forward path |

**R**

| | |
|---|---|
| 容积效率 | volumetric efficiency |

**S**

| | |
|---|---|
| 三阶微分方程 | third-order differential equation |
| 三阶系统 | third-order system |
| 三通阀控旋转作动器 | three-way valve-controlled rotary actuator |
| 三通阀控直线作动器 | three-way valve-controlled linear actuator |
| 三通阀控制 | three-way valve-controlled |
| 三通滑阀 | three-way spool valve |
| 三通机液阀 | three-way hydromechanical valve |
| 三通控制阀 | three-way control valve |
| 上升时间 | rise time |
| 时变系统 | time-varying system |
| 时不变系统,定常系统 | time-invariant system |
| 时间常数 | time constant |
| 时间顺序控制 | time-sequential control |
| 时序图 | timing diagram |
| 事件顺序控制 | event-sequential control |

| | |
|---|---|
| 石油基液体 | petroleum-based fluid |
| 数学建模 | mathematical modeling |
| 数学模型 | mathematical model |
| 数字计算机 | digital computer |
| 数字控制 | digital control |
| 衰减 | attenuation |
| 瞬态液动力 | transient flow force |
| 顺序控制 | sequential control |
| 伺服阀 | servo valve |
| 伺服控制 | servo control |
| 四通阀控旋转作动器 | four-way valve-controlled rotary actuator |
| 四通阀控直线作动器 | four-way valve-controlled linear actuator |
| 四通阀控制 | four-way valve-controlled |
| 四通滑阀 | four-way spool valve |
| 速度控制 | velocity control |
| 速度反馈 | velocity feedback，rate feedback |
| 随动控制 | follow-up control |

**T**

| | |
|---|---|
| 泰勒级数 | Taylor series |
| 泰勒级数展开 | Taylor series expansion |
| 弹簧常数(弹簧刚度) | spring constant |
| 弹簧刚度 | spring rate |
| 特征方程 | characteristic equation |
| 体积模量 | bulk modulus |
| 调节控制 | regulation control |
| 调节时间 | settling time |
| 图解法 | graphical method |
| 湍流 | turbulent flow |

**W**

| | |
|---|---|
| 微分方程 | differential equation |
| 微分控制 | derivative control |
| 位移控制的 | displacement-controlled pump |
| 位置控制 | position control |
| 位置误差 | position error |
| 稳态分析 | steady analysis |
| 稳态流 | steady flow |
| 稳态误差 | steady-state error |
| 稳态响应 | steady-state response |
| 稳态液动力 | steady-state flow force |
| 误差系数 | error coefficient |
| 误差信号 | error signal |

**X**

| | |
|---|---|
| 系统误差 | system error |
| 线圈电感 | coil inductance |
| 线圈电阻 | coil resistance |
| 线性方程 | linear equation |
| 线性化 | linearization |
| 线性化阀口方程 | linearized orifice equation |
| 线性化流量方程 | linearized flow equation |
| 线性系统 | linear system |
| 相对稳定性 | relative stability |
| 相位超前 | phase lead |
| 相位裕度 | phase margin |
| 相位滞后 | phase lag |
| 效率 | efficiency |
| 泄漏系数 | coefficient of leakage, leakage coefficient |
| 性能指标 | performance index |
| 旋转作动器 | rotary actuator |

**Y**

| | |
|---|---|
| 压力分析 | pressure analysis |
| 压力灵敏度（压力增益） | pressure sensitivity |
| 压力-流量曲线 | pressure-flow curve |
| 压力瞬变 | pressure transients |
| 压力溢流阀 | pressure-relief valve |
| 压力增益 | pressure gain |
| 液动力 | flow force |
| 液压缸 | hydraulic cylinder, hydraulic piston |
| 液压控制阀 | hydraulic control valve |
| 液压能 | hydraulic power |
| 一阶模型 | first-order model |
| 一阶线性模型 | first-order linear model |
| 一阶响应 | first-order response |
| 阈值 | threshold |
| 运动黏度 | kinematic viscosity |

**Z**

| | |
|---|---|
| 增益 | gain |
| 正重叠阀 | overlapped spool valve |
| 正开口阀 | open-centered valve |
| 正开口三通滑阀 | closed-centered three-way spool valve |
| 正开口四通滑阀 | closed-centered four-way spool valve |
| 状态空间方程 | state-space equation |

| 状态空间方法 | state-space methods |
| 轴向液动力 | axial flow force |
| 滞环 | hysteresis |
| 阻尼比 | damping ratio |
| 阻尼长度 | damping length |
| 最大超调率 | maximum percent overshoot |
| 作动器，执行器 | actuator |